贵州省地质矿产勘查开发局重大科研项目
贵州省地质矿产勘查开发局一〇四地质大队 联合资助

贵州省铅锌矿床

GUIZHOU SHENG QIANXIN KUANGCHUANG

陈国勇 等著

中国地质大学出版社
ZHONGGUO DIZHI DAXUE CHUBANSHE

内容摘要

本书通过成矿地质背景及成矿作用分析,指出以碳酸盐岩容矿的铅锌矿床是贵州省主要铅锌矿床类型,并受两期成矿作用控制:早期成矿作用与新元古代开始—早奥陶世末期的 Rodinia 超大陆裂解阶段隆升-拉张和海西陆内裂谷-走滑阶段有关,形成热水沉积型铅锌矿床或 Pb、Zn 初始富集,晚期叠加构造热液改造,形成"热水沉积-构造热液改造"叠生矿床;通过与铅锌成矿有关元素的化探数据处理分析,发现了地球化学元素的分期、叠加现象,地球化学图及其异常图与控制铅锌矿分布的区域性构造方向一致,并与两期成矿作用相对应;对贵州省铅锌矿床进行了系统的分类,按容矿岩石的时代,对典型或代表性矿床进行深入解剖,系统阐述了每个矿床的地质特征、控矿条件,总结了贵州省铅锌成矿规律,建立了区域找矿模式;进行了铅锌成矿区(带)划分,分析了找矿远景,圈定了找矿靶区,进行了成矿预测,指出了贵州省铅锌矿找矿方向。

图书在版编目(CIP)数据

贵州省铅锌矿床/陈国勇等著. —武汉:中国地质大学出版社,2020.9
ISBN 978-7-5625-4862-1

Ⅰ.①贵…
Ⅱ.①陈…
Ⅲ.①铅锌矿床-研究-贵州
Ⅳ.①P618.4

中国版本图书馆 CIP 数据核字(2020)第 184469 号

贵州省铅锌矿床

陈国勇 等著

责任编辑:马 严	选题策划:马 严	责任校对:周 旭
出版发行:中国地质大学出版社(武汉市洪山区鲁磨路388号)		邮编:430074
电 话:(027)67883511	传 真:(027)67883580	E-mail:cbb@cug.edu.cn
经 销:全国新华书店		http://cugp.cug.edu.cn
开本:787 毫米×1092 毫米 1/16	字数:423 千字	印张:16.5
版次:2020 年 9 月第 1 版	印次:2020 年 9 月第 1 次印刷	
印刷:武汉市籍缘印刷厂	印数:1—800 册	
ISBN 978-7-5625-4862-1		定价:68.00 元

如有印装质量问题请与印刷厂联系调换

《贵州省铅锌矿床》

著者：陈国勇　王砚耕　冯济舟　赵　征
　　　杨兴玉　安　琦　谭　华　邹建波
　　　兰安平　黄　林　范玉梅　何良伦
　　　吴大文　田亚江　余　杰

序

  全球主要的铅锌矿床有 3 种类型,即 VMS、SEDEX 和 MVT 型,3 种铅锌矿床类型受特定成矿地质背景的控制。VMS 型铅锌矿床是与火山地质作用相关,由火山喷流成矿作用形成的以火山岩为容矿岩石的块状硫化物矿床;MVT 型铅锌矿床是产于造山带边缘前陆环境或靠克拉通一侧沉积盆地环境以碳酸盐岩地层容矿的后生矿床;SEDEX 型铅锌矿床,即海底喷流-沉积矿床,指产于被动大陆边缘,与岩石圈巨大减薄裂陷作用相关的以细碎屑岩或碳酸盐岩为主要容矿岩石的同生层状铅锌矿床。

  从大洋中脊到大陆边缘,从大陆边缘到大陆腹地广泛存在喷流成矿作用。因产出的大地构造位置、成矿环境、容矿岩石不同,成矿后的改造强弱不一,矿床特征差异大。陆地上的喷流成矿作用,表现为热泉型矿床特征;大陆边缘海底喷流成矿作用,有与 MVT 型矿床相似的特征,作者称为"稳定地壳区热水沉积型铅锌矿床",此类矿床在贵州省经历后期构造热液改造而不易被识别,形成"热水沉积-构造热液改造"叠生矿床。贵州省产于碳酸盐岩地层中的铅锌矿床多属此类;裂谷盆地边缘的海底喷流成矿作用,表现为 SEDEX 型矿床特征;中央裂谷及附近、岛弧及弧后盆地的喷流成矿作用形成的铅锌矿床,表现为 VMS 型矿床特征。

  20 世纪 80—90 年代,以陈士杰为代表,对贵州省以碳酸盐岩地层容矿的铅锌矿床,提出了沉积改造成矿的观点,以王华云为代表提出了盆源热液成矿的观点。之后的大多数学者认为,贵州省产于碳酸盐岩地层中的铅锌矿床,属 MVT 型铅锌矿床。

  MVT 型铅锌矿床像一个大袋子,囊括了产于台地及台地边缘的以碳酸盐岩地层容矿的后生矿床。机理可简单概括为造山作用导致地壳褶皱隆升,地下水因势能由高向低运动,溶解岩石中的 Pb、Zn 等有用组分,运移到有利的圈闭环境中成矿。MVT 型铅锌矿床所建立的区域成矿模式,涉及的成矿空间尺度太大(造山带),在找矿实践中难以应用,同时,还无法解释如下现象:①矿床形成于印支—燕山期运动时期,但与卷入印支—燕山期的上二叠统、三叠系和白垩系碳酸盐岩不含矿;②具体的矿体产出总是与特定层位相关,在上万米的沉积盖层中,尽管存在后生热液成矿有利的若干个相似岩性段及组合,但只有少数几个岩性段或组合含矿,且全省具有大致相同的层位;③一些矿床的矿体与围岩,没有明显的围岩蚀变,特别是矿体顶板的围岩蚀变往往不明显;④产于碳酸盐岩地层中规模较大的铅锌矿床,大部分与控制该容矿地层的同沉积断层相关;⑤一些被认为是后期成因的矿床,特别是多数中型规模的矿床,呈层状产出特点,以往认为受层间构造控制,但观察分析认为部分断层是后期形成的,围岩与矿体接触界面见到明显的擦痕构造等,矿石中发现同沉积角砾特征;⑥不同学者在不同时期用不同方法,得出铅锌矿测年数据不一致,发现测年数据与矿床地质特征矛盾等。

  作者立足于贵州省铅锌矿勘查与研究实践,以现代沉积盆地中热卤水成矿理论和深部成矿理论为基础,对贵州省的铅锌矿床进行研究,主要开展了以下工作。

  (1)开展了成矿背景及成矿作用研究,认为贵州省以碳酸盐岩为容矿岩石的铅锌矿床,有两期成矿作用:早期成矿作用与新元古代末期—奥陶纪末的 Rodinia 超大陆演化阶段和泥盆纪—二叠纪海西拉伸走滑阶段有关,形成热水沉积型铅锌矿床或 Pb、Zn 初始富集,晚期叠加构造热液改造,形成"热水沉积-构造热液改造"叠生矿床。对与铅锌成矿有关元素的化探数据处理分析,发现了地球化学元素的分期、叠加现象,地球化学图及其异常图与控制铅锌矿分布的区域性构造方向一致,并与两期成矿作用相对应。

(2)基于成矿地质作用的新认识,对贵州省铅锌矿床进行系统分类。认为以碳酸盐岩石容矿的"热水沉积-构造热液改造"叠生矿床是贵州省的主要铅锌矿床类型。该矿床在不同地区、不同构造单元和不同成矿单元,受到的改造程度不同。

(3)对不同容矿地层中铅锌矿床(点)分布、典型或代表性矿床地质特征、元素地球化学及流体包体特征等进行研究,分析矿床的控矿条件,总结铅锌矿床的时空分布规律,建立了贵州省主要铅锌矿床的区域成矿模式。

(4)对贵州省的铅锌成矿区(带)进行划分,将贵州省的铅锌成矿区(带)划分为 4 个Ⅲ级成矿带,14 个Ⅳ级成矿带,69 个Ⅴ级成矿带(矿田级),圈定 12 个 A 级找矿远景区,20 个 B 级找矿远景区,37 个 C 级找矿远景区。认为 12 个 A 级找矿远景区具有良好的找矿前景,有找到中—大型铅锌矿床的可能,并被勘查所证实,发现了贵州省赫章县猪拱塘超大型铅锌矿床、织金—普定交界的五指山大型铅锌矿床和都匀牛角塘大型铅锌矿床等。

本书是研究团队对贵州省 20 多年铅锌矿勘查与研究的最新成果总结,立足于贵州省铅锌矿床的实际,对成矿作用提出了新认识,系统划分了贵州省铅锌矿床类型,详细解剖了重要铅锌矿床,总结了成矿规律,建立了成矿模式,并进行了成矿预测,指出今后铅锌找矿的主要矿床类型和方向,可为今后铅锌矿床深部勘查和研究提供参考和借鉴。

陈国勇

2019 年 12 月

前　言

《贵州省铅锌矿床》由贵州省地质矿产勘查开发局(简称贵州省地矿局)和贵州省地矿局一〇四地质大队联合资助。成果引用截止日期为2018年12月。本着成果转换与推广的目的,《贵州省铅锌矿床》基于贵州省局管重大科研项目"贵州省铅锌成矿规律及找矿方向"(黔地矿函[2007]77号)成果编制出版,原研究成果获2015年贵州省科学技术进步三等奖。

贵州省铅锌矿的发现和采冶最早是在黔西北地区,已有1000多年的历史,在《威宁县志·地理志》中有记载,在唐或五代就有发现与开发利用。明末清初在赫章妈姑地区从提炼银发展到土法炼锌;清道光《大定府志·经政志》记载:"乾隆威宁县志云:'银厂沟在城东,产银,其矿为白石,椎石破之银即在焉,水恶无人开采。又大宝山有厂产银,起自五代汉高祖时,出银尚盛于乐马厂。崩岩古洞间有镌字可验。州志之言与土夷考合,是则大定厂务之权舆也。然大宝山今惟出黑、白铅而已,无复银也。'"(《中国矿床发现史·贵州卷》编委会,1996)。至明、清,贵州省铅锌矿发现与利用更为普遍。但受当时开采技术条件的限制,均为零星的小规模开采。黔南地区的牛角塘锌矿床,清代已有发现和采冶,在《清统一志》中有"都匀府土产有铅"(古称锌为倭铅)的记载。贵州省铅锌矿虽然发现和采冶利用较早,但真正有系统记载的是1914年以后。1914年地质学家丁文江在考察云南地质矿产时,曾对榨子厂-猫猫厂铅锌矿做过考察。民国二十八年(1939年),经济部地质调查所地质学家王竹泉对榨子厂铅锌矿作了勘查研究,1939年9月编著的《威宁铁矿山铁矿地质简报》中,载有《附述榨子厂铅锌矿》一文,较为详细地记述了铅锌矿产出分布及采冶状况。1942年4—7月,资源委员会矿产测勘处地质学家燕树檀、陈庆萱在调查赫章等四县矿产时,在《威宁水城纳雍赫章等县地质矿产》中表述"区内地质甚为简单,属中石炭纪灰岩""所炼矿石大部分为菱锌矿,盖以其属于氧化物,易于冶炼也"等。1948年,贵州省地质调查所地质学家罗绳武调查赫章铅锌矿时,在《赫章县铅锌矿调查报告》中写有"矿生于中石炭纪地层中……其矿床情形与猪拱塘同为交代矿床"的认识(《中国矿床发现史·贵州卷》编委会,1996)。

全省几乎所有的地表铅锌矿床和矿点都是在1949年至20世纪70年代中期发现的,并做了初步勘查,如水城县杉树林、丹寨县脚皋等铅锌矿床;70年代后期至90年代末期,乡镇矿业兴起,铅锌矿的勘查和开发投入增大,先后发现了都匀市牛角塘、赫章县天桥、威宁县银厂坡等铅锌矿床;2000—2018年是我国矿产勘查开发的重要时期,各种矿业投资主体兴起,国家和省财政投资引导,开展了大调查、国家和省级整装勘查,先后发现了都匀市大梁子、贵定县半边街、普定—织金县交界的五指山、丹寨县老东寨、赫章县猪拱塘等重要铅锌矿床。通过贵州省地矿局(一一三地质队、一〇四地质队、一〇九地质队)勘查:赫章县猪拱塘铅锌矿床查明铅锌金属资源量$275.82×10^4$t,五指山铅锌矿床查明铅锌金属资源量$147.69×10^4$t,都匀牛角塘铅锌矿床查明铅锌金属资源量达$103.33×10^4$t,丹寨县老东寨铅锌矿床查明铅锌金属资源量$38.61×10^4$t,实现了贵州省铅锌找矿的重大突破。

截至 2018 年(贵州省国土资源厅,2018)查明的铅、锌金属资源量如下。

铅矿产地 146 处,保有资源量/储量 121.70×10^{4}t,其中储量 20.14×10^{4}t,资源量 108.29×10^{4}t;锌矿产地 200 处,保有资源量/储量 584.57×10^{4}t,其中储量 180.37×10^{4}t,资源量 115.27×10^{4}t。保有的铅锌资源量/储量 706.27×10^{4}t。

本书作者参与《中国矿产地质志·贵州卷》中"铅锌"章节的编写,重新对铅锌矿床进行了归并,共划分了矿床 116 个,其中超大型矿床 1 个,大型矿床 2 个,中型矿床 15 个,小型矿床 98 个。根据最新资料(截至 2018 年),全省累计探明的资源储量大于 2018 年国土资源公报数据,探明铅锌资源储量 1 142.43×10^{4}t,其中锌资源储量 914.15×10^{4}t,占比 80.02%,铅资源储量 228.26×10^{4}t,占比 19.98%;保有的资源储量 1001.38×10^{4}t,其中锌资源储量 807.19×10^{4}t,铅资源储量 194.19×10^{4}t。

铅锌矿的开发始于 20 世纪 50 年代初,先后建立了国营赫章铅锌矿和普安铅矿;改革开放后,黔西北的威宁、赫章等地个体和乡镇企业土法炼锌曾十分兴盛,但多数小型矿山以销售原矿为主。20 世纪 80 年代以后,一些铅锌选矿厂陆续建立,主要分布于都匀和普定—织金地区、凯里市和六枝地区,其中普定—织金交界的五指山地区建有日产 4000t 矿石的矿山和浮选厂,是目前贵州省最大的铅锌矿山和选矿厂。贵州省目前尚无原生硫化矿铅锌冶炼厂,高品位的铅锌原矿和铅锌精矿主要销往湖南株州等地冶炼。

出版本书的原因主要是贵州省经济发展的需求问题。贵州省正处于工业化时期,在守住生态底线的基础上,省委、省人民政府正在打造十大千亿级工业产业,铅锌矿勘查开发被纳入其中。如何再实现铅锌找矿突破,尚受找矿理论、技术和方法制约。制约找矿的关键科学问题没有解决,如成矿的物质来源、地壳演化及区域构造演化与铅锌成矿的关系、铅锌成矿时代、峨眉山大火成岩省与铅锌成矿的关系等;成矿规律需要进一步总结和深化认识,需要从已知的矿床地质特征入手,深入总结控矿地质条件,掌握矿床时空分布规律,建立成矿模式和找矿模型,以达到指导找矿的目的。

本书作者团队开展贵州省铅锌矿床的研究有较好的基础,涉及本书编制的作者单位贵州省地矿局一○四地质大队、一一三地质大队、一○九地质大队在全省不同地区,均有开展铅锌找矿的成功经验。本书的第一作者先后主持并参与了多个铅锌矿调查、勘查和科研项目,并主编有《黔西北地区铜铅锌资源评价报告》《贵州张维—五指山地区铅锌资源评价报告》《贵州以那架-小猫场矿调》和《贵州黄丝—江洲地区铅锌资源评价报告》等,参与了主要勘查项目并主编有《贵州省都匀牛角塘铅锌矿床马坡矿段详查地质报告》《五指山地区铅锌矿勘查评价总体报告》《贵州省丹寨县老东寨铅锌矿勘探》《贵州省赫章县猪拱塘铅锌矿详查》等,参与了一些重要研究项目并主编《贵州省铅锌资源潜力评价》《贵州省铅锌成矿规律及找矿方向》《黔西北地区铅锌找矿攻关》《赫章矿集区矿产调查与找矿预测》等。

现代成矿新理论为本书成果提供了支撑。现代沉积盆地中热卤水成矿作用研究表明,深部热源、物源沿古构造上升到沉积盆地底部,与水圈、生物圈、沉积层彼此相互作用,产生广泛的物质和能量交换,形成层控铅锌多金属矿床。现代沉积盆地中热卤水成矿具有沉积成矿作用和热液成矿作用的特点,在热液活动中有沉积(淀)成矿作用,在沉积成矿作用中有热液活动;成矿物质由深部向上迁移,途经不同的物理化学环境,必然有成矿物质的加入,导致成矿物质来源具有多样性；物质运移过程必然有成矿作用的发生，不同地段表现为不同的成矿作用，在成矿流体由深部上升至通道中，主要表现为充填和交代成矿作用，在成矿流体涌出海底后，主要表现为沉积作用和交代成矿作用，具不同的矿体产出特征和矿石特征。矿床形成后，受后期构造运动和成矿作用的改造，进一步提高了矿床的富集程度，同时也使矿床更加复杂，给找矿带来困难。但现代成矿理论、同位素示踪技术和物化探方法，可以支撑贵州省复合构造条件下的铅锌找矿。

基于以上基础，本书作者就贵州省铅锌成矿背景与成矿作用、矿床分类、典型或代表性矿床特征、成矿规律、成矿模式和成矿预测进行了探讨，供今后的生产、科研和教学参考。此书素材来源于勘查开发实践，是理论和实践结合的结果，但成矿的地史时期漫长而演化复杂，本书以管窥豹，受水平所限，难免存在不足之处，敬请读者批评指正。

全书由下列同志执笔和参与相关工作：陈国勇负责前言，第一章第三节、第二章、第三章，第四章第一节、第二节，第五章、第六章、第七章第一节、第八章、第九章；王砚耕负责第一章第一节、第二节，参与第二章第三节；冯济舟负责第一章第四节；赵征、杨兴玉、兰安平参与第一章第三节、第四章第二节，邹建波参与第四章第二节，谭华参与第三章第一节、第二节，第四章至第八章第一节、第四章第二节；安琦、黄林参与第五章第二节；何良伦、吴大文负责第七章第二节；田亚江、余杰负责第三章第二节；范玉梅负责部分插图、插表编制，插图、插表清绘、修改，文图校核和排版，参与部分样品采集。另外在报告编制初期，陈朝玉提供第二章第一节检索资料，陆光艳参与了部分插图编制。全书由陈国勇负责统稿、修改。

本书由贵州省地矿局重大科研项目和贵州省地矿局一〇四地质大队联合资助，得益于贵州省地矿局总工程师周琦的指导，原贵州省地矿局局长、总工程师韩至钧研究员多次通读全文，给予重要指导，并鼓励出版，在此一并致谢！

目　录

第一章　成矿地质背景 (1)
第一节　地壳演化 (1)
一、地壳类型 (1)
二、地壳结构 (1)
三、大地构造 (2)
四、主要成矿地质事件 (3)
五、地壳演化 (4)

第二节　区域地质特征 (6)
一、地层与沉积环境 (6)
二、岩浆岩 (12)
三、区域变质岩 (14)
四、上地壳浅层构造变形 (15)
五、深大断裂活动 (17)

第三节　区域地球物理特征 (19)
一、重力场特征 (19)
二、区域磁场特征 (19)

第四节　区域地球化学特征 (21)
一、铅锌成矿的主、伴生元素在地层中的分布 (21)
二、不同构造单元地球化学特征 (29)
三、元素地球化学特征 (35)
四、铅锌成矿的主、伴生元素异常与铅锌矿分布 (45)
五、小结 (50)

第二章　铅锌成矿作用与矿床成因分类 (52)
第一节　成矿作用讨论与重要矿床类型成矿环境 (52)
一、成矿作用讨论 (52)
二、重要矿床类型成矿环境 (53)

第二节　矿床成因分类 (55)
一、国内外铅锌矿床分类回眸 (55)
二、贵州省铅锌矿床分类的难点 (56)
三、贵州省铅锌矿床分类 (56)

第三节　贵州省主要铅锌矿床成矿环境及主要类型 (59)
一、成矿环境 (59)

二、主要铅锌矿床类型 ……………………………………………………… (61)

第三章　震旦系中的铅锌矿床 …………………………………………………… (64)
　第一节　铅锌矿床(点)分布 ……………………………………………………… (64)
　第二节　典型矿床 ………………………………………………………………… (64)
　　一、纳雍县水东铅锌矿床 ………………………………………………………… (64)
　　二、丹寨县老东寨铅锌矿床 ……………………………………………………… (72)
　第三节　元素地球化学及流体包裹体特征 ……………………………………… (78)
　　一、微量元素 ……………………………………………………………………… (79)
　　二、稀土元素 ……………………………………………………………………… (81)
　　三、硫同位素 ……………………………………………………………………… (83)
　　四、铅同位素 ……………………………………………………………………… (83)
　　五、流体包裹体地球化学特征 …………………………………………………… (84)
　第四节　控矿条件及矿床成因 …………………………………………………… (89)
　　一、控矿条件 ……………………………………………………………………… (89)
　　二、矿床成因 ……………………………………………………………………… (93)

第四章　寒武系中的铅锌矿床 …………………………………………………… (95)
　第一节　铅锌矿床(点)分布 ……………………………………………………… (95)
　第二节　典型(代表性)矿床 ……………………………………………………… (95)
　　一、五指山地区铅锌矿床 ………………………………………………………… (96)
　　二、都匀市牛角塘铅锌矿床 ……………………………………………………… (116)
　第三节　元素地球化学特征 ……………………………………………………… (128)
　　一、稀土元素地球化学特征 ……………………………………………………… (128)
　　二、硫同位素地球化学特征 ……………………………………………………… (131)
　　三、碳、氧同位素地球化学特征 ………………………………………………… (132)
　第四节　控矿条件及矿床成因 …………………………………………………… (133)
　　一、控矿条件 ……………………………………………………………………… (133)
　　二、矿床成因 ……………………………………………………………………… (139)

第五章　泥盆系中的铅锌矿床 …………………………………………………… (141)
　第一节　地层与铅锌矿床(点)分布 ……………………………………………… (141)
　第二节　典型或代表性矿床——贵定半边街锌矿床 …………………………… (141)
　　一、地层 …………………………………………………………………………… (142)
　　二、构造 …………………………………………………………………………… (145)
　　三、矿体特征 ……………………………………………………………………… (149)
　　四、矿石特征 ……………………………………………………………………… (153)
　第三节　元素地球化学与流体包裹体特征 ……………………………………… (155)
　　一、元素地球化学 ………………………………………………………………… (155)
　　二、包裹体特征 …………………………………………………………………… (161)

第四节 成矿控制条件及矿床成因 ……………………………………… (162)
　　一、成矿控制条件 ………………………………………………………… (162)
　　二、矿床成因 ……………………………………………………………… (165)

第六章 石炭系中的铅锌矿床 ………………………………………… (166)

第一节 铅锌矿床分布 …………………………………………………… (166)

第二节 典型(代表)矿床——水城杉树林铅锌矿床 …………………… (166)
　　一、地层 …………………………………………………………………… (166)
　　二、构造 …………………………………………………………………… (171)
　　三、矿体特征 ……………………………………………………………… (172)
　　四、矿石质量 ……………………………………………………………… (172)
　　五、矿体围岩、夹石及围岩蚀变 ………………………………………… (177)

第三节 元素地球化学及流体包裹体特征 ……………………………… (177)
　　一、元素地球化学特征 …………………………………………………… (177)
　　二、流体包裹体特征 ……………………………………………………… (183)
　　三、成矿时代 ……………………………………………………………… (184)
　　四、铅、锌的物质来源 …………………………………………………… (184)

第四节 成矿控制条件及矿床成因 ……………………………………… (185)
　　一、成矿控制条件 ………………………………………………………… (185)
　　二、矿床成因 ……………………………………………………………… (189)

第七章 二叠系中的铅锌矿床 ………………………………………… (190)

第一节 铅锌矿床分布 …………………………………………………… (190)

第二节 典型矿床——赫章县猪拱塘铅锌矿床 ………………………… (190)
　　一、地层 …………………………………………………………………… (191)
　　二、构造 …………………………………………………………………… (194)
　　三、岩浆岩 ………………………………………………………………… (195)
　　四、矿体特征 ……………………………………………………………… (195)
　　五、矿石特征 ……………………………………………………………… (197)
　　六、围岩及蚀变 …………………………………………………………… (199)

第三节 元素地球化学及流体包裹体特征 ……………………………… (199)
　　一、微量元素特征 ………………………………………………………… (199)
　　二、稀土元素 ……………………………………………………………… (200)
　　三、硫同位素 ……………………………………………………………… (200)
　　四、铅同位素 ……………………………………………………………… (200)

第四节 控矿条件及矿床成因 …………………………………………… (202)
　　一、控矿条件 ……………………………………………………………… (202)
　　二、矿床成因 ……………………………………………………………… (203)

第八章 铅锌矿床成矿规律 …………………………………………… (206)

第一节 控矿因素分析 ……………………………………………………………… (206)
一、成矿作用受不同地壳结构类型的控制 ………………………………………… (206)
二、成矿作用受不同地壳不同的演化阶段的控制 ………………………………… (206)
三、矿床类型分布受不同的大地构造位置控制 …………………………………… (207)
四、深大断裂活动控制了铅锌成矿边界和时限 …………………………………… (207)
五、沉积环境控制了铅锌矿床的分布 ……………………………………………… (208)
六、地质界面对铅锌成矿有着积极的影响 ………………………………………… (210)
七、浅层变形构造和断裂构造有利于成矿的改造和富集 ………………………… (211)
八、各种控矿因素的耦合条件 ……………………………………………………… (211)

第二节 成矿演化的分析 ……………………………………………………………… (211)

第三节 矿床时空分布规律 …………………………………………………………… (214)
一、空间上的分布 …………………………………………………………………… (214)
二、时间上的分布 …………………………………………………………………… (215)

第四节 矿床成因探讨 ………………………………………………………………… (216)
一、稀土元素地球化学 ……………………………………………………………… (216)
二、流体包裹体地球化学 …………………………………………………………… (217)
三、硫同位素 ………………………………………………………………………… (217)
四、铅同位素 ………………………………………………………………………… (218)
五、碳、氧同位素 …………………………………………………………………… (218)

第五节 区域成矿模式 ………………………………………………………………… (219)

第九章 找矿方向 ……………………………………………………………………… (223)

第一节 铅锌成矿区(带)的划分 ……………………………………………………… (223)
一、成矿区(带)划分原则 …………………………………………………………… (223)
二、贵州Ⅰ、Ⅱ、Ⅲ级成矿区(带)划分 …………………………………………… (224)
三、贵州省铅锌单矿种Ⅳ、Ⅴ级成矿区(带)划分 ………………………………… (224)

第二节 找矿远景区的划分 …………………………………………………………… (224)
一、找矿远景区划分 ………………………………………………………………… (224)
二、找矿远景区圈定遵循的准则 …………………………………………………… (225)
三、找矿远景区的级别确定 ………………………………………………………… (230)

第三节 Ⅳ级成矿区(带)的特征及重要Ⅴ级成矿区(带) …………………………… (230)
一、Ⅲ-74 ……………………………………………………………………………… (230)
二、Ⅲ-77 ……………………………………………………………………………… (230)
三、Ⅲ-78 ……………………………………………………………………………… (240)
四、Ⅲ-88 ……………………………………………………………………………… (241)

第四节 找矿方向 ……………………………………………………………………… (241)

第五节 结语 …………………………………………………………………………… (242)

主要参考文献 …………………………………………………………………………… (244)

第一章　成矿地质背景

第一节　地壳演化

一、地壳类型

地壳类型主要按构成地壳的物质组分的不同进行划分,一般分为大陆地壳、海洋地壳和过渡地壳3类。

大陆地壳的厚度大,主要由长英质(花岗质)岩石组成;海洋地壳的厚度很薄,由镁铁质岩石组成;过渡地壳则由上述两种成分组成,厚度介于二者之间。

根据区域地球物理资料及地壳深部有关解释推断成果,贵州省地壳主要是由长英质岩石组成的大陆地壳(简称"陆壳")。该"陆壳"属我国华南大陆地壳的一部分,具有华南"陆壳"的基本特点。贵州省"陆壳"厚39～45km,大致以乌蒙山地球物理梯级带为界,西厚东薄;它的地壳成分自西向东也有所差别。

由于地壳发展演化过程的复杂性,不同地域地壳物质组分也有差异,表现为贵州"陆壳"纵向上的分层性和横向上的不均一性。这种不均一性,在浅层地壳的上部尤为明显,集中体现在显生宙地层发育与组成的差别上。地壳的不均性一直接影响并控制着包括铅锌在内的有关矿产的成矿作用及其矿床类型与空间分布等。

二、地壳结构

地壳是指位于莫霍面之上厚大的"地质体"。它主要由复杂的固结岩石构成,是位于地幔之上的岩石圈,是板块活动的载体和各种地质作用的场所。按李廷栋(2006)关于中国岩石圈的划分方案,贵州省属于东亚岩石圈构造域,该区是构造活动性相对稳定区。该"陆壳"由基底和盖层两部分构成。

结晶基底:贵州省内未出露结晶基底。据有关地质、地球物理资料,以及上扬子地区大地电磁测深等成果,本区地壳下部存在古元古代至中新太古代的深变质岩系,主要由片麻岩和麻粒岩等组成,并普遍发育韧性构造变形,且厚度较大,可能相当于上地壳。

盖层:覆盖新元古代至显生宙的岩石,包括浅变质沉积岩、浅变质火山-沉积岩和浅变质火山碎屑岩,特别是厚度大的沉积岩(碳酸盐岩和硅质陆源碎屑岩),厚约15km,构成贵州省的浅层地壳。铅锌矿主要产于浅层地壳上部的碳酸盐岩层中。

值得特别提出的是，最近袁学诚和李廷栋(2009)在论述中国岩石圈三维结构雏形时，将地壳分为弹性上地壳和塑性下地壳两部分。由于贵州省深部地球物理信息太少，地壳厚度又不易确定，故以上所描述的基底和盖层，很可能仅相当于袁学诚等划分的弹性上地壳范围。

贵州省地壳属华南大陆地壳的组成部分，它克拉通化的程度不高，仍具有较强的活动性，对有关铅锌成矿有较大影响。

三、大地构造

贵州省处于华南板块内部的上扬子陆块。西临三江特提斯造山带及巴颜喀拉造山带，东南为南华造山带(图1-1-1)。自新元古代以来，贵州省铅锌矿的成矿环境一直处于大陆板块内部的成矿系统。

上扬子陆块是一个早前寒武纪的相对稳定的克拉通，结晶基底为古元古代—中新太古代的深变质岩系，其上为活动性较强的中新元古代浅变质岩和显生宙沉积岩层。由于各地质结构特别是盖层厚度和成分等的差异，在王砚耕(1991,1996)划分的基础上，将贵州上扬子陆块的大地构造次级单元细分为"一盆三带"：即四川前陆盆地、鄂渝黔前陆褶皱-冲断带、江南造山带和右江造山带(图1-1-1)。

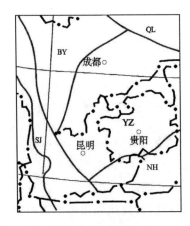

图1-1-1 大地构造位置图
SJ.三江特提斯造山带；BY.巴颜喀拉造山带；
YZ.扬子陆块；NH.南华造山带

1. 四川前陆盆地

贵州北隅的赤水和习水，以及桐梓县北部，属四川前陆盆地的南部边缘，它是一个以早前寒武纪(古元古代至新太古代)为结晶基底的克拉通，其上为以中生代侏罗纪和白垩纪陆相地层为盖层的大型拗陷盆地。

2. 鄂渝黔前陆褶皱-冲断带

贵州位于该带南段，该带占据了贵州省的大部分地域。推断该带是由早前寒武纪深变质岩系组成的结晶基底，其上为厚大的中新元古代—显生宙地层盖层，是构造活动性相对较强的薄皮构造发育区。其基本特征是：中元古界为变质火山-沉积岩系，新元古界为浅变质硅质陆源碎屑岩和变质火山碎屑岩；上震旦统至上三叠统主要为巨厚的海相碳酸盐岩地层；燕山期造山运动强烈，侏罗山式褶皱发育；喜马拉雅期造山及其后的面型隆升较为强烈，至今仍在继续活动。

3. 江南造山带

贵州位于该带西南段，主要涉及黔东南大部和黔南东部。结晶基底未出露，它的主体为早古生代的造山带。主要出露地层为新元古代至早古生代的浅变质岩系。其基本特点是：地层组分以硅质陆源碎屑地层为主，厚度大，浅变质；不整合覆盖于其上的晚古生代以上地层不发育;构造变形较为复杂,以北东—北北东向为主,属断裂型造山带。

4. 右江造山带

该带主要包括南、北盘江及红水河流域的黔西南布依族苗族自治州南部及黔南布依族苗族自治州的罗甸县等。它的主体是印支-燕山期造山型褶皱带,结晶基底未出露。该带主要是受特提斯与滨太平洋两大地球动力系统联合作用,形成较特殊的地质单元,它的基本特点是:三叠系硅质陆源碎屑浊积岩(复理石)发育、厚度大;主要构造线呈北西西—东西向,褶皱较紧密,断裂发育,多期(次)褶皱叠加。

四、主要成矿地质事件

地质事件不仅是地球发展演化的重要因素,而且有的地质事件本身就是一种成矿作用,可以形成矿产。在贵州省漫长的地壳演化历程中,发生了多种成矿地质事件。其中,与贵州省铅锌矿成矿有关的主要地质事件包括以下5类,现简要叙述如下。

1. 构造事件

构造事件泛指由地球内动力作用在地壳上产生的造山、造陆和构造变形等现象,主要有以下几种。

(1)新元古代至早元古代奥陶纪Rodinia(罗迪尼亚)超大陆裂解作用,提供Pb、Zn初始物质来源及其裂陷沉积环境。

(2)加里东陆-陆碰撞造山作用为Pb、Zn成矿提供热源及控矿和容矿构造(空间)。

(3)泥盆纪至中二叠世陆内裂陷走滑作用形成台-盆(沟)相间沉积格局,为Pb、Zn的初始沉积和矿源层提供了有利环境。

(4)印支-燕山造山作用为Pb、Zn成矿提供了构造动力驱动和热液成矿流体。

(5)喜马拉雅造山及其隆升为Pb、Zn风化成矿提供构造地貌条件和堆积场所。

2. 构造-热事件

构造-热事件主要包括火山喷发和岩浆侵位,以及深层热泉(水)活动。

(1)新元古代初期裂前隆起阶段在从江地区形成类双峰式火成岩-镁铁质-超镁铁质和花岗质侵入岩,为岩浆热液成矿提供Pb、Zn物源。

(2)早寒武世地壳拉伸作用导致深层热水(泉)及火山物质沿裂隙喷发形成的"黑层",使包括Pb、Zn在内的多种金属元素初始沉积,并成为矿源层。

(3)晚二叠世地幔隆起形成峨眉山大火成岩省(徐义刚等,2001)及其大陆溢流拉斑玄武岩系,可能为Pb、Zn成矿提供热源和矿源。

3. 地壳隆升及海平面变化事件

由于频繁的板块运动及其他因素,在贵州地层中形成许多间断、假整合及层序地层不整合等界面。这些地质事件所造成的各种界面,对Pb、Zn成矿有不同程度的控制作用。主要界面有牛蹄塘组/灯影组、高台组/清虚洞组、湄潭组/红花园组、祥摆组/高坡场租（或鸡窝寨组—革老河组）、梁山组/马平组（或摆佐组—黄龙组）、龙潭组/茅口组等。

4.气候事件

在贵州省地质历史发展进程中，气候变化无常，特别是那些特殊气候和极端气候改变了古海洋环境，形成一些有利于 Pb、Zn 矿成矿的载体（岩石）。对贵州省来讲，最重要的气候事件产物是与碳酸盐型 Pb、Zn 矿密切相关的蒸发岩——白云岩，主要有灯影组白云岩、清虚洞组白云岩、摆佐组白云岩和高坡场组白云岩等。

5.生物事件

在漫长的地球生命演化过程中，生物的灭绝与复苏交替发生，特别是那些藻菌等微生物的活动，改变着水体的物理化学条件，不仅形成一些特殊的岩石（如烃源岩），而且可吸附 Pb、Zn 等金属元素，有的甚至可形成矿源层，有的还可形成有机流体，参与 Pb、Zn 成矿过程。因此，生物事件与某些碳酸盐型 Pb、Zn 成矿的关系是极其密切的，如灯影组隐藻白云岩、清虚洞组下部的藻白云岩、红花园组的礁灰岩、高坡场组的藻白云岩、摆佐组的生物灰岩以及南丹组的藻菌碳酸盐岩等。

五、地壳演化

1. Rodinia 超大陆演化阶段（中元古代—早古生代奥陶纪）（Ⅰ）

根据地质时期板块活动、主要地质事件（含重要成矿地质事件）及铅锌成矿作用等的差别，将中元古代至今的地壳演化分为 6 个阶段（表 1-1-1），并简述如下。

表 1-1-1 贵州地壳演化阶段及其铅锌矿成矿关系

阶段	名称	地质时代	地球动力系统及地质效应	与铅锌成矿关系
Ⅵ	喜马拉雅造山-隆升阶段	N—Q	隆升特提斯碰撞造山及造陆	风化成矿作用
Ⅴ	印支-燕山造山阶段	T_2—K	西太平洋 B 型造山 特提斯碰撞造山及造陆	热卤水或热液成矿作用
Ⅳ	峨眉地幔柱活动阶段	P_3—T_1	地幔柱作用，玄武岩高原隆起	提供 Pb、Zn 矿源
Ⅲ	海西拉伸走滑阶段	D—P_2	陆内裂陷、走滑拉分	盆内 Pb、Zn 初始沉积
Ⅱ	加里东碰撞造山阶段	S	陆内碰撞造山	热卤水及变质热液成矿作用
Ⅰ	Rodinia 超大陆演化阶段	Pt_3—O	裂解-裂崩隆起拉伸沉陷	提供 Pb、Zn 矿源或形成矿源层
		Pt_2 末	会聚—陆-陆碰撞 A 型俯冲	

中元古代中晚期,贵州省处于大陆边缘环境,经历了短暂弧-弧碰撞后,在900Ma左右的格林威尔期(四堡期)陆-陆碰撞及A型俯冲,使之成为Rodinia超大陆的组成部分。自新元古代开始进入超大陆裂解阶段,直至早古生代的奥陶纪末期,经历了裂前隆起—拉张—裂陷演化过程,分别形成镁铁质和长英质类"双峰式"火成岩、巨厚的硅质陆源碎屑和火山碎屑沉积,以及杂砾岩和碳酸盐沉积。其中,早寒武世黑色岩系(黑层)为深层热泉作用形成的多金属矿源层。

2. 加里东碰撞造山阶段(志留纪)(Ⅱ)

经早志留世初期非补偿沉积(黑色岩系)后,大陆板块聚会作用,形成以硅质陆源碎屑为主的前陆盆地充填物;之后华夏陆块与扬子陆块陆陆碰撞造山,产生以北北东—北东向为主的褶皱断裂,使之成为统一的华南大陆板块,并在构造驱动下,形成变质成矿流体,有铅锌等的成矿作用发生。

3. 海西陆内裂陷走滑作用阶段(泥盆纪—中二叠世)(Ⅲ)

加里东造山形成的陆块,自泥盆纪开始进入陆内裂陷、走滑及拉分演化阶段,直至中二叠世,形成台-盆(沟)格局及走滑拉分盆地,为Pb、Zn等元素在海盆的初始沉积提供了有利的环境和介质条件。

4. 峨眉地幔柱作用阶段(晚二叠世—早三叠世)(Ⅳ)

晚二叠世,由于峨眉地幔柱活动,包括贵州省西部在内的我国西南地区,大规模的裂隙式大陆溢流玄武岩岩浆喷发,在很短时期内形成玄武岩高原(隆起);加上玄武岩浆带来大量气液、热量、甚至Pb、Zn等成矿物质,改变了古环境和沉积格局,导致生物群急剧灭绝。早三叠世地幔柱作用进入尾声,从而结束此发展阶段。

5. 印支-燕山造山阶段(中三叠世—白垩纪)(Ⅴ)

中三叠世开始,由于印度板块向欧亚板块的聚拢,贵州进入了特提斯碰撞造山阶段(印支阶段),形成的南盘江周缘前陆盆地随之关闭并褶皱成山,贵州上升成陆,结束了海相沉积历史。晚三叠世中期至侏罗纪则为陆内拗陷盆地磨拉石堆积。燕山造山席卷全省,发生较强的褶皱断裂,不仅初步奠定了全省的构造面貌,而且伴随有Pb、Zn成矿作用。

6. 喜马拉雅造山-隆升阶段(新生代)(Ⅵ)

新生代以来的特提斯碰撞造山作用对贵州省影响至深,特别是发生在古近纪与新近纪之间的新构造活动,使地壳发生褶皱断裂等构造变形。之后,由于印度板块向欧亚板块俯冲以及其远程扩展效应,贵州面型隆升强烈,形成当今贵州高原特殊的地貌景观,在温湿气候条件下形成与风化作用有关的铅锌砂矿和铅锌氧化矿。

第二节 区域地质特征

一、地层与沉积环境

(一)区域地质概况

贵州省地层发育,从中元古界到第四系均有出露(贵州省地质矿产局,1987;王砚耕,1994;贵州省地矿局区调院,1996),其中以显生宙的海相地层发育最佳,类型齐全。

1. 中元古界

贵州省的中元古代地层称为梵净山群/四堡群,分别出露在武陵山系西南段的黔东北梵净山区和黔桂交界的九万大山北麓从江县内,其岩性主要为一套变质火山-沉积岩系,该岩群中部发育厚度大的海底喷发玄武岩-枕状玄武岩。厚数千米。

2. 新元古界

新元古界集中分布在黔东南地区,在黔南南部、黔东北及黔中等地也有出露。不整合覆于中元古界梵净山群/四堡群之上。包括板溪群/下江群/丹洲群3个并列的岩群,其岩性主要为变质硅质陆源碎屑岩和变质中酸性火山碎屑岩(凝灰岩为主)。最大厚度10 000m。南华系分布范围与新元古界下部岩群相同,岩性主要为浅变质陆源硅质碎屑岩,变质杂砾岩占很大比例。厚数千米。

下震旦统为细碎屑岩、白云岩及磷块岩,上震旦统为海相白云岩或硅质岩,分别称为灯影组和留茶坡组。灯影组白云岩为主要赋铅锌矿层位。厚几十米至二三百米。

3. 下古生界

下古生界主要出露在黔东、黔东北和黔中。

寒武系和奥陶系:除下部为硅质陆源碎屑岩外,其上主要为海相碳酸盐岩。下寒武统清虚洞组为白云岩及藻灰岩,下奥陶统红花园组为礁灰岩,与铅锌矿关系密切。厚1100~2200m。

志留系:仅发育下统,以硅质陆源碎屑岩为主,兼夹生物碎屑灰岩。厚数百米。

4. 上古生界

上古生界主要分布在贵州中南部、西部和西南部。

泥盆系:下统以硅质陆源碎屑岩为主,其上的海相碳酸盐岩占较大比重。中上统高坡场组(望城坡组)和独山组为铅锌的主要赋矿层位。厚1200~1300m。

石炭系:除下石炭统夹有硅质陆源碎屑岩外,其余主要为海相碳酸盐岩。厚450~2500m。贵州省西部下石炭统摆佐组白云岩及白云质灰岩,以及南丹组灰岩为铅锌的重要含矿层位。

二叠系:中、下统以海相碳酸盐岩为主,夹少量细屑岩,厚150~1000m,贵州省西部上二叠统为峨眉山玄武岩组及龙潭组含煤砂页岩；东部为海相石灰岩地层，厚130～140m。

5. 中生界

中生界分布在黔东南以外的全省各地。

三叠系：扬子区下统至上统下部以海相碳酸盐岩为主，右江区陆源碎屑浊积岩占优势，是卡林型金矿产出的主要部位。上统中上部为陆源硅质碎屑岩，最大厚度4500m。

侏罗系—白垩系：下统主要为紫红色硅质陆源碎屑岩，厚350～2200m。上白垩统以紫红色粗碎屑沉积岩为主，厚50～450m。

6. 新生界

新生界发育较差，零星分散，组分复杂，类型较多，厚度不大。

古近系：主要为紫红色砂砾岩及含砾泥岩。

新近系：含砾泥岩及砂质黏土等。

第四系：残积、堆积、洪积、冰碛，以及洞穴等多种成因类型的松散堆积物。在特定的地质地貌条件下形成铅锌砂矿。

（二）赋铅锌矿地层层序

贵州赋存铅锌矿的层位较多，按容矿地层划分，含3套地层：①产于前震旦系中与岩浆成矿作用和变质成矿作用有关的铅锌矿床；②震旦系—奥陶系（Z—O）碳酸盐岩地层中的铅锌矿床；③泥盆系—中二叠统（D—P_2）碳酸盐岩地层中的铅锌矿床（表1-2-1、表1-2-2）。

1. 前震旦纪地层

前震旦纪地层发育中新元古界浅变质岩系，包括梵净山群/四堡群、板溪群/下江群/丹洲群，产出与岩浆成矿作用和变质成矿作用有关的铅锌矿床，如凯里下高跃铅锌矿床、榕江芬董铅锌矿床、从江地虎和九星铜铅锌多金属矿床。

2. 震旦纪—奥陶纪地层

贵州震旦纪—奥陶纪地层较为发育，主要属于扬子地层区，沉积分异较为明显，各地岩石地层的差异较大，其地层层序见表1-2-1。

1) 主要赋矿浅水碳酸盐岩地层

在这套层序中，赋存铅锌矿的绝大部分是海相浅水环境形成的碳酸盐岩地层。自下而上主要为灯影组、清虚洞组和红花园组，其次为娄山关组、桐梓组等。

灯影组主体为晚震旦世碳酸盐台地相沉积，系震旦纪—寒武纪跨界地层，属扬子地层区。在贵州省分布较广，主要出露在北半部。其岩性主要为藻白云岩及颗粒白云岩。中偏上部为薄层泥质白云岩及白云质泥岩，为凝缩段或低速沉积层。铅锌矿产于该层以下的白云岩中。

清虚洞组为扬子地层区，中寒武世浅水碳酸盐地层。一般岩性下部为藻灰岩，上部为藻白云岩及颗粒白云岩。该组沉积环境自下而上为台地边缘滩相→局限台地相。

表 1-2-1 震旦系—奥陶系赋矿地层序列表(增加陡山沱组)

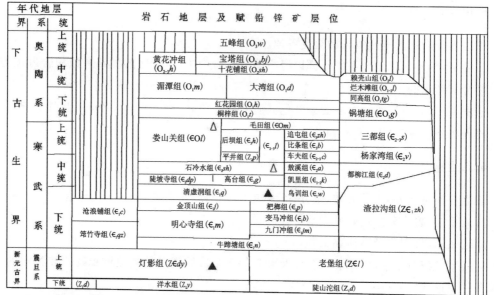

据《贵州省地层典》及《贵州省岩石地层》等综合编制。

▦ 假整合或间断　　▲ 主要赋铅锌矿层位　　△ 赋铅锌矿层位

红花园组是扬子地层区早奥陶世中期的礁滩相沉积,主要岩性为海绵礁灰岩、生物灰岩和生物碎屑灰岩,属浅海台地环境的礁滩组合。

2)主要赋矿深水碳酸盐地层

此类地层主要有寒武系—下震旦统陡山沱组,都柳江组、跨系地层渣拉沟组,中泥盆统火烘组,石炭系威宁组,二叠系猴子关灰岩等,岩性以具薄层构造的灰岩为主,碳酸盐岩与硅质岩层互层,碳酸盐岩不纯,含泥炭质为特点,产于其中的铅锌矿体或矿化蚀变规模小、变化大、组分复杂,含矿岩性总体为一套台缘斜坡岩性组合。

3. 泥盆纪—中二叠世地层

表 1-2-2 所列地层中,赋存铅锌矿的层位主要是浅水碳酸盐地层独山组、高坡场组和摆佐组,深水碳酸盐岩地层次之,包括火烘组和南丹组。前者主要为台地相,后者为台盆相。

1)主要赋矿浅水碳酸盐地层

独山组:主要分布在黔南和黔西北地区,岩性以灰岩及生物灰岩为主,间夹钙质泥岩及砂、页岩,含大量腕足如珊瑚化石,属浅海台地相沉积。

高坡场组:主要分布在黔中地区,岩性以白云岩为主,常见渗流豆、帐篷等暴露构造标志。属局限台地相沉积。

摆佐组:分布在黔南北部和黔中南部地区,以白云质灰岩和白云岩为主,含大量两栖类生物化石,属局限—半局限台地沉积。

2)主要赋矿深水碳酸盐地层

火烘组:主要分布在贵州西部和西南部,岩性主要为深色钙质页岩、泥灰岩及泥岩、灰岩等,含浮游型生物化石。属深水台盆相沉积。

南丹组:相当于俗称"黑区"石炭纪、二叠纪地层。主要分布在黔南的罗甸、望谟和贵州西部的水城、盘县等地。岩性主要为深灰—灰黑色薄层、中厚层泥晶灰岩夹碳质页岩及硅质岩,含菊石等浮游型生物化石,属深水台盆相沉积。

贵州泥盆纪—中二叠世地层较为发育,属华南(南方)地层区。主要出露在贵州的南半部和西北部,沉积分异较大,各地的发育情况不一,岩石地层见表1-2-2。

表1-2-2 贵州省泥盆纪—中二叠世地层序列及铅锌矿赋矿层位

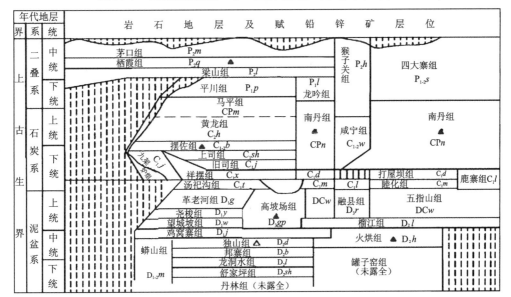

据《贵州省地层典》及《贵州省岩石地层》等综合编制。

▨ 假整合或间断   ▲ 主要赋铅锌矿层位   △ 赋铅锌矿层位

(三)层序地层

1. 震旦纪—奥陶纪层序地层

贵州震旦纪—奥陶纪地层是一套被动大陆边缘沉积,浅水碳酸盐地层发育良好,是铅锌矿最为主要的赋矿层位。

这套地层共划分为10个三级层序:震旦纪2个,寒武纪5个,奥陶纪3个。

1)震旦纪层序

$Ⅲ_1$ 包括下统至上统下部,海侵体系域为陡山沱组泥晶—细晶白云岩,其上为该组上部碳质岩—凝缩段;之上为颗粒白云岩及白云岩角砾岩等。该层序为高水位体系域。

$Ⅲ_2$ 海侵体系域,与$Ⅲ_1$高水位体系域界面不易划分,二者均为灯影组白云岩,仅二者白云岩的结构有别。其上为泥质段—凝缩段,再上为具暴露标志的白云岩,即高水位体系域。

本层序为铅锌重要赋矿体系域。

2)寒武纪层序

Ⅲ$_3$以喀斯特不整合面与Ⅲ$_2$分界,本层序包括牛蹄塘组和明心寺组,由海侵体系域和高水位体系组成。后者主体为明心寺组,除硅质碎屑岩外,尚有古杯礁。

Ⅲ$_4$以金顶山组海侵体系域砂屑岩与Ⅲ$_3$分界,与清虚洞组之间为海侵面,其上为高水位体系,主要为碳酸盐岩。贵州省扬子地台东部为台地边缘礁滩相,中西部为局限—半局限台地潮坪相,系铅锌矿的重要赋矿体系域。清虚洞组上部 $R.nobilis$ 层为主要的控矿顶界面。

Ⅲ$_5$以海侵体系域高台组下部白云岩与Ⅲ$_4$分界,其上含 $Kaofania$ 的泥质岩为凝缩段,过渡到石冷水组高水位体系域膏盐白云岩。

Ⅲ$_6$以海侵体系域娄山关组下部薄—中厚层细—泥晶白云岩,高水位体系域为娄山关组中部鲕状白云岩及帐篷构造白云岩。

Ⅲ$_7$为娄山关组中上部的一套白云岩,其体系域不易划分,不过,该组顶部古喀斯特渣状层和栉壳层发育,为明显的高水位体系域。

3)奥陶纪层序

Ⅲ$_8$以桐梓组下部生物灰岩等组成的海侵体系域与Ⅲ$_7$分界,向上含 $Tungtzuella$ 泥质岩为凝缩层,过渡到红花园组礁滩相生物灰岩及礁灰岩组成的高水位体系域。此高水位体系域为贵州省又一重要赋铅锌层序。

Ⅲ$_9$以湄潭组/大湾组下部页岩或泥灰岩组成的海侵体系域与Ⅲ$_8$分界,向上过渡为高水位体系域,二者界线不易划分。

Ⅲ$_{10}$以十字铺组—宝塔组泥质灰岩,"马蹄灰岩"组成的海侵体系域与Ⅲ$_9$分界,其上五峰组黑色页岩(笔石页岩)为凝缩层,过渡到观音桥组高水位体系域介壳灰岩—$Hirnantina$ 层,组成奥陶纪较完整的海相层序地层。

2. 泥盆纪—中二叠世层序地层

贵州泥盆纪—中二叠世地层是一套陆内裂陷-走滑盆地沉积,主要为台-盆(沟)环境。碳酸盐岩地层发育较好,为铅锌矿主要的赋矿层位。基本层序的划分如图 1-2-1 所示,简要说明如下。

这套地层划分出三级层序 8 个:其中泥盆纪 4 个,石炭纪 3 个,中二叠世 1 个。

1)泥盆纪层序

由于下统未出露全,仅有下统中部丹林组一部分,故三级层序的划分从舒家坪组开始。

Ⅲ$_1$以舒家坪组灰岩及泥灰岩与下伏丹林组顶部含砾砂岩为分界,其上为海侵体系域,其上龙洞水组上部薄层灰岩为凝缩段,过渡到邦寨组高水位体系域滨海相砂岩。

Ⅲ$_2$从独山组下部灰岩海侵体系域开始,向上至鸡窝寨组生物碎屑灰岩组成的高水位体系域。本层序赋存有铅锌矿。

Ⅲ$_3$望城坡组微细晶灰岩为海侵体系域,向上是泥质灰岩组成的凝缩段,逐渐过渡到尧梭组具暴露标志的白云岩代表的高水位体系域。此层序侧向上大致对应高坡场组,为贵州省铅锌矿的又一重要赋矿层序。

年代地层			岩石地层	柱状图	体系域	Ⅲ级层序	主要赋铅锌体系域沉积相	控矿界面及其性质	矿床实例
界	系	统							
上古生界	二叠系	中统	茅口组		Cs	Ⅲ₈			
			栖霞组						
		下统	梁山组		TST				
			平川组		HST			P₁内部喀斯特不整合或暴露面	
	石炭系	上统	马平组		Cs	Ⅲ₇			
			黄龙组		TST		C₁₋₂b潮坪沉积相	C₁内部暴露面	
		下统	摆佐组		HST	Ⅲ₆			银场坡铅锌矿床
					Cs TST				
			上司组		HST				
			旧司组		Cs	Ⅲ₅			
			祥摆组		TST				
			汤耙沟组		HST				
下古生界	泥盆系	上统	革老河组		Cs	Ⅲ₄	D₃高坡场组潮坪潟湖及藻礁	D₃内部暴露面	半边街锌矿床
			尧梭组		HST				
			望城坡组		Cs TST	Ⅲ₃		D₃/D₂暴露面	
		中统	鸡窝寨组		HST				
			独山组		TST	Ⅲ₂			
			邦寨组		Cs				
			龙沟水组		TST	Ⅲ₁			
		下统	舒家坪组						
			丹林组		HST				

TST海侵体系域；HST高水位体系域；Cs凝缩段或低速沉积层；～～～喀斯特不整合；——层序地层界面或层序地层不整合面

图1-2-1 贵州省泥盆系—二叠系层序地层及其与铅锌成矿的关系图

2）石炭纪层序

Ⅲ₄汤耙沟组灰岩和"豆粒灰岩"为海侵体系域，到革老河组底部薄层灰岩代表的凝缩段，向上逐渐过渡为具暴露标志的硅质碎屑岩。

Ⅲ₅底界为祥摆组/下伏地层的层序不整合或喀斯特不整合面。该组及旧司组下部为海侵体系域，旧司组中部薄层灰岩代表凝缩段，向上逐渐过渡到上司叠层石灰岩等组成的高水位体系域。

Ⅲ₆为以摆佐组下部灰岩、白云质灰岩和白云岩为主的海侵体系域，向上为该组中部薄层白云岩组成的凝缩段，向上逐渐过渡到摆佐组顶部具有典型暴露标志的高水位体系域白云岩。本层序在黔西北是最重要的赋铅锌矿地层。

Ⅲ₇黄龙组下部灰岩代表海侵体系域，向上至该组中部薄层灰岩组成凝缩段，过渡到黄龙组上部和马平组中下部生物灰岩，顶部为暴露标志众多的灰岩的高水位体系域。

Ⅲ₈平川组至茅口组一段为硅质碎屑岩和灰岩组成的海侵体系域，茅口组二段薄层灰岩、硅质岩代表凝固缩段，向上变为茅口组三段滩相生物灰岩和碎屑灰岩的高水位体系域。顶界晚二叠世峨嵋地柱作用形成区域性喀斯特不整合。

值得提出的是，与Ⅲ$_4$—Ⅲ$_8$相大致对应的石炭纪—中二叠世地层，在深水海域称为南丹组，是一套暗色薄层—中厚层岩，由于研究程度有限，未进行层序地层划分。但这套裂陷-走滑盆地沉积，是贵州省西部铅锌矿重要赋矿层序(如杉树林铅锌矿床等)，值得引起重视。

产于浅水碳酸盐地层中的铅锌矿，是贵州最主要的铅锌矿。根据层序地层学分析，该矿全部产于高水位体系域，高水位体系域代表海平面最大上升时期，对应于地壳下降幅度最大的时期，反映铅锌矿的形成与地壳下沉(裂陷)有密切关系。

二、岩浆岩

贵州地质历史时期的岩浆活动不强，岩浆岩分布零星，除峨嵋山玄武岩出露面积稍大(约3180km^2)外，其余的面积均很小。根据岩浆来源和成因等，将贵州省岩浆岩类型及其基本特征和与铅锌矿作用关系列于表1-2-3，并按火成岩和侵入岩简述如下。

表1-2-3 岩浆岩类型、基本特征和与铅锌矿作用关系

大类	形成方式	岩类	地质时代	构造环境	与铅锌成矿关系	地理分布
火山岩	海底喷溢	枕状玄武岩(主)	Pt$_2$	活动陆缘		梵净山、九万大山
		块状玄武岩	Pt$_3$	裂解		九万大山
	大陆溢流	玄武岩(主)	P$_3$	隆起	提供矿源	贵州西部
侵入岩	深成侵入	镁铁质-超镁铁质岩	Pt$_3$	裂解	提供矿源、热源	梵净山、九万大山
	侵入	偏碱超镁铁质岩	Pz$_1$	汇聚		黔东南
	浅成侵入	辉绿岩	P$_3$	非造山	提供热源、矿源	黔西北
	侵入	偏碱性铁镁-超铁镁质岩	M$_2$	非造山		黔西南
	中深成侵入	中酸性侵入岩	Pt$_2$	汇聚		梵净山、九万大山
	深成侵入	超酸性花岗岩	Pt$_3$	裂解	提供热源	九万大山

(一)火山岩

贵州的火山岩相对侵入岩而言，较为发育，主要为幔源镁铁质岩浆喷发作用形成的玄武岩石，形成时代集中为中元古代和晚二叠世两个时期。

1. 中元古代玄武岩

中元古代是贵州省火山作用最为活跃时期，其火山岩出露在黔东北的梵净山区和黔桂毗邻的九万大山北麓的从江县南隅，赋存于梵净山群/四堡群中。海底喷发的镁铁质熔岩、枕状玄武岩，与海相暗色细碎屑岩间互成层，构成众多喷发韵律。单层熔岩厚几米至二三百米不等，走向延伸数百米至上千米。呈层状—似层状产出，岩石致密坚硬，能干性强，X节理发育，形成陡峻的火山岩地貌，岩石浅变质并绿岩化。属海相拉斑玄武岩系列。

2. 新元古代火山岩

新元古代早期是贵州火山活动的又一时期,主要为海相基性火山岩。出露在梵净山和从江县南隅,赋存于板溪群/丹洲群甲路组中,呈透镜状和层状产出,绿岩化和片理化强烈。一般厚数米至数十米,延伸数十米至数千米。岩石呈灰绿色,蚀变强烈,能干性较差,因绿岩化作用多已变成闪石、帘石、绿泥石等。以相对高 Al、Fe 和 Ti,贫 Mg、K,以及中等含量 Ca 和 Na 为特征,属拉斑玄武岩系列。

3. 晚二叠世玄武岩

该期玄武岩即峨眉山玄武岩主要出露在贵州西部,位于峨眉山大火成岩省之东缘,是一套以大陆溢流拉斑玄武岩为主的镁铁质岩浆喷发组合,包括溢出相的熔岩和喷发相的火山碎屑岩(火山角砾岩-凝灰岩)。西厚东薄,最厚者达 1249m,岩石类型较多,并构成若干喷发韵律。玄武岩的柱状节理发育,常见块状构造、杏仁状构造。主要矿物为斜长石和单斜辉石。以高 Ti、Fe,低 Mg,中等含量 Ca 和 K、Na 为特征。

(二)侵入岩

贵州的侵入岩不发育,时代主要是中新元古代和晚二叠世,其次为早古生代和中生代晚期。就岩浆来源而言,以幔源为主,并以镁铁质-超镁铁质侵入岩占绝对优势。

1. 中元古代侵入岩

本期侵入岩仅见于九万大山北麓从江县的刚边、令里等地。它可能是中元古代末期与陆陆碰撞作用有关的中酸性岩浆活动产物。岩体主要呈岩墙状和岩脉状侵入于四堡群中,岩性较复杂,具块状构造,坚硬,节理发育。矿物成分以石英、长石为主,斑晶颇为发育,基质为长英质。

2. 新元古代侵入岩

本期岩浆侵入活动较为强烈,形成镁铁质-超镁铁质和长英质(花岗质)两大岩石系列。它们分别展布在梵净山地区和九万大山北麓,二者属同一构造体系的"类双峰式"岩浆岩组合。

1)镁铁质-超镁铁质侵入岩

镁铁质-超镁铁质侵入岩主要侵入于梵净山群/四堡群变质岩系中,部分侵入于板溪群/丹洲群下部地层。单个岩体大小不一,厚几十米至200m,延长几十米至几千米。岩类较多,几乎包括了辉绿岩(主)、辉长-辉绿岩-辉长岩、辉石岩、橄榄辉石岩、辉石橄榄岩(或橄榄岩)在内完整的岩石系列,特别是超镁铁质堆晶岩在岩体中心发育尚好。岩石坚硬,有的呈自变质现象,以透闪石化最为强烈。似属拉斑玄武岩系列。据新近同位素地质年龄数据,形成于825Ma左右。该侵入岩是与新元古代 Rodinia 超大陆裂解作用有关的幔源镁铁质岩浆结晶裂变作用的产物。

2）花岗质侵入岩

花岗质侵入岩岩体呈岩株、岩脉、岩基状产出，侵入于中元古界及新元古界下部，岩体大小不一，大岩体的岩相分异明显，岩石种类多，但主要是中粒黑云母花岗岩，以及白云母花岗岩（浅部）。岩石坚硬，面理及节理均较发育。结构繁多，矿物成分复杂，以石英、长石为主。该侵入岩为超酸性过铝花岗岩。同位素年龄高峰值为828～820Ma，系Rodinia超大陆裂解阶段形成的S型花岗岩。

3. 早古生代侵入岩——偏碱超铁镁质岩

早古生代侵入岩——偏碱超铁镁质岩出露在黔东南的镇远、施秉、剑河、台江和麻江等地，呈脉状、岩墙状产出，侵入于新元古代及早古生代地层中（以寒武系娄山关群为多）。主要为偏碱性超铁镁质侵入岩，岩类较多，包括金伯利岩、橄榄云煌岩和云母橄榄岩等，常具斑状构造；岩石的矿物成分非常复杂，主要为金云母、橄榄石、辉石、镁铝榴石等。岩石蚀变厉害，风化强烈。岩石中含有众多微量元素和稀有元素，综合有关资料认为，该岩类为早古生代晚期（450～410Ma）幔源岩浆活动产物，属幔源偏碱性超铁镁岩浆系列。

4. 晚二叠世侵入岩——辉绿岩

晚二叠世侵入岩——辉绿岩主要出露在黔西北地区，次为黔西南的望谟和黔南的罗甸等地。以辉绿岩为主，多呈岩床状侵入石炭纪、二叠纪地层中。岩体大小不一，长几十米至数十千米，厚数米至数十米，岩相分带不太明显，岩性也相对单一。黔西北和黔西南两地岩性有所差异，前者主要为钙碱性，并富含Ti和Fe；后者则碱性度稍高，Ti和Fe含量较低。它们是与峨眉山地幔柱活动有关的同源浅层基性侵入岩。

5. 中生代侵入岩——偏碱性超铁镁质岩

中生代侵入岩——偏碱性超铁镁质岩主要分布在黔西南贞丰、望谟与镇宁三县交界地带，多呈岩脉状和岩墙状产出，个别为岩筒，主要侵位于三叠纪地层中，构成岩体群（带），单个岩体规模都小，长数十米至一千余米，厚数十厘米至十余米，可分为辉石岩和黑云母岩两类，岩石的蚀变强烈。矿物成分复杂，且含量变化大，主要矿物为辉石、铁黑云母和橄榄石等，为铁和碱质较高、镁较低的幔源偏超铁镁质侵入岩。形成高峰期为晚白垩世，为造山期后地壳伸展阶段的产物。

三、区域变质岩

贵州省层状区域变质岩是组成中新元古代地层的主要岩层，集中分布在黔东南及黔南东部。它是与造山作用基本同步的区域动力变质作用的产物。

贵州省层状区域变质岩较为发育，类型亦多，本书按原岩的不同，将其分为五类（表1-2-4）。

表1-2-4所列区域变质岩，以①②⑤三岩类分布较广，产出层位多，厚度也较大，④类则主要赋存在清水江组中，为中酸性远火山口相细火山碎屑岩变质而成。在一定的构造条件下，成为铅锌矿的容矿岩石。

表 1-2-4　贵州层状区域变质岩分类与地层分布

顺序	岩类	岩石	主要赋矿层位
①	变质泥质岩	绢云母板岩、千枚岩、片岩	乌叶组二段,隆里组二段,平略组
②	变质硅质砂砾岩	变余砂岩(类)、变质砾岩、变质杂砾岩、石英岩	番召组一段,清水江组一段,长安组,南沱组
③	变质碳酸盐岩	大理岩	甲路组
④	变质火山碎屑岩	变余凝灰岩(沉凝灰岩)、变火山角砾岩(集块岩)	清水江组
⑤	变质火山岩(熔岩)	变玄武岩、变辉绿岩、变超镁铁质岩	梵净山群下部,四堡群下部

组成新元古代地层的层状区域变质岩特点是:面型广泛分布,变质相带宽阔,变质分带不明显。

根据贵州省区域变质岩的上述特征,并结合地质时期板内动力系统分析,区域变质作用与造山过程是相伴进行的,这从新元古代—早古生代地层变形强度的递减序列与其层序由老而新基本一致的事实可以证明。此外,在区域变质岩分布区的一些大型断裂带和剪切带上,叠加有错动变质作用而形成的破裂变质岩,有的为铅锌成矿作用提供了容矿空间或热源。另在一些侵入岩与围岩的界面,出现接触变质岩,但其分布局限,规模亦小。

四、上地壳浅层构造变形

本书所称的贵州的上地壳浅层,是指位于结晶基底之上的沉积盖层,大致相当于上地壳的最浅部分,厚约 10km。根据构造变形特点和组合样式的差别,将贵州省的浅层构造分为 4 个构造区段(图 1-2-2),各区段对应的四级构造单元及其特征见表 1-2-5。

1. 赤水宽缓褶皱区(Ⅰ)

四川盆地宽缓褶皱区的南部边缘,涉及贵州省赤水市,习水县和桐梓县北隅。卷入该褶皱区的地层主要是侏罗纪、白垩纪的红色硅质陆屑地层(红层),构造变形较弱,褶皱一般开阔,地层产状平缓,有的甚至水平,层间关系基本协调;褶皱式样以横弯顶薄者居多,有时出现一些规模不大的舒缓背斜和向斜,褶皱轴迹呈近东西向,断裂构造不发育,仅有一些小的正断层。属前陆拗陷盆地的类日耳曼型褶皱。

2. 贵州侏罗山式褶皱带(Ⅱ)

该带属鄂渝黔侏罗山褶皱带南段,包括贵州省的北半部、南部和西部,是典型的薄皮构造(thin-skinned tectonics)。此类构造以侏罗山式褶皱为代表,其成因一般认为是沉积盖层在刚性基底上,沿软弱层滑脱变形的结果,又可称为滑脱褶皱。本带是贵州浅层构造变形样式的主体,发育完好,分布广泛,卷入地层为中新元古界至中生界,由能干性差别较大的硅质陆源碎屑岩和碳酸盐岩组成,其构造变形的形态多样,包括隔槽式、隔档式、疏密波状和箱状等

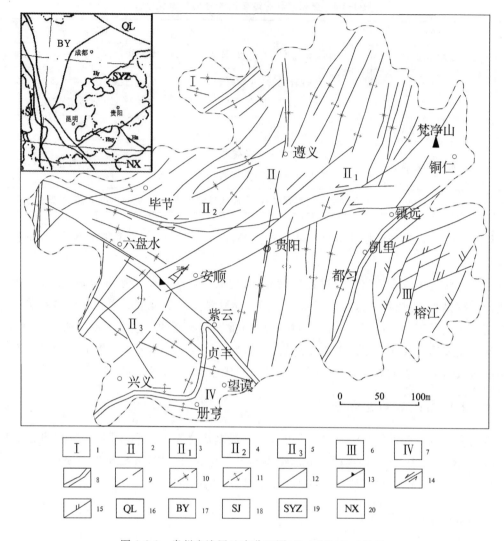

图 1-2-2 贵州省浅层地壳分区图(据王砚耕,1996 修编)

1.赤水宽缓褶皱区;2.贵州侏罗山式褶皱带;3.武陵山北北东向褶皱冲断带;4.毕节-安顺北东向变形区;5.乌蒙山走滑变形区;6.黔东南断裂褶皱带;7.南盘江造山型褶皱带;8.构造带(区段)界线;9.构造变形区界线;10.向斜轴;11.背斜轴;12.断层;13.逆冲断层;14.走滑断层;15.剪切断层;16.秦岭造山带;17.巴颜喀拉造山带;18.三江造山带;19.上扬子陆块;20.南华褶皱带

表 1-2-5 贵州上地壳浅层构造区段及其基本特征

编号	区段名称	所在大地构造单元	变形特点	与铅锌成关系
Ⅰ	赤水宽缓褶皱区	四川前陆台地(Mz)	日耳曼型褶皱	
Ⅱ	贵州侏罗山式褶皱带	鄂渝黔前陆褶皱冲断带	薄皮构造-滑脱褶皱	碳酸盐型铅锌矿
Ⅲ	黔东南断裂褶皱带	江南造山带(Pz_1)西南段	江南式过渡型褶皱	变质热液型铅锌矿
Ⅳ	南盘江造山型褶皱带	右江造山带(Mz)北缘	层状带组合明显	

多种类型。其中,以隔槽式褶皱最为发育和典型,它是由一系列紧密的向斜和平缓的背斜相间平行排布而成,在平面和剖面上均呈雁形排列,常被濒临背斜的逆断层破坏,或被与之斜交的走滑断层切割。在平面上,侏罗山式褶皱的上述形式还具有清楚的分带性,由东往西分为3个亚带。

在武陵山北北东向褶皱冲断带(II₁)范围内普遍发育有与褶皱轴(主要是背斜轴)平行的冲断带,与上述褶皱一起构成典型的褶皱-推覆构造。有受构造控制的铅、锌、萤石等矿产分布。

在遵义—贵阳一线以西的黔西地区,即毕节-安顺北东向变形区(II₂),褶皱主要是北东方向,出现隔档式、疏密波式等褶皱形式,在安顺一带则更为舒缓。有近东西向走滑断层相截,形成冲断带前锋构造变形缓冲区。该亚带控制着铅锌等矿产的空间分布。

在乌蒙山走滑变形区(II₃),即紫云—关岭—水城—威宁之南西,构造线主要为北西向,走滑断层发育,褶皱较紧密。值得提及的是威宁以西与云南接壤地带的石门-银厂坡冲断带。沿北西向断层及北北东向断裂有碳酸盐型铅锌矿分布。

3. 黔东南断裂褶皱带(III)

本带属江南造山带西南段,卷入这个带的地层主要是新元古界下江群/丹洲群浅变质碎屑岩系,以及早古生代地层,为区域浅变质岩,主要由一系列背斜和向斜组成,与背斜轴迹斜交的北东向走滑断层发育,在该带的层状浅变质岩系中,普遍发育有区域性劈理(板劈理等),形成过渡性剪切带或断层带,有的地段发生规模较大的倒转(如新寨背斜),发育有大型平卧褶曲和扇形褶曲。特别是该带上北东东向、北北东向两大套断裂系彼此相交、联合,将该区分割成若干大小不等的菱形巨型块体,块体间往往是变质热液型铅锌等矿的导矿和容矿空间。

4. 南盘江造山型褶皱带(IV)

本带属右江造山带北缘。它是由扬子被动边缘碳酸盐台地演化而成的中晚三叠纪前陆盆地。卷入这个带的地层为上古生界至中生界,其中以中上三叠统的陆源碎屑复理石沉积最引人注目。它的主构造线呈北西—北西西向,常形成紧闭的褶皱与逆冲断层带。叠加褶皱发育,常形成复合的褶皱样式,与变形相伴的板劈理比较发育,并常沿一些密集的板劈理带发育断层。

五、深大断裂活动

1. 北东向断裂

以铜仁-三都断裂、安顺-黄平断裂带为代表,此外还有西江-革东断裂、普定五指山断裂、习水桑木场断裂、沿河断裂等,在这些断裂旁侧,寒武纪第二世都匀期形成的清虚洞组地层中,普遍有铅锌矿床或矿化分布。断裂是 Rodinia 超大陆裂解拉伸沉陷的产物。铅锌成矿作用与这组断裂活动有关,表现为同沉积断层控矿,叠加成矿和后期破坏矿体。

铜仁-三都断裂带:此断裂带长 400 余千米,东北段称"保-铜-玉断裂",根据地科院原五二六队、原地矿部综合物探大队和长春地院、成都地院共同完成"黑水-泉州爆破地层测深成果"，发现倾向东、倾角上陡下缓的花垣-松桃超壳断裂，该断裂西侧的松桃—铜仁一带，莫霍面深度大于43km，断裂带东侧的麻阳地区，莫霍面深度相差5km，反映该断裂是一条深大断裂，沿断裂带Pb、Zn、Cd、Sb、Hg、Au、As等元素强富集，分布众多矿床、点，黔东铅锌矿带沿此断裂两侧分布。

安顺-黄平断裂：走向北东约60°，沿该断层带莫霍面陡倾，深30～40km，北东相对较浅，北西侧主要为Pb、Zn、Cu异常，南东侧主要为Hg、Sb、As、Au异常。两侧早二叠世早期—中三叠世沉积相变化显著，断裂北西侧中三叠世为台地-台地边缘相沉积，南东侧则为斜坡-盆地相沉积，反映北西侧上升隆起，南东侧下降拗陷。

安顺-凯里断裂在安顺-黄平断裂的北东，呈近东西向展布，是黔中隆起南部边缘断裂，是铅锌成矿的重要导矿断裂，此断裂的东段有贵定半边街和竹林沟、都匀牛角塘、凯里柏松和龙井街等铅锌矿床分布。

另外在紫云-垭都断裂南西侧，也发育北东向的断裂，如威宁陈家屋基-新华断裂、威宁银厂坡-摆布卡断裂，这些断裂推测是在加里东时期就已形成，在海西期复活，并控制了石炭纪铅锌矿床（点）的分布。

陈家屋基-新华断裂：为区域会泽-彝良构造带断裂之一，贵州省内延伸长约30km，展布宽100～2000m，在北东、南西延出区外，由陈家屋基-新华断裂、水淹坪子断层、黑土河断层组成。沿该断裂带分布有陈家屋基、大黑山、小石桥等铅锌矿床。断裂走向北东—北北东，断面总体倾向东—南东，北陡南缓，地表倾角20°～50°，深部有变缓趋势。上盘主要为泥盆系，下盘主要为石炭系、二叠系和三叠系，最大断距达3000m，局部具飞来峰构造。

银厂坡-摆布卡断裂：是区域东川-镇雄构造带断裂之一，位于工作区银厂坡—底夏—摆布卡一带，断裂带呈北东向延伸，长约20km，展布宽500～3000m，由北东、南西延出区外。断裂带主要由3条相互平行的白支落-李家沟断裂、瓦厂断裂及银厂坡-清水塘断裂逆冲断层组成，断裂沿走向有分支复合现象，剖面上显示呈叠瓦扇形式出现，逆冲方向由南东向北西。沿断裂带有银厂坡、摆布卡等铅锌矿床分布，其中著名的云南矿山厂、麒麟厂大型铅锌矿床即位于该断裂带南西延伸部分。其中的白支落-李家沟断层倾向南东—东，倾角20°～70°，倾角一般上陡下缓。上盘主要为泥盆系，下盘主要为石炭系、二叠系，局部为三叠系，断距达500～1800m，断裂破碎带宽10～30m，构造角砾岩及碎裂岩发育。

2. 北东东向断裂

镇远-瓮安断裂带：东西向延伸，长400km，沿此断裂出现东西向的重力异常。中元古代梵净山与四堡群南北对峙，加里东偏碱性超基性岩沿断裂分布，晚奥陶世—早志留世早期与泥盆纪—石炭纪时的海陆边界可能与此组断裂活动有关。沿该组断裂多是志留系、泥盆系沉积相或（及）地层厚度突变带，有的还控制了石炭系、三叠系的沉积，此断裂具多期活动特征，沿这些断层有Pb、Zn等元素地球化学异常呈串珠状分布，发现在泥盆系中有层控型铅锌矿床产出。

黔西-石阡断裂带：是贵州省中部重要的隐伏深断裂，表现为一重力值低异常带，此带以北出现区域性北东—北北东向重力低值异常;以南主要是区域性盾形重力高值异常区。该断裂不仅对奥陶纪、志留纪沉积有一定控制作用,而且对黔中隆起的形成有一定的影响,具有明显的多期活动特点。加里东期沿断裂带在施秉、黄平、镇远一带有幔源偏碱性超镁铁质岩(钾镁煌斑岩)侵入,燕山期再次活动。

该断裂组成之一的纳雍断层挤压强烈,南侧有张维铅锌矿田分布,北侧有玄武岩型铜矿点分布。断裂带北部还发育穹盆相间的构造,此断裂对铅锌矿有一定的控制作用。

3. 北西向断裂

紫云-垭都断裂控制了水城裂陷槽的发生和发展,是海西拉伸走滑阶段 $D-P_2$ 陆内裂陷、走滑拉分的产物。走向 300°~310°,它是丹(南丹)-池(河池)断裂的北延部分,称为"威宁-河池断裂";此断裂为多期活动断裂,在广西运动后继续断陷,控制了水城裂陷槽的发生、发展和消亡;受特定的构造和应力边界作用,参与燕山期和燕山期后的变形,形成了"表层构造",亦称"威宁北西向复杂构造带"。该断裂在志留纪以前就存在,石炭纪到达活动顶峰;控制了裂陷槽内的志留纪、泥盆纪、石炭纪的沉积厚度和沉积相,地层断距可达上千米,受继承性的北东向古断裂的配合,泥盆纪沉积相呈现台盆相间的现象;此断裂还对峨眉山玄武岩、海西期辉绿岩的分布有明显控制作用。

水城裂陷槽及周边的内生矿产与紫云-垭都断裂的发生、发展过程紧密相关,以紫云-垭都断裂为界,北东盘的石炭系几乎见不到铅锌矿产出,而南西盘石炭系中的铅锌矿则是川滇黔铅锌矿成矿区的重要组成部分。

第三节 区域地球物理特征

一、重力场特征

贵州省 1∶20 万布格重力异常图(图 1-3-1)反映,异常值由东向西重力场值逐渐降低。从东部铜仁一带为 -44×10^{-5} m/s^2 逐渐下降至西部威宁附近的 -246×10^{-5} m/s^2,在近 600km 距离内重力场值变化幅值达 202×10^{-5} m/s^2。平均每千米降低 0.34×10^{-5} m/s^2,其中间重力场呈波状起伏(贵州省地质调查院,2010)。东部主要表现为近南北向重力梯级带,异常等值线较密集。中部重力场形态发生明显变化,等值线稀疏宽缓,其间分布近南北向排列的圈闭正、负局部异常,分布北东向和近东西向的重力低值带等。西部梯级带由北东向逐渐变成北西向,等值线密集,梯度范围比东部梯度宽。反映不同地质块体的重力场特点。

二、区域磁场特征

贵州省的航磁 ΔT 等值线平面图反映(图 1-3-2):贵州省磁异常可分为 4 个不同的区域:西部为玄武岩地区,磁异常表现为杂乱的火山跳跃场,与地表出露或隐伏玄武岩有关,主要分布在威宁、毕节、安顺、兴义一带,反映了高钛玄武岩省的分布。值得一提的是在纳雍县城以东、盘县附近等地还出现反磁化场,其余地区多为斜磁化场。由西向东,中部为相对平缓正磁

图 1-3-1　贵州省布格重力异常图(据贵州省地质调查院,2010)

异常区过渡到负磁异常区,缓负磁异常主要由沉积岩产生,局部较高可能为磁性矿物富集或隐伏岩体引起,主要分布在遵义、贵阳、都匀等古生代、中生代以来的沉积盖层分布区。

黔东南地区,磁异常围绕中新元古代地层分布,呈正负相间的圈闭或半圈闭磁异常,主要分布在凯里、雷山、从江一带,磁异常变化范围在$-60\sim+80$nT,推断可能为隐伏侵入岩体引起。

东北部负磁异常区,沿道真—务川—德江—思南呈北西向展布,与地质构造走向截然不同,呈现两个圈闭的北西向负磁异常,每个异常内有 2～3 个异常中心,磁异常变化范围在 $-150\sim-20$nT 之间。

经化极处理后的 ΔT 等值线平面图反映出黔西南地区的 ΔT 等值线平面特征为西部跳跃火山场区近东西向正负相间的 ΔT 磁异常带,其余地区均为负 ΔT 磁异常。全区磁异常轴向总体呈东西向,表明黔西南地区的磁性块体主要为东西向分布。

贵州省的深大断裂如紫云-垭都断裂、纳雍-息峰断裂、铜仁-三都断裂、安顺-黄平断裂、贵阳-凯里断裂等,在重力异常、磁异常上都有不同程度的反映(贵州省地质调查院,2010)。

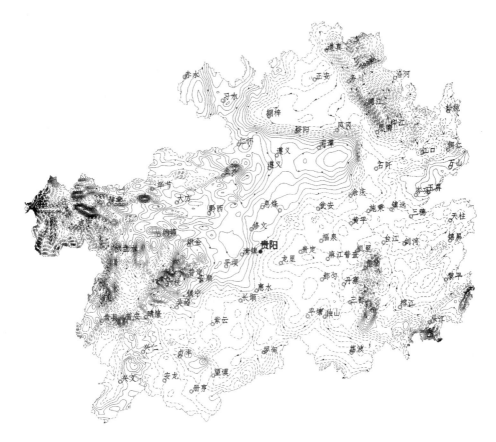

图 1-3-2　贵州省航磁 ΔT 等值线平面图(据贵州省地质调查院,2010)

第四节　区域地球化学特征

一、铅锌成矿的主、伴生元素在地层中的分布

1. Pb、Zn 及主要伴生元素在浅层地壳地层中的分布

主要赋存铅锌矿的白云岩和灰岩,Pb、Zn 元素的平均含量并不高,远远低于全省各岩类平均值(表 1-4-1),从全国地球化学图上分析贵州的主成矿元素 Pb、Zn 在浅层地壳地层中的分布,Pb 与全国及贵州邻省湖南、广西、云南周边地区大致相当,Zn 明显高于全国平均水平,Pb、Zn 均高于重庆(图 1-4-1~图 1-4-3,表 1-4-2)。

表 1-4-1　贵州省各类岩石 Pb、Zn 元素丰度表　　　　单位:$\times 10^{-6}$

岩石名称	样品件数	Pb	Zn	岩石名称	样品件数	Pb	Zn
黏土岩	4464	13	68	煤	336	17	70
砂岩	3686	13	54	板岩、页岩、千枚岩	974	16	72

续表 1-4-1

岩石名称	样品件数	Pb	Zn	岩石名称	样品件数	Pb	Zn
粉砂岩	232	14	84	大理岩	4	10	80
砾岩	97	16	41	石英岩	23	20	162
石灰岩	4818	7	22	超基性岩	98	187	215
白云岩	2457	6	21	基性岩	484	5	75
硅质岩	169	13	95	酸性岩	19	21	75
磷块岩	22	207	345	pβ基性火山碎屑岩	133	4	89
铝土岩	11	7	101	基性—酸性凝灰岩	296	13	42
油页岩	1	30	100	各岩类平均		11.5	53
铁	9	51	57				

据《贵州区域地球化学》,易国贵等,1981。

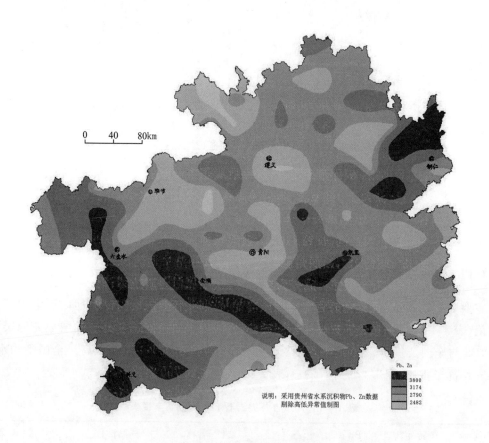

图 1-4-1 贵州省 Pb×Zn 地球化学背景趋势变化图
(用贵州省区域地球化学数据剔除异常值的数据作图)

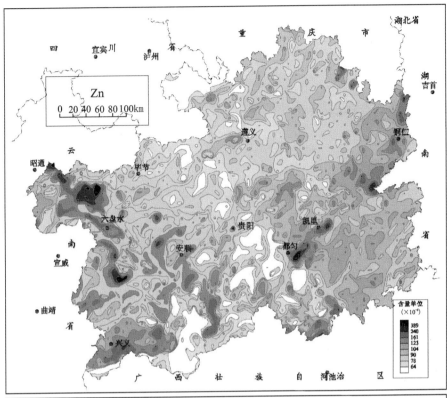

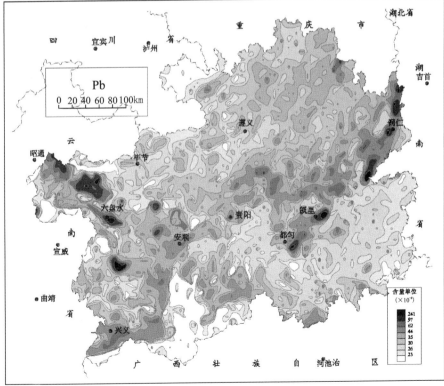

图 1-4-2　贵州省 Pb、Zn 地球化学图

(采用贵州省区域地球化学数据作图)

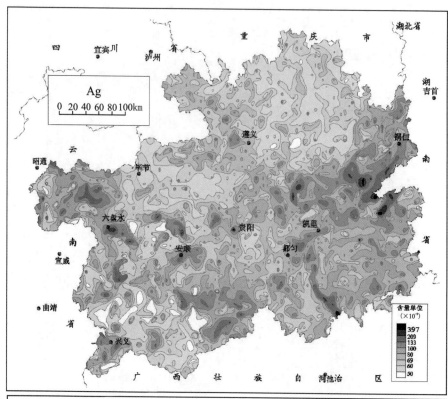

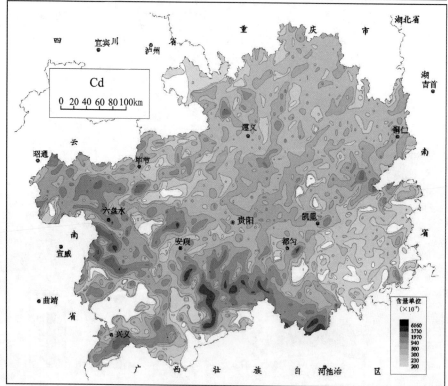

图 1-4-3 贵州省 Ag、Cd 地球化学图

(采用贵州省区域地球化学数据作图)

表 1-4-2　贵州省及周边省(市、区)Pb、Zn 背景值对比

元素	地区					
	全国	贵州	广西	云南	湖南	重庆
Pb	29.24	30.00	31.00	25.70	26.00	23.00
Zn	75.68	90.00	95.00	79.00	80.00	75.00

注:表中含量单位为 $\times 10^{-6}$。

全省 39 个元素地球化学水系沉积物测量数据因子分析表明 Pb、Zn、Ag、Cd 等元素因常富集于铅锌矿的产出地带,其相关关系密切而归并为一个因子,同属第 7 因子,因子贡献从大到小的顺序是 Pb→Zn→Ag→Cd→As→Mn→Bi(表 1-4-3)。

表 1-4-3　贵州省区域地球化学数据相关系数计算

	Ag	As	Bi	Cd	Cu	Hg	Mn	Pb	Sb	W	Zn	W	Zn
Ag	1												
As	0.062 4	1											
Bi	0.066	0.088 8	1										
Cd	0.198 4	0.104 8	0.167 5	1									
Cu	0.053	0.060 4	0.053 4	0.071 4	1								
Hg	0.001 7	0.002	0.002 9	0.002 2	0.003 6	1							
Mn	0.032 9	0.109 1	0.190 8	0.430 7	0.319 4	0.004 7	1						
Pb	0.407 1	0.104 2	0.089 7	0.217 2	0.021 6	0.001	0.111 8	1					
Sb	0.026 3	0.587 3	0.029 8	0.026 3	0.022 2	0.000 5	0.014 2	0.031	1		1		
W	0.017 7	0.209 7	0.205 6	0.225 1	0.043 3	0.003 3	0.261 5	0.055 7	0.062 7	1	0.062 7	1	
Zn	0.383 7	0.091 5	0.076 9	0.269 6	0.061 1	0.000 5	0.101 9	0.693 1	0.034 6	0.037 2	110.034 6	0.037 2	1

注:采用贵州省区域地球化学数据计算($N=46\ 004$)。

第 7 因子载荷:Pb 0.884、Zn 0.880、Ag 0.588、Cd 0.238、As 0.060、Mn 0.059、Bi 0.056。其中 Ag、Cd、As 可视为铅锌的成矿伴生元素。

从相关系数表也可看出,与 Pb、Zn 关系最密切的是 Ag,其次为 Cd,再次为 As、Mn、Bi 等。

由表 1-4-4 及图 1-4-5 可以看出,Pb、Zn 及其主要伴生元素在全省区域范围内地层中的分布,详见表 1-4-5、表 1-4-6。

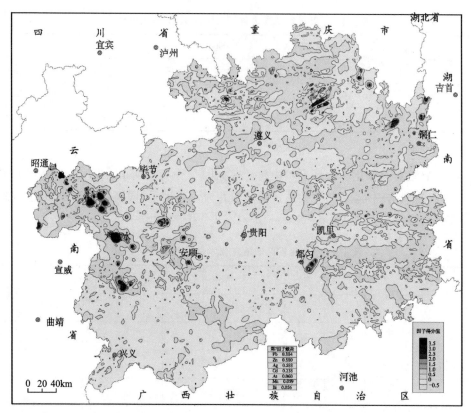

图 1-4-4　贵州省地球化学 Pb-Zn-Ag-Cd-As-Mn-Bi 因子分析异常图

(采用贵州省区域地球化学数据作图)

表 1-4-4　贵州省 Pb、Zn 及其相关元素在地层中的分布

地层代号	Pb				Zn			
	平均值	标准离差	富集系数	变化系数	平均值	标准离差	富集系数	变化系数
Q	34.22	13.94	0.90	0.41	88.65	34.89	0.88	0.39
N	26.45	9.24	0.69	0.35	71.51	27.51	0.71	0.38
K	21.17	2.77	0.56	0.13	41.76	10.83	0.41	0.26
J	24.06	5.23	0.63	0.22	61.67	15.16	0.61	0.25
T	33.3	27.34	0.87	0.82	94.31	97.75	0.93	1.04
Pem	32.65	82.25	0.86	2.52	130.69	249.59	1.29	1.91
P	37.2	121.21	0.98	3.26	117.68	244.99	1.16	2.08
C	68.87	305.05	1.81	4.43	176.89	1 168.54	1.75	6.61
D	37.15	69.69	0.97	1.88	88.93	159.1	0.88	1.79
S	32.59	8.05	0.85	0.25	86.65	22.73	0.86	0.26
O	35.86	14.86	0.94	0.41	91.75	34.09	0.91	0.37

续表 1-4-4

地层代号	Pb				Zn			
	平均值	标准离差	富集系数	变化系数	平均值	标准离差	富集系数	变化系数
∈	54.61	104.24	1.43	1.91	113.91	333.65	1.13	2.93
Z	31.45	51.51	0.83	1.64	94.7	69.35	0.94	0.73
Pt	30.75	37.37	0.81	1.22	99.3	39.4	0.98	0.40

地层代号	Ag				Cd			
	平均值	标准离差	富集系数	变化系数	平均值	标准离差	富集系数	变化系数
Q	84.79	38.9	1.04	0.46	450.99	481.15	0.69	1.07
N	84.58	63.22	1.04	0.75	389.91	494.79	0.60	1.27
K	74.29	22.54	0.91	0.30	197.96	54.65	0.30	0.28
J	63.64	19.47	0.78	0.31	237.41	175.84	0.36	0.74
T	70.11	48.82	0.86	0.70	461.47	756.1	0.70	1.64
Pem	75.43	42.39	0.93	0.56	745.34	779.49	1.14	1.05
P	79.89	64.42	0.98	0.81	1 235.47	1 609.49	1.89	1.30
C	96.07	133.64	1.18	1.39	1 937.75	2 378.44	2.96	1.23
D	84.24	91	1.03	1.08	469.39	571.84	0.72	1.22
S	65.06	38.25	0.80	0.59	403.42	344.13	0.62	0.85
O	65.66	34.76	0.81	0.53	380.22	246.49	0.58	0.65
∈	103.3	131.67	1.27	1.27	522.57	891.03	0.80	1.71
Z	123.66	230.1	1.52	1.86	364.6	465.99	0.56	1.28
Pt	86.11	78.09	1.06	0.91	258.39	214.48	0.39	0.83

地层代号	As				Mn			
	平均值	标准离差	富集系数	变化系数	平均值	标准离差	富集系数	变化系数
Q	25.51	30.1	1.29	1.18	186	867	0.73	0.43
N	15.54	14.24	0.78	0.92	732.28	420.86	0.61	0.57
K	10.25	2.36	0.52	0.23	263.73	116.7	0.22	0.44
J	10.36	3.11	0.52	0.30	589.17	203.66	0.49	0.35
T	22.34	74.82	1.13	3.35	1 286.92	704.72	1.08	0.55
Pem	20.31	35.65	1.02	1.76	1 668.08	514.44	1.40	0.31
P	26.34	39.94	1.33	1.52	1 469.25	731.36	1.23	0.50
C	21.06	19.82	1.26	0.84	1 338.36	943.6	1.12	0.71
D	16.59	19.82	1.01	0.83	837.57	559.07	0.70	0.67

续表 1-4-4

地层代号	As				Mn			
	平均值	标准离差	富集系数	变化系数	平均值	标准离差	富集系数	变化系数
S	13.28	8.27	0.67	0.62	1 065.18	460.15	0.89	0.43
O	17.76	9.88	0.90	0.56	1 402.27	575.35	1.18	0.41
∈	21.76	24.69	1.10	1.13	1 087.75	641.83	0.91	0.59
Z	10.37	15.95	0.52	1.54	799.68	475.67	0.67	0.59
Pt	9.97	14.84	0.50	1.49	896.44	639.58	0.75	0.71
地层代号	Bi				Sb			
	平均值	标准离差	富集系数	变化系数	平均值	标准离差	富集系数	变化系数
Q	0.44	0.18	1.02	0.41	3.07	7.3	1.27	2.38
N	0.32	0.12	0.74	0.38	2.44	7.33	1.01	3.00
K	0.19	0.06	0.44	0.32	0.64	0.22	0.27	0.34
J	0.3	0.09	0.70	0.30	0.9	1.1	0.37	1.22
T	0.46	0.42	1.07	0.91	2.7	31.53	1.12	11.68
Pem	0.42	0.92	0.98	2.19	4.06	15.73	1.68	3.87
P	0.44	0.45	1.02	1.02	4.13	14.44	1.71	3.50
C	0.49	0.36	1.14	0.73	2.88	7.1	1.20	2.47
D	0.41	0.23	0.95	0.56	9.33	121.89	3.87	13.06
S	0.41	0.09	0.95	0.22	1.12	0.62	0.46	0.55
O	0.41	0.09	0.95	0.22	1.23	1.04	0.51	0.85
∈	0.44	0.13	1.02	0.30	2.07	7.15	0.86	3.45
Z	0.34	0.4	0.79	1.18	2.29	3.2	0.95	1.40
Pt	0.33	0.11	0.77	0.33	2.06	5.63	0.85	2.73

注：采用贵州省区域地球化学数据统计，表中含量单位为$\times 10^{-6}$。

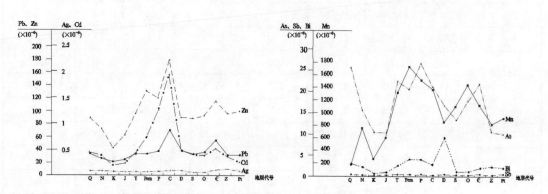

图 1-4-5　贵州省 Pb、Zn 及其相关元素在地层中的分布曲线图
(采用贵州省区域地球化学数据作图)

表1-4-5　贵州西部地区主要含矿地层Pb、Zn、Ag平均含量

元素	织金五指山	织金那润	织金大院	威宁高坎子	威宁拖背古
Pb	48.60	22.83	78.88	100.87	47.90
Zn	377.99	99.38	186.02	158.32	87.82
Ag	0.233	0.212	0.171	0.49	0.31
层位	$\in_1$	$\in_1$	Z	C_{1-2}	C_{1-2}
样本数	752	288	656	92	621

注：贵州省地调院贵州西部1∶5万矿产调查岩石分析资料统计，含量单位为$\times 10^{-6}$。

表1-4-6　龙井河-箱子地区下寒武统地球化学岩石测量基本参数

参数	Pb	Zn	Ag	As	Hg
Max	8 987.00	2 3670	56.00	3 310.00	227.76
平均值	29.00	41.00	0.10	2.47	0.20
标准差	37.50	32.00	0.11	4.43	0.33
Min	1.66	2.44	0.005	0.13	0.024

注：据宋普洪等，2007。采用全区1032件样品统计，含量单位为$\times 10^{-6}$。

2. 铅锌成矿的主、伴生元素与铅锌矿产出层位的关系

在主要铅锌矿分布地区，大埔组(摆佐组)、清虚洞组、尧梭组和灯影组地层分布区Pb、Zn、Ag、Cd等主、伴生元素含量明显增高，甚至可较其他非铅锌产出层位高出一个数量级，其余地层铅锌成矿的主、伴生元素含量与其上下地层含量差异不大。

二、不同构造单元地球化学特征

(一)不同构造单元地球化学特征

贵州的大地构造单元主要分属四川前陆盆地、鄂渝黔前陆褶皱-冲断带(扬子区)、江南造山带及右江造山带4个单元，4个单元地球化学特征各有其特点(何邵麟，1998)。

1. 四川前陆盆地

该区地表以多种元素或氧化物地球化学低背景为显著特征。Pb、Zn、Ag、Cd等为全省各区块中最低含量，呈极贫化类元素分布特点(表1-4-7)。

表 1-4-7 贵州省 Pb、Zn 及其相关元素在主要构造单元中的背景值

元素	四川区(Ⅰ)平均值	扬子区(Ⅱ)平均值	Ⅱ-1区平均值	Ⅱ-2区平均值	Ⅱ-3区平均值	江南区(Ⅲ)平均值	右江区(Ⅳ)平均值	黔北区平均值	黔东南区平均值
Ag	69.96	79.89	81.58	78.82	76.89	95.23	71.80	67.96	93.60
As	10.59	22.15	18.36	21.52	34.88	11.65	23.20	17.01	9.43
Bi	0.21	0.44	0.42	0.44	0.51	0.34	0.37	0.40	0.34
Cd	198.39	707.16	597.76	804.60	826.79	456.10	783.55	441.92	258.13
Cu	17.25	49.99	29.67	61.65	86.00	22.23	29.51	40.98	22.40
Hg	44.19	395.24	539	310.73	179.29	523.08	317.50	113.78	182.35
Mn	356.01	1 300.32	1 166.78	1 402.67	1 477.07	904.82	904.21	1 201.53	844.53
Pb	21.64	42.14	39.14	43.04	48.76	31.22	24.37	32.66	28.11
Sb	0.64	2.70	1.93	2.13	6.22	2.27	4.15	1.38	2.23
W	0.94	1.93	1.86	1.95	2.13	1.22	1.70	1.84	1.26
Zn	47.78	110.30	94.83	117.81	139.01	102.73	85.93	87.60	98.46

2. 鄂渝黔前陆褶皱-冲断带(扬子区)

1)黔北地球化学区

该区地表以 F、CaO、MgO 地球化学高背景分布最为典型。其次有 As、B、Ba、Be、Cd、Co、Cr、Cu、Hg、La、Li、Mn、Mo、Nb、Ni、P、Pb、Sr、Ti、U、V、W 和 Fe_2O_3、K_2O、Na_2O 地球化学高背景。高背景带或异常带均呈北北东—北东向展布,与区域构造方向一致,有黔北隆起与黔南台陷、江南造山带相接壤地带,如松桃-三都断裂带、黔中断裂带发育有强度很高的 Hg、Pb、Zn、Ag、Mo、Ba、U、Th、As、Sb、Au 等成矿元素地球化学异常带(图1-4-6)。

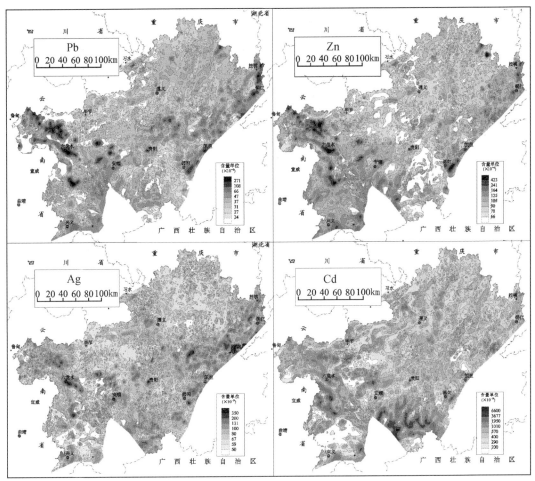

图 1-4-6　鄂渝黔前陆褶皱-冲断带(扬子区)地球化学图
(采用贵州省区域地球化学数据作图)

2)黔南地球化学区

一般背斜褶皱逆冲断层带发育 Pb、Zn、Cd、Ag、Hg、Sb、As、Au 等亲硫元素地球化学高背景或异常带,它们多与成矿作用有关;而向斜区则发育 Cu、Cr、Ni、Co、Nb、Ni、P、Ti、V 等亲基性、相容性元素高背景。

本区地表以 Cd、Hg、Th、Bi 地球化学高背景为主,其次有 Ag、As、B、Mo、Nb、Pb、Sb、U、

Zr 和 SiO$_2$、CaO 等,均高于全省地球化学背景。但是,Au、Ba、Be、Co、Cr、Cu、F、La、Li、Mn、Ni、P、Sn、Sr、Ti、V、Y、Zn 及 Al$_2$O$_3$、Fe$_2$O$_3$、K$_2$O、Na$_2$O、MgO 等背景低于全省地球化学背景。

3)六盘水地球化学区

由于六盘水断陷,区内亲基性或相容性元素具有特高的地球化学背景,并且有向黔北隆起地球化学区延展的分布态势。区内地表高度聚集亲基性、相容性元素和部分亲硫性元素。如 Au、As、Be、Bi、Cd、Co、Cr、Cu、F、La、Li、Mn、Mo、Nb、Ni、P、Pb、Sb、Sn、Sr、Ti、U、V、W、Y、Zn、Zr 及 Fe$_2$O$_3$、Al$_2$O$_3$、CaO、MgO 等元素或氧化物地球化学背景明显高于其他地球化学区和全省地球化学背景。而 SiO$_2$、K$_2$O、Na$_2$O 背景含量极低。亲基性火成岩类元素组合主要为 Ti-V-Fe$_2$O$_3$-Nb-Cu-Cr-Ni-Co,其次有 P-Mn-La-Y-Zr-Au-Al$_2$O$_3$ 等,其相关系数最高,关系十分密切,在贵州占有非常突出的地位。区内沿侏罗山式褶皱-冲断带亲硫性元素组合主要有 Pb-Zn-Cd-Ag-As-Sb-Au-Hg,Mo-Bi-Cu-Ni-Mn-P-La-Y-U-Th-W 等元素弱组合亦十分发育:北部以 Pb-Zn-Cd-Ag 组合为主,南部以 Hg-Sb-As-Au 组合为主,与近地表浅成中、低温热液成矿作用关系紧密。在 Pb-Zn-Cd-Ag 组合异常中有大量的铅锌矿床(点)分布。

3. 江南造山带

区内铜铅锌锡钨多金属矿、锑、汞、金、重晶石等矿点较多,以层控热液型和岩浆热液型矿产为主。地表为 Ag、Ba、Nb、Sb、Y、Zn、Zr 及 SiO$_2$、Al$_2$O$_3$、K$_2$O、Na$_2$O 等元素或氧化物的地球化学高背景。最为典型的元素或氧化物为 Ag、Ba、Al$_2$O$_3$、K$_2$O、Na$_2$O,其表生地球化学背景明显高于全省或其他地球化学区。而其他元素或氧化物背景含量均低于全省地球化学背景,尤以 As、Sr、CaO、MgO 的表生地球化学背景极低,显示出极贫化的特点(图 1-4-7)。

与江南造山带前寒武浅变质岩系海相陆源碎屑沉积有关的亲石性元素或氧化物组合为:Ba-K$_2$O-Na$_2$O-Al$_2$O$_3$-SiO$_2$,其次有 Zr-Nb-Zn-Y-La-Th-Ti-P-W-Sn-Ag-Au 等。反映出陆源碎屑基本化学物质组成及区域动力浅变质作用形成低绿片岩系的元素组合特点。

4. 右江造山带

区内主要产出有浅成低温热液型(层控型)矿产,如金、锑、砷、汞等。

该区地表主要发育有 Au、B、Sb、W 和 SiO$_2$、CaO 等元素或氧化物地球化学高背景,且明显高于全省总背景。打邦-坡坪-坡脚巨型推覆断层和紫云-关岭断裂带有 Au、Ag、As、Cd、F、Hg、Mn、Nb、Ni、P、Pb、Sb、U、V、Y、Zn 等多种元素呈异常或高背景带状分布;区内发育的造山型褶被带中的紧闭背斜和冲断层上往往发育 Hg-As-Sb-Au 等元素组合异常,局部形成工业矿床。而 Pb、Zn、Ag、Cd 等异常较弱,铅锌矿点较少(图 1-4-8)。

(二)构造地球化学特征

贵州 Pb、Zn 异常明显受断裂构造的控制,断裂带附近 Pb、Zn、Ag、Cd 含量明显增高。贵州深大断裂只要与主要含矿层位相交,必有异常出现,且多数异常属于矿致异常。尤其是松桃-三都断裂构造带、紫云-垭都断裂构造带、垭都-蟒洞断裂构造带的 Pb、Zn 异常特别明显,强度高、范围大,Pb、Zn、Ag、Cd 元素组合好(表 1-4-8)。

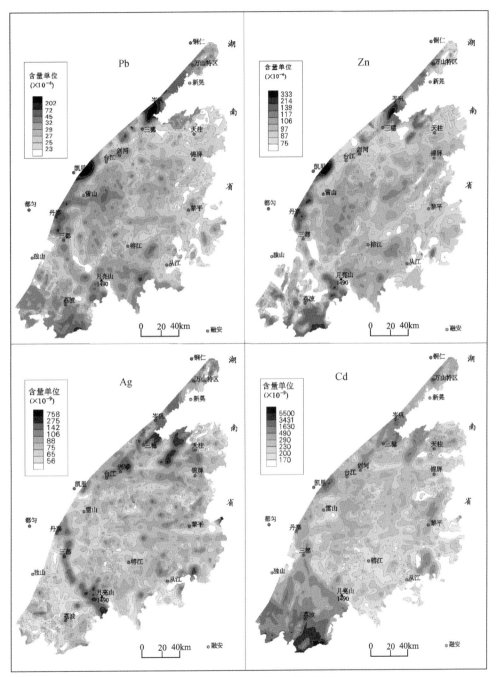

图 1-4-7 江南造山带地球化学图

（采用贵州省区域地球化学数据作图）

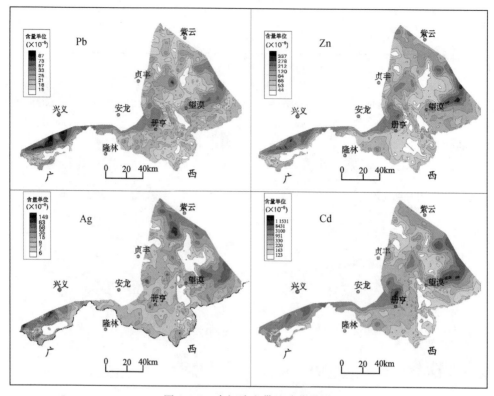

图 1-4-8 右江造山带地球化学图

（采用贵州省区域地球化学数据作图）

表 1-4-8 贵州省主要断裂构造带地球化学参数表

元素	断裂及平均值					
	断裂带1平均值	断裂带2平均值	断裂带3平均值	断裂带4平均值	断裂带5平均值	断裂带6平均值
Ag	81.57	78.31	69.24	85.47	66.27	70.36
As	14.30	20.10	18.67	15.19	24.84	12.50
Bi	0.37	0.45	0.41	0.38	0.37	0.39
Cd	411.95	880.97	529.34	423.04	619.82	544.42
Cu	22.51	57.97	61.56	25.76	76.85	87.89
Hg	129.81	107.96	108.69	145.14	95.97	50.79
Mn	847.47	1 392.19	1 306.45	967.20	1 303.07	1 058.77
Pb	34.33	37.95	31.40	36.50	32.87	33.17
Sb	1.64	1.97	1.59	1.56	3.08	1.19
W	1.46	1.96	1.83	1.38	1.78	1.72
Zn	94.08	113.24	89.44	88.76	113.02	100.92

注：1.松桃-三都断裂带；2.水城-紫云及垭都-蟒洞断裂带；3.黔西-石阡断裂带；4.安顺-镇远断裂带；5.弥勒-师踪-安顺断裂带；6.石门-银厂坡断裂带。

三、元素地球化学特征

(一)贵州水系沉积物地球化学特征

在全国范围内贵州省属南方中低山丘陵景观区,省内具体又可分为岩溶学景观区和低山丘陵景观区,根据区域化探资料(贵州省地质矿产勘查开发局,2008;贵州省地质矿产局地球物理地球化学勘查院,1996;贵州省地质矿产局物化探大队,1985—1995;贵州省地质矿产局一〇一地质大队,1988—1992;贵州省地质矿产局区域地质调查大队,1985—1989;贵州省地质矿产局一〇三地质大队,1985—1988;贵州省地质调查院,2005—2008)反映,不同的景观元素地球化学特征有较为明显的差别。

1. 岩溶地球化学景观区

贵州省岩溶地貌面积占全省土地面积的61.9%,主要由碳酸盐岩和不纯碳酸盐岩组成。碳酸盐岩为可溶岩,其酸不溶物是土壤发育的主要物质基础。贵州岩溶地区水系沉积物主要是被运移至水系中的土壤,基本的化学组分特征极为相似。由于岩溶景观区土壤多为黄壤—黏土,易于富集一些特征元素。与全国和贵州省总背景,以及湿润低山丘陵区元素背景值相比较,岩溶景观区的地球化学背景以明显富集 Fe_2O_3、CaO、MgO 和 As、Cd、Co、Cr、Cu、F、Hg、Li、Mn、Mo、Nb、Ni、P、Pb、Sb、Sn、Sr、Ti、U、V、W、Y、Zn 为显著特点。

2. 低山丘陵景观区

低山丘陵景观区水系发育,主要分布在碎屑岩出露区。常量组分以显著富集 SiO_2、Al_2O_3、K_2O、Na_2O,相对贫化 Fe_2O_3、CaO、MgO 为特点。微量组分中以显著富集 Ag、Ba,相对贫化 As、Au、B、Be、Bi、Cd、Co、Cr、Cu、F、Hg、La、Li、Mn、Mo、Nb、Ni、P、Pb、Sb、Sn、Sr、Th、Ti、U、V、W、Y、Zn、Zr 为特点。

根据贵州省所处的独特大地构造位置,沉积地层岩相古地理和岩石组合的区域特征,以及不同景观区内区域构造地质作用的差异,可划分出四川盆地边缘、扬子区、江南造山带及右江造山带4个区,其中扬子区主要为岩溶景观区,其余为低山丘陵景观区。由于地层分布、地质构造及地理景观不同,各景观区元素含量丰度有所差异(图1-4-9~图1-4-11,表1-4-9~表1-4-11)。

聚类分析谱系图显示,Pb、Zn、Cd、Ag、Bi 聚为一组,与 Pb、Zn 关系最密切的是 Cd,其次为 Ag、Bi,另一组为 Au、Hg、As、Sb。F、Mn、Cu 等与 Pb、Zn 距离较远,关系不大。

(二)Pb、Zn 及主要伴生元素水系沉积物地球化学特征

Pb、Zn 及主要伴生元素水系沉积物地球化学特征见图1-4-12~图1-4-18。

唐房—舍居乐地区区构造-成矿带岩石化学测量结果,区内 Pb、Zn、Ag 沿断裂带具高含量、高富集的特点(表1-4-11)。Pb、Zn、Ag 沿断裂带各主要地层中的分配特征如下。

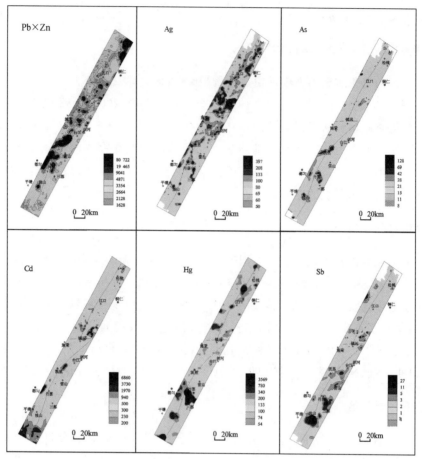

图 1-4-9 松桃—三都一带地球化学异常图

（采用贵州省区域地球化学数据作图）

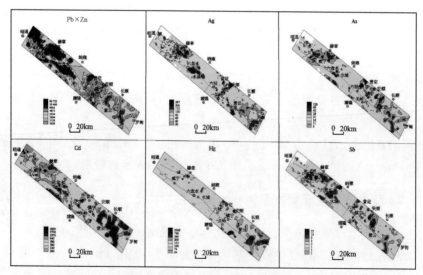

图 1-4-10 紫云—水城及垭都—蟒洞一带地球化学异常图

（采用贵州省区域地球化学数据作图）

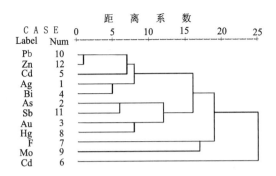

图 1-4-11 贵州省 11 种元素聚类分析谱系图

（使用贵州省区域地球化学调查数据绘制，原始数据剔除 5% 高值作图，$N=43\,701$）

表 1-4-9 贵州省地球化学背景分区元素含量统计表

序号	元素名	全国	贵州省	四川区	扬子区	江南区	右江区
1	Ag	90.64	69.30	60.00	75.33	63.00	51.00
2	As	13.22	15.00	12.00	13.00	4.00	47.50
3	Bi	0.49	0.40	0.20	0.37	0.33	0.34
4	Cd	262.48	300.00	200.00	926.67	220.00	217.00
5	Cu	26.12	29.90	17.00	107.23	21.00	25.00
6	Hg	75.56	100.00	40.00	86.67	30.00	34.00
7	Mn	735.41	1 078.00	308.00	1 477.00	559.00	400.00
8	Pb	29.24	30.00	22.00	26.00	27.00	21.30
9	Sb	1.45	1.31	0.60	1.43	1.46	1.10
10	W	2.68	1.80	0.90	1.65	1.21	1.60
11	Zn	75.68	90.00	45.00	91.67	49.00	50.00

注：1. 采用贵州省 1:20 万水系沉积物数据统计。含量单位：Ag、Cd、Hg 为 $\times 10^{-9}$，其余为 $\times 10^{-6}$；2. 全国平均值引自牟绪赞、向运川、冯济舟等编著的《中国地球化学图集》，2005。

表 1-4-10 贵州省威宁西部 1:5 万水系沉积物测量地球化学参数统计表

元素	参数	T	P3β	C	D	P₁—P₂	全区	贵州省
Au	X	4.2	4.70	2.59	4.82	3.72	3.56	1.43
Au	S	4.4	4.60	3.38	7.5	3.06	4.32	3.8
Au	Cv	1.05	0.98	1.30	1.56	0.82	1.21	2.66
Ag	X	0.1	0.12	0.09	0.14	0.12	0.11	0.082
Ag	S	0.31	0.26	0.08	0.21	0.33	0.24	0.082
Ag	Cv	2.97	2.28	0.96	1.55	2.83	2.25	0.99

续表 1-4-10

元素	参数	T	P3β	C	D	P₁—P₂	全区	贵州省
Bi	$\bar{X}$	0.32	0.26	0.42	0.74	0.40	0.44	0.422
	S	0.21	0.20	0.20	0.42	2.44	0.29	0.33
	Cv	0.67	0.76	0.49	0.56	0.60	0.65	0.79
Cd	$\bar{X}$	0.17	0.39	0.37	0.34	0.43	0.38	0.67
	S	0.13	1.06	0.32	0.20	0.34	0.45	1.1
	Cv	0.75	2.7	0.87	0.59	0.79	1.18	1.64
Co	$\bar{X}$	35.7	47.1	18.1	24	32.2	27.52	20.35
	S	10.2	12.6	9.68	8.22	16.73	15.81	11.3
	Cv	0.29	0.27	0.53	0.34	0.52	0.57	0.555
Cr	$\bar{X}$	182	79.81	74.47	75.61	139.80	100.90	93
	S	117.5	49.48	34.64	33.33	205.78	133.52	52.01
	Cv	0.64	0.62	0.47	0.44	1.47	1.32	0.559
Cu	$\bar{X}$	85.68	176.4	31.81	53.44	100.4	76.38	43.31
	S	36.74	58	26.12	24.1	66.2	66.45	37.83
	Cv	0.43	0.33	0.82	0.45	0.66	0.87	0.873
Hg	$\bar{X}$	0.09	0.323	0.13	0.21	0.30	0.22	0.34
	S	0.27	1.80	0.43	0.55	3.98	2.51	4.76
	Cv	2.74	5.53	3.34	2.67	13.37	11.34	14.03
Mo	$\bar{X}$	0.87	1.03	1.33	2.72	1.18	1.42	1.83
	S	1.61	1.04	1.50	3.70	1.16	1.90	2.14
	Cv	1.85	1.00	0.12	1.36	0.99	1.34	1.17
Ni	$\bar{X}$	67.05	62.57	45.86	51.38	68.86	57.26	37.78
	S	19.86	16.92	18.46	17.84	28.46	24.76	19.23
	Cv	0.30	0.27	0.40	0.35	0.41	0.43	0.509
Pb	$\bar{X}$	39.64	65.77	80.53	90.66	44.01	66.13	38.6
	S	23.69	563.08	805.82	488.76	161.6	563.43	72.55
	Cv	0.60	8.56	10.00	5.40	3.67	8.52	1.85
Zn	$\bar{X}$	136.80	147.85	113.52	234.1	112.43	133.44	103.55
	S	45.57	352.78	408.65	398.06	91.18	318.57	163
	Cv	0.33	2.38	3.60	1.70	0.81	2.39	1.57

注：采用贵州省地调院贵州西部1:5万矿产调查资料统计，洪万华等。含量单位为$\times 10^{-6}$。

表 1-4-11　贵州唐房—舍居乐地区地层岩石铅锌银含量表

地层单位	Pb	Zn	Ag	Zn/Pb
P_2m	35.65	36.30	0.11	1.02
P_2q	34.26	30.59	0.13	0.89
P_2l	23.76	44.53	0.08	1.87
C_2h	71.96	56.10	0.09	0.78
$C_{1-2}d$	73.78	95.40	0.18	1.29
C_1s	44.34	50.8	0.21	1.15
C_1j	58.66	63.13	0.35	1.08
C_1t	54.45	51.66	0.34	0.95
D_3ht	35.97	51.33	0.24	1.43
D_3r	72.27	74.70	0.32	1.03
D_3w	31.39	59.87	0.22	1.91
D_3g	34.24	36.58	0.07	1.07
ϵ_2c	22.81	67.98	0.09	2.98
ϵ_2q	27.69	62.43	0.12	2.25
Z_1d	29.19	46.10	0.10	1.58
C	76.2	90.81	0.22	1.19
D	36.5	68.88	0.28	1.89
工作区	47.9	75.4	0.26	1.57
贵州区域丰度	11.5	53.0		4.60
地壳丰度（泰勒）	12.5	70.7		5.66

Pb 在各时代地层均高于全省平均值，主要富集于石炭系、泥盆系，其中石炭系大埔组（$C_{1-2}d$）含量最高，富集系数为 1.54。下古生界寒武系及震旦系略高于背景平均值。

Zn 主要富集于石炭系、泥盆系，其中石炭系大埔组（$C_{1-2}d$）含量最高，富集系数为 1.27。下古生界寒武系及震旦系略高于背景平均值，二叠系略低于背景平均值。

Ag 也主要富集于石炭系、泥盆系，其中石炭系旧司组（$C_{1-2}d$）含量最高，富集系数为 1.35。其余地层略低于背景平均值或相当。

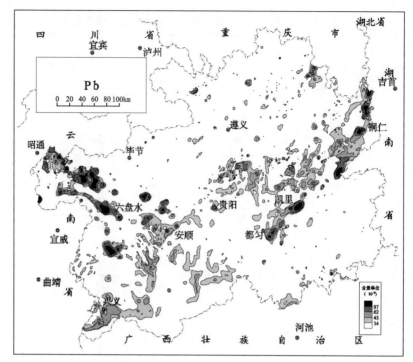

图 1-4-12 贵州省 Pb 水系沉积物地球化学异常图
（采用贵州省区域地球化学数据作图）

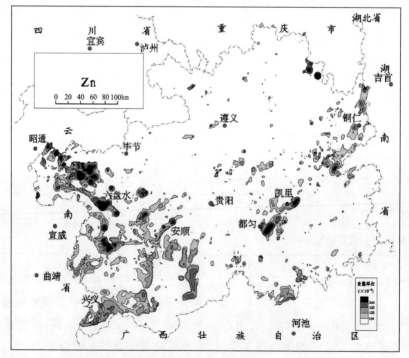

图 1-4-13 贵州省 Zn 水系沉积物地球化学异常图
（采用贵州省区域地球化学数据作图）

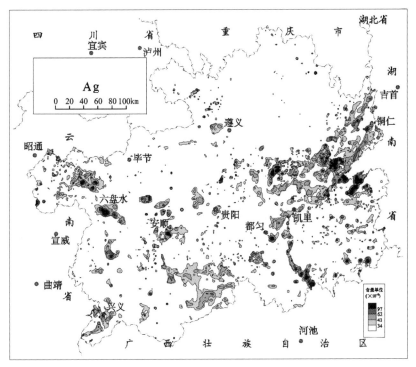

图 1-4-14 贵州省 Ag 水系沉积物地球化学异常图

（采用贵州省区域地球化学数据作图）

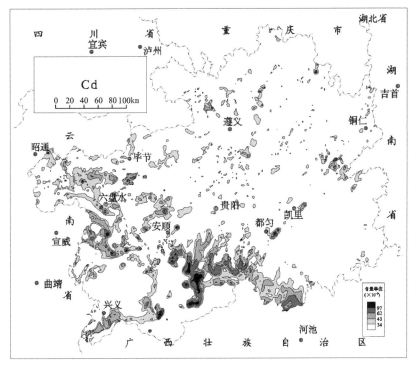

图 1-4-15 贵州省 Cd 水系沉积物地球化学异常图

（采用贵州省区域地球化学数据作图）

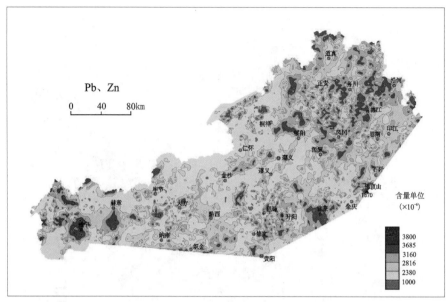

图 1-4-16　黔北地区 Pb、Zn 水系沉积物弱异常地球化学异常图

（采用贵州省区域地球化学数据，用 1∶20 万水系沉积物测量数据去掉累频＞80％的高值点制作）

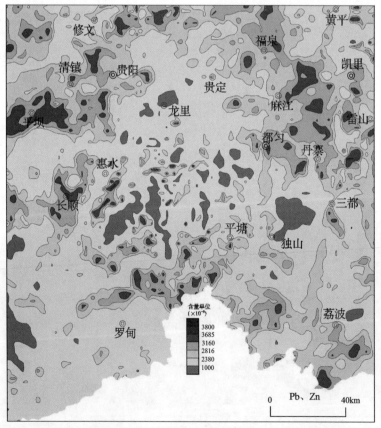

图 1-4-17　黔南地区 Pb、Zn 水系沉积物弱异常地球化学异常图

（采用贵州省区域地球化学数据，用 1∶20 万水系沉积物测量数据去掉累频＞80％的高值点制作）

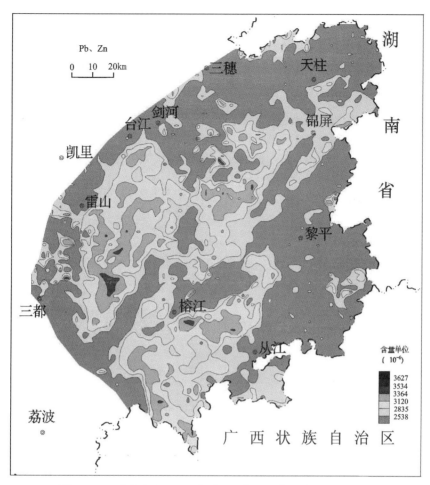

图 1-4-18　黔东南地区 Pb 水系沉积物弱异常地球化学异常图
（采用贵州省区域地球化学数据，用 1∶20 万水系沉积物测量数据去掉累频＞90％的高值点制作）

（三）铅锌成矿的主、伴生元素弱异常的关系

研究成矿有关的异常要排除人为造成的异常，重视有已知矿床分布的强异常，还要十分重视主成矿元素，Pb、Zn 弱异常。将区域地球化学数据中累积频率图上高值段的高值点去掉后制作的地球化学异常图，可以突出弱异常的分布。

从弱异常图上看，黔北地区北东一带，有 3 条明显的北东-南西向的弱异常带，还有若干小范围的或点状的异常，这些 Pb、Zn 点状弱异常若伴有相关元素异常出现，很可能是找矿信息，都值得我们研究。黔南区的弱异常也多为一些点状的或小范围的异常。黔东南大片的板溪群分布区也有许多弱异常出现，但点状异常较少。

表 1-4-12 贵州省织金地区 1∶5 万水系沉积物测量地球化学参数统计表

元素	参数	Q	K	T	P	火成岩	C	$\in$	$\in_2 q$	$\in_1 n$	Z	全区	贵州省
Pb	n	83	40	2781	4297	684	352	541	69	38	260	9052	46 004
	$\overline{X}$	49.710 8	46.750 0	31.235 5	32.299 7	25.941 5	55.054 0	147.151 6	335.115 9	82.657 9	688.715 4	58.361 4	32.08
	S	90.835 6	82.093 8	18.292 5	168.900 3	51.083 5	101.551 5	600.093 7	189.381 3	120.700 4	1 024.555 7	280.263 7	11.34
	Cv	1.827 3	1.756 0	0.585 6	5.229 2	1.969 2	1.844 6	4.078 1	0.565 1	1.460 2	1.487 6	4.802 2	0.353
Zn	n	83	40	2781	4297	684	352	541	69	38	260	9052	46 004
	$\overline{X}$	142.939 8	146.175	126.298 5	140.200 6	150.619 9	118.494 3	284.850 3	1 064.333 3	180.921 0	647.273 1	159.176 9	112.6
	S	137.068 0	148.215 7	45.782 8	159.449 2	48.542 9	139.735 7	618.810 2	880.608 5	180.921 1	3 183.843	426.816 7	94.57
	Cv	0.958 9	1.014 0	0.362 5	1.137 3	0.322 3	1.179 3	2.172 4	0.827 4	1.038 0	3.373 9	2.481 4	0.84
Ag	n	83	40	2781	4297	684	352	541	69	38	260	9052	46 004
	$\overline{X}$	0.142 2	0.108 3	0.102 8	0.111 6	0.114 7	0.102 3	0.123 4	—	—	0.290 1	0.114 8	0.073
	S	0.198 6	0.057 5	0.069 0	0.127 0	0.099 5	0.055 1	0.152 6	—	—	0.400 6	0.131 6	0.027
	Cv	1.397 2	0.531 4	0.670 6	1.138 6	0.867 6	0.538 4	1.236 3	—	—	1.380 9	1.145 8	0.370
Cd	n	83	40	2781	4297	684	352	541	69	38	260	9052	46 004
	$\overline{X}$	0.861 9	1.379 0	0.887 5	1.487 0	1.256 0	1.258 1	1.219 5	—	—	1.642 2	1.258 9	0.65
	S	0.819 9	1.413 1	1.242 5	1.912 1	1.646 1	1.745 3	2.349 6	—	—	1.667 4	1.742 2	0.91
	Cv	0.951 3	1.024 7	1.400 0	1.285 9	1.310 6	1.387 1	1.926 7	—	—	1.015 3	1.383 9	1.40

注:采用贵州省地质调查院西部贵州1∶5万矿产调查资料统计,李朝普等。含量单位为 $\times 10^{-6}$。

四、铅锌成矿的主、伴生元素异常与铅锌矿分布

普定县与织金县交界的五指山、威宁—水城、垭都—蟒洞、都匀牛角塘、习水桑木场、普安县罐子窑、凯里柏松—井街等,已经被证实主、伴生元素强异常与铅锌矿的关系密切,异常区内矿点分布多,存在大型或中小型矿床。根据化探异常筛选方法(冯济舟,1998),现以几个找矿有待突破的地区进行解剖(图1-4-19)。

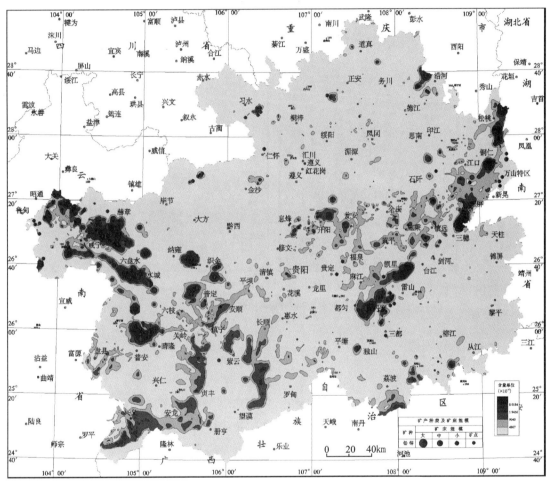

图1-4-19 贵州省铅锌地球化学异常及矿床(点)分布图
(采用贵州省区域地球化学数据作图)

区域地球化学图及主要成矿元素异常图中,将铅锌矿床(点)全部都圈定在异常范围以内。依据各种比例尺的地球化学调查成果,如果出现 Pb、Zn 明显异常,辅以 Ag、Cd 异常及 As、Mn、Bi 等元素组合异常,可以从地球化学角度圈定铅锌矿找矿靶区。用异常组合圈定铅锌矿找矿靶区,是高效的地球化学找矿方法,在全省划分了3个找矿远景区。

1. 黔东北松桃地区

这个地区曾发现了大量的铅锌矿点,嗅脑铅锌矿田位于其中,经过多年的地质勘查,仍然

"只见星星,不见月亮"。此次研究,将湘西鱼塘超大型铅锌矿附近的地球化学数据与铜仁地区数据拼接作图,发现鱼塘铅锌矿异常自北东向南西呈带状延入松桃境内,异常不但大而且强。矿体的产出层位寒武系第二统清虚洞组,多数矿体隐伏于寒武系第三统——芙蓉统娄山关群之下,但地球化学异常图反映,相当多的异常就位于娄山关群之上,松桃地区与之相似,嗅脑矿田与鱼塘矿田的地质特征和地球化学特征相似(图1-4-20),含矿层位清虚洞组隐伏,松桃深部找到大型矿床的可能性较大。

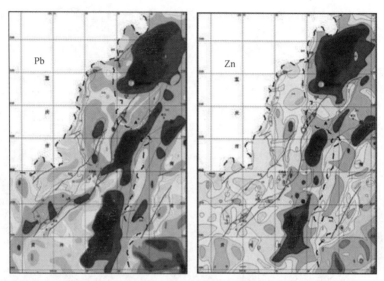

图1-4-20　湖南花垣—贵州松桃一带Pb、Zn水系沉积物地球化学异常(矿产)图
(采用贵州省及湖南省区域地球化学数据作图)

2. 威宁—水城地区

1) 威水背斜东段异常

威水背斜的东南端早已发现杉树林、青山、山王庙等一系列铅锌矿床(点),并且威水背斜上的Pb、Zn及与其相关元素地球化学异常图反映,异常强度自南东向北西,异常由多逐渐变少,范围由大逐渐变小,强度由强逐渐变弱。南东段异常强度高的地段出露矿床多且规模大,向北西异常强度低,只发现一些小矿点。

杉树林矿床是其中的代表性矿床。杉树林铅锌矿床属沉积-改造形成的富铅锌矿床,位于扬子陆块地球化学区西南部,属黔西南断陷Au-As-Sb-Pb-Zn及亲基性元素强聚集的高地球化学背景区。矿床受地层岩石控制明显,赋矿地层为下石炭统摆佐组。容矿岩石主要为灰岩和白云岩化灰岩、白云岩等。伴生矿产有银、锗、镉、镓、铟、硫铁矿等。

矿石类型以硫化矿石为主。主要矿物为闪锌矿、方铅矿、黄铁矿,并含少量辉锑矿、方解石、角砾状、土状等构造。围岩蚀变有白云石化、黄铁矿化、重晶石化、硅化等。

矿床范围发育有十余种元素水系沉积物异常,如Pb、Zn、Ag、Cd、Sb、Bi、Ba、Mn、As、Hg、Cu、Cr、Co、V、P、Au、Sn、W、U等元素异常,组合异常面积达300km^2,与观音山背斜相套合。主成矿元素Pb、Zn、Ag异常具有强度高、规模大、浓度分带清晰,浓集中心突出并相互套合的特点,Pb 异常峰值达 $366×10^{-6}$,Zn 异常峰值达 $390×10^{-6}$,Ag 异常峰值达 $1.06×10^{-6}$。伴生或直接指示元素 Pb、Zn、Ag、Cd、Sb 等异常具有相似的分布特点(图 1-4-21、图 1-4-22)。表生地球化学异常结构特征如下:主要成矿元素异常组合 Pb-Zn-Ag;直接指示元素异常组合

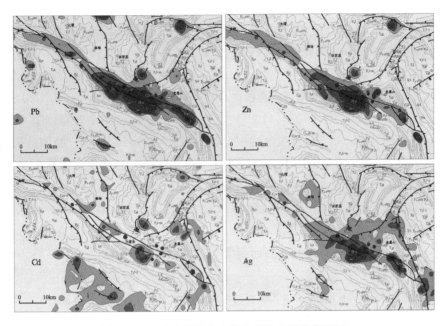

图 1-4-21 威水背斜南东段地球化学异常剖析图

(采用贵州省区域地球化学数据作图)

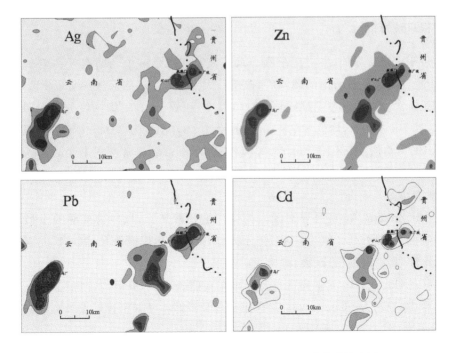

图 1-4-22 威水背斜南东段 Pb、Zn、Ag、Cd 地球化学异常图

(采用贵州省地质调查院黔西北地区 1∶5 万矿产调查报告资料)

Pb-Zn-Ag-Cd-Sb；间接指示元素异常组合 Ba-As-Hg，Bi-Mn-Sn；成矿环境元素异常组合 Cu-Cr-Co-V-P。

2）威宁山王庙异常

异常位于山王庙—轿顶山一带，长近7km，宽1～2km，面积6.24km²。异常以Pb、Zn、Ag为主，局部伴有Cd异常，套合较好，Pb、Ag有三级浓度分带且浓度分带明显，Zn有二级浓度分带。Pb一级元素异常分带面积为6.24km²，3个二级浓度分带面积为0.96km²、0.38km²、0.69km²，三级浓度异常分带面积为0.29km²。Pb平均值为$673.91×10^{-6}$，衬度3.37，峰值为$2194×10^{-6}$；Zn元素异常有两个，呈北西向分布，异常面积分别为2.0km²、2.3km²，平均值分别为$924.76×10^{-6}$、$997.48×10^{-6}$，衬度分别为1.849、1.99，有两个明显浓集中心，一级浓度分带面积分别为2.0km²、2.3km²，二级浓度分带面积为0.01～0.08km²，峰值分别为$1760×10^{-6}$、$1219×10^{-6}$，Pb、Zn异常浓集中心套合较好。整个异常区Pb、Zn元素异常含量高、变化大且有已知铅锌矿点产出，推断确定该异常为矿致异常。

异常沿石炭系上司组（C_1s）、大埔组（$C_{1-2}d$）、黄龙组（C_2h）和马平组（CPm）地层呈北西向展布。异常出露地层岩性为浅海、滨海相灰岩、页岩、白云岩。异常分布区的地层均有已知铅锌矿床（点）分布。异常位于梅花山背斜西南翼、四沟平移断层和锅厂逆断层的北东盘，成矿条件有利，具有较好的找矿远景。

处于南东段的杉树林矿床海拔900m，向北西方向背斜轴部标高逐渐提升，水城一带海拔为2500m，到威宁山王庙一带海拔可达2300m，南东段地球化学异常反映出现的是中带，北西段异常反映的可能是头部，也就是说，在水城西北部到威宁山王庙一带，推测铅锌矿体埋藏深度估计为700～800m。

3. 威宁银厂坡异常

该异常位于云贵交界处，牛栏江东侧。银厂坡铅锌矿是一个老勘查区和老矿山，但找矿久攻不克，牛栏江对岸就是云南的麒麟厂、矿山厂大型铅锌矿。银厂坡异常以Pb、Zn、Hg、Ag为主，兼有Bi异常。异常形态完整，套合较好，其中铅、锌、银具三级浓度分带。Pb异常面积28km²，峰值$16100×10^{-6}$，均值$892×10^{-6}$，衬度10.8，NAP为301；Zn异常面积22.3km²，峰值$9900×10^{-6}$，均值$959×10^{-6}$，衬度3.8，NAP为86；Ag异常面积11km²，NAP为72.6；Hg异常面积25km²，衬度4.13，NAP为103；Bi异常偏离Pb、Zn、Ag、Hg所圈出的异常浓集中心，异常强度小。

银厂坡Pb、Zn、Hg、Ag组合异常区内的银厂坡铅锌矿床，以往为探明的小型铅锌矿床，但水系沉积物测量异常ZDZ值为6140，排序为二，推测矿化规模较大，主成矿元素为Pb、Zn，属甲1-2类异常，具中大型铅锌（银）矿床找矿远景。

Pb、Zn、Ag、Cd、Sb、Hg元素异常主要分布在石门、云贵—兔街、岔河—金钟一带，其中岔河—金钟一带 Pb、Zn、Ag、Cd、Sb、Hg元素异常套合极好。已知铅锌矿点具有较好的Pb、Zn、Ag、Cd组合异常（图1-4-23、图1-4-24）。

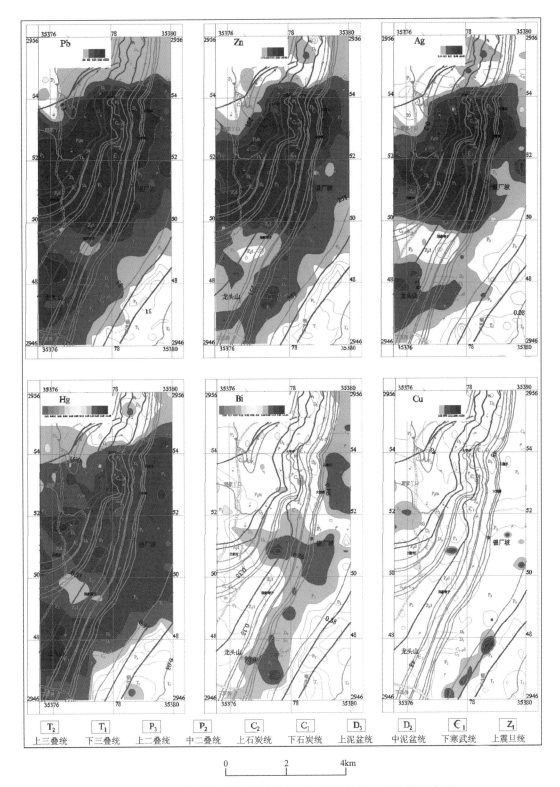

图 1-4-23 贵州威宁西部云南鲁甸东部一带 Pb、Zn 地球化学异常图
（采用贵州省及云南省区域地球化学数据作图）

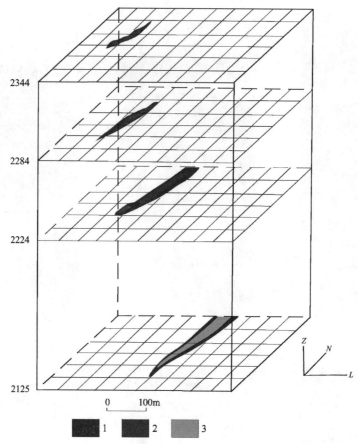

图 1-4-24　银厂坡铅锌矿体地球化学推断图(引自廖震文资料,2003)
1.铁锰质腐蚀带;2.银铅锌矿体;3.剥蚀银铅锌矿体

云南会泽县矿山厂和麒麟厂与贵州银厂坡具有相似的地质和地球化学条件,东边的贵州一侧为什么没有找到大型矿床?原因是东侧贵州海拔较高,地形很陡,西侧云南地形较缓,地势较低,东侧贵州的勘探深度较浅,西侧云南的勘探深度较深,根据地质地球化学情况分析,在贵州一侧应该能找到大型铅锌矿床,矿体埋藏在 500m 以下的深部。

五、小结

贵州省水系沉积物地球化学测量反映如下信息。

(1)与 Pb、Zn 成矿作用相关的元素有 Ag、Cd、As、Mn。

(2)Pb、Zn、Ag、Cd、As、Mn 地球化学图、地球化学异常图与区域性的大断裂展布方向一致,与造山带的方向一致,往往一侧弱,一侧强,反映深大断裂所控制的沉积盆地中成矿作用的侧向分带秩序。

(3)由于剥蚀关系,传统的贵州地球化学异常不能完全反映找矿前景,弱异常的处理结果发现了一批有利的地球化学找矿远景区。

(4)以水城-紫云断裂为界,地球化学呈明显不同的方向性,北东盘呈北东走向,南西盘呈北西走向,与区域构造、地壳演化构造变动趋势一致。

(5)区域性的北西向紫云-垭都断裂的异常细节并非都呈北西向展布,而是受北西向与北东向断层的控制,反映不同时期成矿作用叠加的结果。

(6)已知铅锌矿床(点)大部分落在 Pb、Zn 地球化学异常内,反映地球化学异常资料对找铅锌矿有较好的指导作用。

黔南台陷中的贵定半边街铅锌矿、都匀江洲铅锌矿等,均落在低背景区,反映弱异常有较大的找矿空间;贵州省地球化学 Pb-Zn-Ag-Cd-As-Mn-Bi 因子分析异常图能较好地反映地表浅部铅锌矿床的分布,已知的大—中型铅锌矿床分布与异常具有较好的对应关系,对贵州省地壳表浅层找矿具有重要意义。

第二章 铅锌成矿作用与矿床成因分类

第一节 成矿作用讨论与重要矿床类型成矿环境

一、成矿作用讨论

成矿的物、热、流体来源,简称成矿物质来源,对于铅锌矿床来说,成矿物质来源十分复杂,有来自陆源的、生物成因的、深源(地壳深处)的和幔源的,以何种物质为主,取决于所处的构造环境。本节侧重于对铅锌初始成矿作用的讨论。在洋中脊主要是来自地幔的物质;在贝尼奥夫带,主要是来自深海沉积物和年轻的洋壳;在弧沟,主要是来自沿断裂上升的喷流喷气物质、运程中与通道相互作用所带来的物质和陆源沉积物;在陆缘海区,物质来源更为复杂,增加了陆壳风化搬运的物质和生物成因的物质。沉积环境不同,成矿的来源主次不同。不是所有的成矿物质来源都能聚积成矿,它需要有一定的丰度和数量,需长时间供应才能形成矿床,从这个角度来说,能成矿的物质是一种异常物质;现代研究认为,物、热源主要来自于深源,与壳幔物质与能量充分交换有关,类似于岩浆-流体-成矿作用,其成矿的作用包括3个阶段:源—运—储。岩浆—构造—成盆—成矿,构成复杂的成矿系统,地壳挤压和伸展交替的构造活动,导致陆壳封闭与可渗性的交替,有利于成矿元素的萃取与向上运移,盆地发育创造地表水系统与深部含矿热流体系统交汇的空间,驱动巨量金属堆积成矿。SEDEX铅锌矿床与伸展环境下的岩石圈巨大减薄作用有关。岩石圈尺度三维不连续的再活化是大陆内大尺度成矿带的有利成矿空间,再活化的克拉通内裂陷带是一些金属的重要成矿带。最宏伟的成矿系统应来自一个地区岩浆活动旋回的晚期和末期。大陆上现代活动的地热区均显示有现代热液成矿作用。许多内生矿床的研究表明,矿床常产于盆地与隆起的交界部位,以及盆地内的次一级隆起或凹陷处,巨大的深部流体—成矿系统与巨大的地表水系统的交汇,常常是金属巨量堆积的重要机制,盆地为它们的交汇提供了重要空间(裴荣富等,1999)。

川滇黔地区的铅锌矿,成因比较复杂,从矿源场的角度来看,在幔源成矿型、壳源内生成矿型、外生成矿型和多源复合成矿型中,应属于多源复合成矿型,由于岩石圈中不同的物质和能量交换,致使成矿物质来源复杂多样,这种多样性是由于深大断裂沟通壳幔,成矿流体由深部上升到地壳浅部,在其运行过程中,萃取沿途中的组分,形成组分复杂的流体所致(裴荣富等,1999)。

由于古陆边缘地带地球的圈层分异明显、壳幔作用活跃、构造运动复杂、各圈层物质和能量交换频繁,是成矿有利的构造位置。现代研究成果反映,被动陆缘的裂谷、拗拉谷同生断层、陆缘盆地、陆缘海、大陆架等构造部位,具有热水沉积型、火山沉积型、沉积和生物沉积型成矿系统,产 Pb、Zn、Cu、Fe、REE、Mn、Al、P 等矿种;在古生代(570~230Ma),全球经历了陆块间的分、合、破、移。地壳成熟,大陆扩张,大造山带形成,泥盆纪时伸展膨胀,形成了被动大陆边缘裂谷及拗拉谷、活动陆缘沟-弧-盆系陆缘浅海带,产生了海相热水沉积型铅锌矿、VMS型铜铅锌矿、生物沉积型铁、锰、磷、铝矿、黑色页岩型铀钒铜矿(化),我国南方晚古生代陆表海背景上由伸展作用形成的台沟可看作较小型的裂谷(裴荣富等,1999),据有关研究,中国的内生稀土矿主要分布在地台边缘,它们的形成与裂谷作用或深断裂活动有密切关系(裴荣富等,1999)。

以上研究成果也可运用于贵州省的铅锌成矿作用研究。从贵州的地质演化史来看,它经历了 Rodinia 超大陆演化阶段、加里东碰撞造山阶段、海西拉伸走滑阶段、峨眉地幔柱活动阶段、印支-燕山造山阶段、喜马拉雅造山-隆升阶段,其中与铅锌矿成矿有关的主要是 Pt_3—O 裂解-裂崩隆起拉伸沉陷,提供了 Pb、Zn 矿源或形成矿源层,D—P_2 陆内裂陷、走滑拉分,盆内 Pb、Zn 初始沉积;贵州省岩石圈尺度三维不连续的再活化带发育,如:①贵州侏罗山式褶皱带与南盘江造山型褶皱带接触带;②贵州侏罗山式褶皱带与南盘江造山型褶皱带接触带;③贵州侏罗山式褶皱带与赤水宽缓褶皱区接触带;④石门-银厂坡断裂;⑤紫云-垭都断裂;⑥镇远-瓮安断裂;⑦梵净山断裂;⑧安顺-黄平断裂;⑨垭都-蟒洞断裂;⑩遵义-贵阳断裂等,这些构造带形成了深部含矿流体向上运移的良好空间。贵州省主要含矿层位所处的古地理位置均处古陆边缘,如黔东铅锌矿带、黔西北地区的铅锌矿等。

杜乐天指出,地壳热液作用和地幔流体之间可能存在两个可能的过程(裴荣富等,1999)。

在拉张环境中: 陆上、海底

    地幔流体 ——————— 热液作用

     透岩浆流体

在挤压环境中:地幔流体→岩浆作用→热液作用。

地幔流体相当富碱,还含有大量 H_2、CH_4、C_2H_6、C_3H_8、C_2H_2、C_2H_4、C_3H_6、C_4H_6 等形成油、气体的幔源气体,根据大量的铅锌矿中富含有机质(如沥青)这一事实,这些有机质或许是深部来源的。

从物源方面来看,认识贵州省的铅锌成矿作用,铅锌成矿物质来源与壳幔源组分分异,流体上升携带、萃取成矿物质有关,属多源复合来源。

现代沉积盆地中热卤水成矿作用研究表明,深部热源、物源沿古构造上升到沉积盆地底部,与水圈、生物圈、沉积物界面、水界面,彼此相互作用,存在广泛的物质和能量交换,可以形成层控碳酸盐型铅锌矿床或成矿有用组分的初始富集。

二、重要矿床类型成矿环境

铅锌矿床重要类型有 VMS 型、SEDEX 型和 MVT 型。

VMS 型铅锌矿床,产于地壳最活动的环境,与火山作用及火山岩直接相关,可称为"地壳活动区"海底喷流沉积交代矿床;SEDEX 型铅锌矿床,产于地壳活动区与稳定区之间,陆壳薄,主要沉积细碎屑岩及页岩,与岩浆作用的关系十分密切,沉积成矿作用和热液成矿作用同时存在。这两类矿床的成因争议小,最有争议的是 MVT 型铅锌矿床。

MVT 型铅锌矿床,有狭义和广义之分。根据 Sangster(1976)的研究,狭义的密西西比河谷型铅锌矿床多为开放空隙充填的结果,矿化是后期侵位到早已存在的岩石中去的。考克斯、辛格将密西西比河谷型铅锌矿床概括为两种类型的矿床:具同生沉积特点的密苏里州东南部铅锌矿床和具有后生特点的阿巴拉契亚铅锌矿床(考克斯等,1990),是广义的 MVT 型铅锌矿床。

广义的密西西比河谷型铅锌矿床包括美国密苏里州南部、俄克拉荷马州东北部和堪萨斯州东南部的三州铅锌矿区的铅锌矿床,还包括田纳西州、弗吉尼亚州、宾夕法尼亚州和阿巴拉契亚等地的铅锌矿床。这类铅锌矿均产于浅海碳酸盐沉积物中,产于成岩成因的白云岩为主的相区与陆棚边缘或附近的灰岩为主的相区之间的过渡带上或附近,矿石通常产于灰岩与白云岩分界面上,或其附近的白云岩化灰岩中,通常认为白云岩是通过与矿化有关的白云岩化作用而形成的,矿化的礁体沿着蒸发盆地的侧翼发育。

不管是狭义还是广义的密西西比河谷型铅锌矿床,容矿岩石都是沉积岩,但主要是碳酸盐岩,以白云岩或白云岩化灰岩为主。矿床赋存于古老克拉通的盖层中。发育控制容矿岩石控相断裂,矿床具有层状特征,它们主要产于显生宙碳酸盐岩中,大面积见不到古生代、中生代的花岗岩类。

根据王奖臻等(2001)研究认为密西西比河谷型铅锌矿床分布区存在双层基底,在双层基底形成时,大量的火山喷发给该区带来了丰富的成矿物质,为盆地演化阶段成矿物质的初步富集以及最终成矿准备了物质基础。以后沉积作用形成了透水性良好岩层,为成矿流体的流动提供了必要条件,后期造山运动地壳迅速隆升,为地下大规模的流动创造了动力条件。当造山带一侧(补给区)下渗的地下水在透水层中流动时,不断从地层中汲取矿化剂和成矿元素,并从地热增温中获得热量,最终转化为成矿热液,当含矿热液遇到断层或含水层尖灭的地方,成矿热液向上运移,并在合适的成矿空间沉淀成矿。密西西比河谷型铅锌矿床有以下 3 个特点:

(1)含矿岩系都位于一套红色碎屑岩石之上。它们不但为矿床的形成提供了成矿金属,而且由于渗透率较大而为成矿流体的大规模侧向流动提供了通道。

(2)矿床的形成时间都与造山作用的时间相一致。造山作用所引起的挤压应力,或者由于造山带的隆起所引起的盆山间的重力梯度为含矿流体的大规模侧向流动提供了动力,促进了成矿作用的发生。

(3)矿床的含矿岩系大多含有蒸发岩。蒸发岩的存在为成矿流体的形成提供了矿化剂,或者为矿质的沉淀提供了硫。

人们普遍认为 MVT 矿床的流体与盆地流体有关,流体包裹体数据显示存在两种特定液体的混合作用,流体包裹体盐度变化较大,反映出矿床形成的多阶段性,或反映出不同流体间已发生混和作用。MVT 矿区闪锌矿流体包裹体盐水成分与现代卤水成分相似(Kesler et al,1996;Viets et al,1996),大多数成分靠近海水蒸发线附近。硫同位素值表明硫为壳源,来源于海水硫酸盐或同生海水,后期被还原。MVT 矿床的气液相包裹体中,存在烃类物质,矿床中普遍存在少量沥青,有人认为不是有机质参与成矿的重要依据;王奖臻等(2002)认为世界上大多数地区的 MVT 矿床的含矿岩系都发育蒸发岩,Hanor(1979)认为 MVT 矿床高盐度的流体源自蒸发岩和原生含盐卤水的结合,或者通过高度蒸发的地表水渗滤;成矿的时代到目前为止尚无结论,存在的问题是地质背景对矿床形成时代的约束与测年结果不符,一些学者认为 MVT 矿床形成与强烈的挤压构造事件密切相关,MVT 矿床在全球构造尺度上来讲形成于收缩构造事件,但就单个矿床或矿区,最重要的构造控制因素仍是张性断层。Bradley 和 Leach(2003)认为 MVT 矿床形成于张性区域与岩石圈挠曲有关,或者与大尺度收缩事件期间走滑断层内膨胀带有关。

典型 MVT 矿床的形成与地球演化历史中强烈的挤压构造事件密切相关(Bradley et al, 2003),由于挤压产生造山作用,由于重力梯度形成造山带水文系统,地下水由高到低运动,萃取岩石中的成矿物质,演化成含矿热卤水,在其运移到适合圈闭条件下成矿,是严格的后生矿床。

广义的 MVT 型铅锌矿床是一个大袋子,有很多亚类,矿床类型总体较复杂,其划分掩盖了不同地区成矿作用的特殊性,在实践中,也不清楚"该矿床属 MVT 型铅锌矿床"的找矿意义何在? 多数研究成果求证了"它属于 MVT 型铅锌矿床",对于尺度范围小的区域找矿,方向是不明确的。地史时期,成矿作用是多样的,如果在裂陷背景的成矿作用之上再叠加其他成矿作用,控矿的因素就不会是那么单一。

第二节 矿床成因分类

一、国内外铅锌矿床分类回眸

铅锌矿床分类是铅锌成矿研究的基础,历来受到矿床学家的高度重视。但由于铅锌成矿的多样性和复杂性,以及人们对分类原则的不同看法,长期以来是有争论的。

早在 20 世纪 30 年代初,著名矿床学家林格伦(Lindgren)就提出了成因分类方案。在此后的 20 多年间尼格(Niggli)、贝特曼(Bateman)、顿汉姆(Dunham,1959)、马尔夫等在林格伦分类的基础上相继提出各自的分类方案。他们分类的理论基础都是岩浆一元论,以成矿温度和深度作为其分类的主要依据,以顿汉姆的分类方案最具代表性。

我国矿床学家郭文魁(1959)沿袭岩浆一元论的观点,依据成矿温度和矿物共生组合将铅锌矿床划分为高、中、低温 3 类共 8 个建造(郭文魁等,1959),大致与此同时,苏联矿床学家马家克扬、斯米耳诺夫、克列特尔等主要从矿床的形成条件划分铅锌矿的工业类型(克列特尔)。我国矿床学家孟宪明在苏联学者分类的基础上结合我国的实际将铅锌矿床划为 6 个类型。

20 世纪 70 年代以来,由于铅锌矿勘查工作的巨大进展和研究的深入促进了铅锌成矿理论的发展,层控矿床理论、海相火山成矿理论和热卤水成矿以及多成因叠加成矿理论等的提出为铅锌矿床分类提供了新的依据。1973 年,布罗布斯特和普拉特在铅锌矿床成因类型中首次分出层控矿床。我国著名矿床学家涂光炽先后于 1979、1989 年分别对中国的铅锌矿床提出了完整的划分方案。之后,郭洪中(1994)、叶庆同(2004)和戴自西(2005)等从不同的角度对铅锌矿床作了系统的分类。

乌尔夫等(1978)从主要控制(成矿)作用、就位机制、按容矿岩石、按化学活动性、主要有益组分来源、按运矿流体的来源、运矿流体的方向、矿床和主岩的相对年龄8个方面分别对层控矿矿床作了分类。

另外，还有一些其他的分类如Brobst和Pratt(1973)的后同生、后生成因分类；1983年王育民热液系、成控系、火山系、断裂系的"四系十二型十九式"分类；宋叔和(1989)分八类，即花岗岩型、矽卡岩型、斑岩型、海相火山岩型、陆相火山岩型、碳酸盐岩型、泥岩-细碎屑岩型与砂砾岩型。

二、贵州省铅锌矿床分类的难点

贵州省位于扬子陆块西南缘，处于川滇黔成矿区。川滇黔地区的铅锌矿矿床(点)分布广，产出矿层位多，规模大，铅锌矿主要产于海相碳酸盐岩中，矿床成因争议大，铅锌矿床的分类研究薄弱。重要的典型矿床有云南省的矿山厂、麒麟厂铅锌矿，四川省的天宝山、大梁子、茂租铅锌矿和贵州省的五指山、牛角塘、杉树林铅锌矿等；重要含矿层位有震旦系灯影组，寒武系龙王庙组、二道水组、清虚洞组，奥陶系红花园组、大箐组、大关组，泥盆系独山组、望城坡组、火烘组，石炭系摆佐组、黄龙组等，是矿床学研究不可多得的地区；矿床分类研究薄弱表现在一些面向全国性矿床研究专著中，对该区铅锌矿床的分类很少提及。在《中国成矿体系与区域成矿评价》(陈毓川等，2007)中提到"我国西南地区在一些地台盖层地层中产出的低温Hg、Sb、Au矿床及一些铅锌矿，对其成因到今存在不同的意见"，以致在矿床系列组合中，在岩浆、沉积、变质成矿作用组合之外，"暂时列出第四成矿系列组合，即'地质流体成矿和成因不明的矿床成矿系列组合'"，在中国矿床成矿系列划分中也没有提到与川滇黔地区有关的铅锌矿床的成矿系列；全国矿产资源潜力评价项目《全国重要矿产总量预测技术要求》中指出，对于与海相碳酸盐有关的铅锌矿床(MVT)，成矿的时代不清楚，许多矿床的成因未研究清楚，铅锌矿床的成矿年龄无法确定。其主要原因是铅锌矿床中一般缺少可直接用于同位素测年的矿物(Nakai et al,1996；Sangster,1996)。铅锌矿床的成矿年龄无法确定，直接影响了对铅锌矿分类的认识。

三、贵州省铅锌矿床分类

(一)前人对贵州省铅锌矿的分类

《贵州省区域矿产志》(1986)将贵州省铅锌矿床分为层控矿床(与地下热水活动有关的矿床)、淋积型锌矿床、坡积型或冲积型铅锌砂矿床；《川滇黔铅锌成矿区成矿远景区划——川滇黔铅锌成矿区成矿规律及找矿预测科研报告》(1983)中按成矿的主导因素将铅锌矿床的成因类型划分为四大类，再根据主要和次要成矿作用划分为7个类型，分别为层控型(包括沉积改造型、沉积再造矿床)，热液型(包括火山喷发气成热液矿床、热液充填交代矿床、矽卡岩矿床)、沉积型、风化型铅锌矿床。优点是根据矿床的特点进行了细分，是迄今为止川滇黔地区铅锌矿较系统的分类；《贵州省铅锌(银)矿资源总量预测报告》(陈士杰等，1989)将铅锌矿分成三类三型,即层控类-沉积改造型、热液类-石英脉型、风化类-堆积型;贵州省地质局地质科学研究所(1996)将贵州省铅锌矿分为两类:一类是产于细碎屑岩中的盆源热液矿床,另一类是产于碳酸盐岩中的盆源热液矿床(细分前陆褶皱带中和前陆俯冲带中的盆源热液矿床)。以上分类难以反映贵州省铅锌矿的所有产出类型,没有很好地将贵州省地质背景与成矿演化相联系,没有突出重大地质事件与贵州省铅锌矿的关系。

(二)本书对贵州省铅锌矿的分类

根据贵州省铅锌矿的产出特点,针对铅锌矿早期成矿作用,将铅锌矿的产出环境分为活动地壳环境、过渡地壳环境和稳定地壳环境三大类型。按成矿的主要地质作用,将贵州省铅锌矿床分为四大类型,即与岩浆成矿作用有关的铅锌矿床、与变质成矿作用有关的铅锌矿床、海底热卤水(喷流)作用和后期构造作用+热液成矿作用改造的"叠加(复合/改造)矿床和表生风化作用有关的铅锌矿床。然后根据矿床就位空间将矿床分为9种类型(表2-2-1),与叠加成矿作用有关的铅锌矿床细分为两类,其中产于碳酸盐岩中的铅锌矿床最为重要,是贵州省主要的铅锌矿床类型,分为3个亚类,即白云岩为容矿岩石铅锌矿床亚类、白云质灰岩为容矿岩石的铅锌矿床亚类和灰岩为容矿岩石的铅锌矿床亚类(陈国勇等,2011)。

表 2-2-1 贵州省铅锌矿床分类方案(据陈国勇等,2011修改)

早期成矿作用地壳类型	成矿作用及大类	成矿作用方式	类及亚类	国外典型矿床	国内典型矿床	贵州省典型矿床	成矿地质背景及主要地质事件
活动地壳区	与岩浆成矿作用有关的铅锌矿床	交代、充填方式成矿,火山沉积、交代方式成矿	与海底火山作用有关的铅锌矿床	黑矿、塞浦路斯块状硫化物矿床	阿舍勒铜铅锌多金属矿床	从江地虎铜铅锌多金属矿床	裂陷背景,地槽盆地环境,Rodinia超大陆裂解,产生镁铁质和长英质的"双峰式"岩浆活动。海西期地幔柱作用形成大陆溢流拉斑玄武岩喷发及同源岩浆侵入。成矿作用与岩浆活动直接关联
			与陆地火山作用有关的铅锌矿床			玄武岩型铜多金属矿床	
			与岩浆侵入活动有关的铅锌矿床	新墨西哥州Hanorer-Fierro矽卡岩型铅锌矿床	水口山铅锌矿床	从江大弄多金属矿化点、从江摆芽多金属矿点	
过渡地壳区	与变质成矿作用有关的铅锌矿床	区域变质产生含矿热液在有利构造部位充填成矿	变质热液充填交代铅锌矿床	变硅质碎屑岩亚类			排涠铅锌矿床、丹寨县新华铅锌矿床	活动地壳环境,加里东期褶皱造山产生区域变质作用及变质热液成矿作用
			变火山碎屑岩亚类			冽纲铅锌矿床	

续表 2-2-1

早期成矿作用地壳类型	成矿作用及大类	成矿作用方式	类及亚类	国外典型矿床	国内典型矿床	贵州省典型矿床	成矿地质背景及主要地质事件
稳定地壳区	台地 / 台盆 / 与早期海底喷流成矿作用和后期构造、热液成矿作用有关的叠加（复合/改造）铅锌矿床	沉积、交代、充填成矿方式	产于碳酸盐岩中的铅锌矿床 / 白云岩亚类	美国密苏里州铅锌矿床	茂租铅锌矿床	五指山铅锌矿床、都匀牛角塘铅锌矿床等	裂陷背景,大规模岩浆侵入或喷发前后,裂隙式的喷气、喷流,或夭折裂谷演化,早期成矿作用与岩浆活动的关系不很明显,成矿与同沉积断裂关系密切。成矿改造作用往往与后期构造作用和热液成矿作用有关
			白云岩化灰岩亚类	美国阿巴拉契亚铅锌矿床	矿山厂铅锌矿床、麒麟厂铅锌矿床	银厂坡铅锌矿床、荔波奴亚铅锌矿床	
			石灰岩亚类	美国三州铅锌矿床	花垣铅锌矿床	粑粑垴铅锌矿床	
			产于碎屑岩中的铅锌矿床			水城青山铅锌矿床	
	陆表 / 与风化成矿作用有关的铅锌矿床	风化淋滤作用再次富集成矿或风化搬运沉积成矿	残积型铅锌矿床			瓮安县珠藏铅锌矿床	地壳强烈隆升作用,成矿作用产生于地壳浅表部
			坡积冲积型铅锌矿床①			赫章县猫猫厂铅锌矿床、榨子厂铅锌矿床	
			沉积型砂铅锌矿床			小石厂铅锌矿床点	

注：①第四纪堆积物成因类型。

1. 与岩浆成矿作用有关的铅锌矿床

与岩浆成矿作用有关的铅锌矿床可分为 3 类,其中贵州缺与岩浆熔离分异作用有关的铅锌矿床。与岩浆成矿作用有关的铅锌矿床产于裂陷背景,处于裂陷的中心位置:①Rodinia 超大陆裂解,产生镁铁质和长英质的"双峰式"岩浆活动,在其侵入岩内、接触带及附近形成的铅锌矿床,如从江地区、梵净山地区和罗甸地区。可能的矿床如:从江地区和梵净山地区花岗岩、辉绿岩体接触带上的铅锌多金属矿床;②海西期地幔柱作用使贵州中西部隆升,并形成大陆溢流拉斑玄武岩系及同源的侵入岩,在岩体内、接触带及附近产出铅锌矿床。岩浆在向上侵位过程中通过熔离分异成矿作用,岩浆侵入已形成的岩石中,在岩浆与围岩的接触带上,产生以交代、充填成矿作用为主的铅锌矿床、岩浆喷出海底或陆地表面,由火山成矿作用形成的矿床。紫云—水城一线以西地区,侵位于泥盆纪—二叠纪地层中基性岩脉、岩床接触带上形成的以交代作用为主的铅锌矿化；在玄武岩浆喷发覆盖底板，与已形成的岩石产生接触交代矿化，如从江大弄多金属矿化点、从江摆芽多金属矿点。此类矿床的特点是：由于受岩浆成矿专属性的影响，没有大量铅锌组分的带入，形成小的矿体或矿化；由于成矿温度较高，形成含铁较高的深色闪锌矿，并伴有中高温的矿物组合——黄铜矿、辉铜矿。

2. 与叠加成矿作用有关的铅锌矿床

本大类矿床曾被称为层控矿床或沉积改造矿床。由于这类矿床的产出在特定层位及特定的岩相带中，并受构造等综合因素的控制，此类矿床是贵州省铅锌矿最主要的类型。成因属于与海底热卤水（喷流）成矿作用和后期构造作用、热液成矿作用改造的"叠加（复合/改造）矿床。按容矿岩石类型，分为石灰岩亚类铅锌矿床、白云岩化灰岩亚类铅锌矿床和白云岩亚类铅锌矿床。

此类矿床的特点是：成矿物质来源复杂，成矿作用场所多样，同期成矿作用存在多个世代（脉动）矿物特征；矿床叠加改造明显，成矿作用的时间较长，矿床产于裂陷背景，成矿作用产生于大规模岩浆侵入或喷发前后，主要在裂隙式的喷气、喷流时期，或夭折裂谷的发展过程中成矿，与岩浆活动的关系不很明显。热水沉积矿床往往产于同沉积断裂旁侧，成矿后遭受构造作用和热液成矿作用改造。改造后多表现为后生特征，改造程度取决于已形成岩石或矿床的开放空间大小（裂隙、溶洞、层间剥离空间等）。在热通道与沉积盆地底部的交汇处附近，成矿作用较为复杂。

3. 与变质热液活动有关的铅锌矿床

此类矿床属受区域变质成矿作用影响形成的矿床，产于贵州东南部新元古代浅变质岩分布区。按容矿岩类不同，分为变硅质碎屑岩和变火山碎屑岩两类。此类矿床的特点是：①主要分布于前震旦系浅变质岩中；②受先挤压后张扭性质断裂构造的控制，对应于造山挤压后返回拉张阶段；③形成含铁较高的深色闪锌矿，并伴有中高温的矿物组合——黄铜矿、辉铜矿。

上述矿床类型受加里东和印支-燕山期构造运动的影响，由于构造热液改造，形成叠生矿床。

4. 与表生风化沉积作用有关的铅锌矿床

这一大类矿床是早期铅锌矿床或铅锌矿化地质体，处地壳浅表部，在热带或亚热带温湿气候条件下，经风化淋滤作用再次富集形成。堆积在特定的地貌部位，为第四纪多种成因类型的表生矿床，主要有淋积、积型和冲积型矿床等。也有经过地表风化搬运沉积成岩后保存的矿床，如贵州小石厂中侏罗统砂溪庙组砂页岩中的矿床。

第三节 贵州省主要铅锌矿床成矿环境及主要类型

一、成矿环境

贵州省以碳酸盐为容矿岩石的铅锌矿床早期成矿作用主要位于被动大陆边缘。

事实上，地壳中的喷流作用是广泛发生的。在陆地以热泉形式存在，对应于热泉型矿床。在海域，位于洋中脊和岛弧，以岩浆喷流作用为主，形成VMS矿床；在洋中脊和岛弧至大陆边缘的过渡区，以沉积作用和岩浆作用为主，形成SEDEX型矿床；在大陆边缘，无论是被动大陆边缘还是主动大陆边缘，喷流作用是完全有可能发生的。产于大陆边缘的铅锌矿床，处于大陆与海洋物质能量交换最强烈的部位，沉积作用、生物作用、热液作用交织发生，各种作用叠加所形成的铅锌矿床，有生物成矿作用的痕迹，有沉积成矿作用和热液成矿作用的特征，同生矿床和后生矿床共存，扑朔迷离，难以识别以何种成矿作用为主。但可以肯定的是，这一部位形成的矿床，不完全是后生矿床。即使是经典的MVT矿床，形成这类矿床的含矿热液在造山带强大的重力作用趋动下，运移至大陆边缘，也有可能在大陆边缘海底喷出，形成喷流沉积矿床。

如前所述，贵州造山作用最强的时期是印支-燕山期和加里东期，贵州印支-燕山期运动卷入的T_2—K地层中并未看到铅锌矿床分布，这与大多数学者认为MVT型铅锌矿形成于燕山期及以后的结论是矛盾的。加里东运动卷入的前志留纪地层中，后生矿床的特征也不甚明显，产于震旦系、寒武系、奥陶系碳酸盐地层中的铅锌矿床多数是顺层产出的。

作者认为，不管是主动大陆边缘还是被动大陆边缘，与洋中脊、俯冲带和弧等活动地带比较，大陆边缘是一个地壳活动相对较弱的地带，可称为"地壳稳定区"，我国在侏罗纪早期后太平洋板块才向西俯冲（郭锋，2016），出现主动大陆边缘，在此之前为冈瓦纳大陆边缘，推测为被动陆缘，在贵州省产出的铅锌矿床都具某些喷流矿床特征，认为这种矿床产于较厚的陆壳区，与岩浆作用的关系不明显，但受深大断裂的控制，成矿有深部热液参与，成矿的第一阶段具有同沉积矿床的某些特征，为了与海底喷流沉积型铅锌矿床（SEDEX）区别。本书称为"地壳稳定区"热水沉积矿床（图2-3-1）；成矿的第二阶段受后期构造热液叠加改造，铅锌进一步富集，形成复合成因的矿床，本书称为海底热卤水（喷流）成矿作用和后期构造作用、热液成矿作用改造的"叠加（复合/改造）矿床"，这种矿床是贵州省铅锌矿床的主要类型。沉积作用与改造作用，不同构造部位表现不一样，在紫云-垭都至松桃-三都断裂间，其控矿主要因素是"同沉积断层+层位"，热水沉积特征明显一些；在紫云-垭都断裂南西，控矿的主要因素是"构造热液+层位"，改造的特征要明显一些。

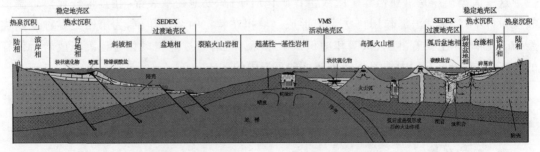

图2-3-1 地壳结构与铅锌矿床类型的关系图

（据Hutchinson，1980，《板块构造与不同类型贱金属块状硫化物矿床沉积环境关系图》修改）

研究 MVT 型铅锌矿床的学者将前陆褶皱带作为铅锌矿产出的背景之一，并与川滇黔地区的铅锌矿进行对比，其实，这一说法并不准确，比如贵州省铅锌矿分布于燕山期形成的前陆冲断带中，而许多研究资料表明铅锌矿主要形成于前印支期。事实上扬子地台西南缘从志留纪开始到二叠纪，一直处于拉张环境。

从洋中脊到岛弧、盆地、台地、大陆（主动大陆边缘），或从洋中脊到盆地、斜坡、台地（被动大陆边缘），地壳的活动性总体由强到弱，喷流作用也由强到弱变化。贵州省碳酸盐地层容矿的铅锌矿床是多期成矿的产物，成矿的第一阶段产出的位置为大陆边缘，以热水沉积成矿作用为主（图 2-2-1），有的形成矿层（贵定半边街铅锌矿床、五指山铅锌矿床），有的形成矿化层，有的形成 Pb、Zn 高背景层；成矿的第二阶段以构造热液改造为主，紫云-垭都至松桃-三都断裂间改造不明显，在紫云-垭都断裂南西盘改造特征明显，在松桃-三都断裂以东，上覆地层遭受剥蚀，多保留热水沉积下盘脉状矿体和构造热液深部矿体，形成断裂型铅锌矿脉，铅锌矿石中闪锌矿石颜色深，含铁高，成矿温度较高，与矿床的埋深和温度变化是一致的。贵州省铅锌矿床以产于碳酸盐地层中的铅锌矿床为主，成因属于与海底热卤水（喷流）成矿作用和后期构造作用、热液成矿作用改造的"叠加（复合/改造）矿床。

二、主要铅锌矿床类型

贵州省有四类产于碳酸盐岩中的、与稳定地壳区热水成矿作用有关的"热水沉积—构造热液改造"叠生矿床。

第一类：产于台地相白云岩中的铅锌矿床，有 3 个层位，即震旦系灯影组中的铅锌矿、寒武系第二统清虚洞组中的铅锌矿和中上泥盆统独山组、高坡场组（望城坡组）中的铅锌矿，代表矿床分别是纳雍水东、都匀牛角塘和五指山地区、贵定县半边街铅锌矿床。这类矿床主要产于相对封闭的环境中，从地壳深处上升的热卤水携带的成矿物质，与海水和海底沉积物发生复杂的物理化学作用，在沉积盆地中富集，在成岩作用阶段，在成岩白云化过程中有用组分准原地再次聚积成矿，并受后期成矿作用的改造与叠加。

第二类：产于台地相白云岩化灰岩或蚀变白云岩中的铅锌矿，有 3 个产出层位，其一是产于寒武系第二统清虚洞组礁灰岩中的铅锌矿床；其二是产于下奥陶统红花园组地层中的铅锌矿床；其三是指产于威宁、赫章县和六盘水地区石炭系中的层状铅锌矿床，以银厂坡、榨子厂、猫猫厂、杉树林铅锌矿床为代表。这类矿床在容矿岩石沉积时，有用组分初始富集，在后期地下水渗滤作用、深部大规模流体贯入作用下，改造成矿。

第三类：产于盆地-斜坡相地层中的铅锌矿有 3 个层位，其一是产于中泥盆系火烘组深色灰岩中的铅锌矿床，以盘县格老寨铅锌矿床为代表；其二是产于上寒武统三都组灰岩中的铅锌矿床，以三都县牛场铅锌矿床为代表；其三是产于下奥陶统锅塘组灰岩中的铅锌矿点，如三都县下旺寨铅锌矿点。此种矿床产于较深水盆地，主要是地下热卤水和微生物作用下沉积形成的铅锌组分的初始富集，后期改造成矿。

三类铅锌矿床形成时，都经历了初始富集或成矿阶段，第一类与高盐度封闭或半封闭的环境有关，有生物作用参与成矿，成矿作用在成岩前完成，后期经过改造；第二类近地台边缘，有生物成矿作用参与，处高水位体系域环境，成矿时的盐度较高；第三类处于台盆或斜坡环境,海水盐度低或与正常海水盐度接近,海底地形开阔,封闭条件差。

本书从第三章至第七章,将以碳酸盐岩容矿主要地层中产出的铅锌矿床为主线,系统阐述各铅锌矿床(点)分布、典型或代表性矿床地质特征、元素地球化学及流体包体特征、控矿条件等。这些铅锌矿床有如下共同特点:

(1)这类矿床大地构造位置位于台地边缘,处拉张环境,但没有达到裂谷程度,往往是过早夭折型的裂谷环境。

(2)铅锌成矿作用对容矿的岩性是没有选择的,几乎所有的岩性中都可能有铅锌矿体产出,贵州的铅锌矿床受层位控制明显,不同的成矿区带,具有相对固定的产出层位。如在织金-松桃北东东向铅锌、汞、锰、重晶石成矿亚带中的铅锌矿床,矿体产于清虚洞组二段,其上与容矿岩性相似的清虚洞组三段、石冷水组、娄山关组白云岩很少有铅锌矿体产出,这与后期热液充填交代成矿理论矛盾;如产于垭都-觉乐北西向铅锌矿、菱铁矿、赤铁矿、煤-煤层气成矿亚带和水城-威宁北西向铅锌、铁、煤-煤层气成矿亚带中的铅锌矿床,只与泥盆系、石炭系和二叠系中某一个组的特定层位有关。

(3)贵州省铅锌矿床的分布具有明显的时控性,反映成矿演化作用的阶段性。在紫云-亚都断层北东盘,泥盆纪以后的地层中没有明显的铅锌矿床分布;在紫云-亚都断层南西盘,二叠纪茅口期后没有明显的铅锌成矿作用。矿床的分布对应于新元古代开始—早奥陶世末期Rodinia超大陆裂解阶段的裂前隆起—拉张时期铅锌成矿作用阶段和海西期陆内裂谷—走滑时期铅锌成矿作用阶段。

(4)台地边缘存在深切地壳的深大断裂,这些深大断裂是导矿断裂,是长期活动的断裂,可以长期为深部物质上升提供通道。矿床受区域同沉积断层的控制,特别是受容矿地层沉积时的同沉积断层的控制。如都匀市早楼断层,控制了下寒武统乌训组和杷榔组、清虚洞组岩性分布和厚度,黄丝断层控制了上泥盆统高坡场组和望城坡组岩性分布及厚度,使断层两侧岩层中铅锌矿床分布和产出具有不同的特点。

(5)存在层状矿体与断裂型矿体,某些断裂型铅锌矿体与层状铅锌矿体,在特定地区是有关联的,相对于层状矿体、断裂控制的矿体形成可能晚于层状矿体,也可能与层状矿体同时形成,也可能早于层状矿体。水东灯影组中的断裂型铅锌矿体与灯影组顶部的顺层铅锌矿体是同时形成的;织金县杜家桥震旦系灯影组地层中的断裂型铅锌矿体早于灯影组顶部顺层铅锌矿体、上部寒武系地层中的顺层铅锌矿体;黄丝背斜轴部上泥盆统地层中的断裂型铅锌矿体,早于上泥盆统望城坡/高坡场组中的顺层铅锌矿体。层状矿体与其下近于同时形成的脉状矿体组成热水沉积矿床的"层状矿体+底盘矿体"的二元结构。

(6)受上覆地层的覆盖,加里东运动之前形成的铅锌矿床,在黔北、黔西北、黔西南地区没有出露地表,推测其下的震旦系灯影组、寒武系第二统清虚洞组中有类似杜家桥、水东、五指山和牛角塘类型的铅锌矿床分布。

(7)这类层状铅锌矿床的矿石特征,大多被后期的地质作用(热液作用、构造作用、重结晶作用等)改造,表现为后期矿床特征,但仔细观察,可以发现和找到热水沉积成因矿石的结构构造特点。

(8)具成因联系的层状矿体,表现为上部矿体矿石中闪锌矿的颜色较下部矿体闪锌矿的颜色浅,如都匀牛角塘铅锌矿Ⅱ矿化带中的锌矿石较Ⅲ矿化带中的矿石颜色稍深,五指山清虚洞组中矿体Ⅰ矿化带中的矿石颜色较Ⅱ矿化带中的矿石颜色深。具成因联系的层状和断裂型铅锌矿体,表现为层状铅锌矿体矿石中闪锌矿颜色较断裂带中的颜色浅。两者反映同一成矿系统和同一成矿期内,上层矿体比下层矿体的形成温度低,断裂中的矿体比顺层矿体的成矿温底高。

(9)这类矿床与表浅部的岩浆活动没有明显的关系。与岩浆作用的关系是远程的和间接的,不像VMS矿床那样直接,也不像SEDEX矿床那样与裂陷作用关系密切。岩浆活动的作用可能提供了远程热动力支撑和部分成矿组分来源。

(10)部分Eu异常为正异常(那雍枝、半边街、杉树林等),反映成矿物质来源于地壳深部的高温流体;$\delta^{34}S$反映硫来源于海水或地层中;铅来自上地壳;成矿温度变化大,为80~400℃;碳、氧同位素反映成矿经历了多期成矿作用。

第三章 震旦系中的铅锌矿床

第一节 铅锌矿床(点)分布

以震旦系地层为容矿岩石的铅锌矿床,受北东向和北西向断层的抬升或在褶皱背斜部位剥蚀而零星出露。在黔西北地区主要分布织金与普定县交界的五指山、纳雍水东地区,在黔中和黔北地区仅在背斜轴部剥蚀较深的部位出露;黔东南地区主要在黎平、从江及榕江地区和沿荔波—三都—台江—铜仁—松桃一线呈带状分布。铅锌矿床(点)主要分布于习水桑木场背斜、遵义松林背斜、金沙岩孔背斜、黄平上塘背斜、织金与五普定交界的五指山背斜、纳雍水东穹状背斜轴上(图 3-1-1)。此期铅锌主要受纳雍-息烽-松桃断裂、铜仁-丹寨-三都断裂及其他一些北东向断层控制。截至 2017 年,共有矿床 10 个,其中:中型矿床 2 个、小型矿床 8 个。查明铅锌金属资源量储量 87.72×10^4t,占全省的 7.66%,其中锌 60.38×10^4t,占比 68.81%;铅 27.34×10^4t,占比 31.19%;保有铅锌资源储量 84.38×10^4t,其中锌 57.77×10^4t,铅 26.61×10^4t。典型矿床为纳雍水东铅锌矿床和织金杜家桥铅锌矿床,其他矿床(点)见表 3-1-1。

第二节 典型矿床

一、纳雍县水东铅锌矿床

纳雍县水东铅锌矿床,以震旦纪灯影组为赋矿地层的代表,可称为"水东式铅锌矿床"。根据贵州省地矿局一〇四地质大队资料(2004),矿床特征如下。

(一)地层

区内出露上震旦统灯影组,下寒武统牛蹄塘组、明心寺组($\in_2 m$),下石炭统大埔组、黄龙组+马平组,中二叠统梁山组、栖霞组,主要为被动大陆边缘和地台内部裂陷沉积。其中铅锌矿的赋矿层位为震旦系灯影组,钼矿的赋矿层位为下寒武统牛蹄塘组(图 3-2-1)。

震旦系:

灯影组($\in Zdy$)分两段。

第一段(Z_2dy^1):主要出露在岔河一带,岩性为灰白色中—厚层细晶白云岩,晶洞不发育。

第三章 震旦系中的铅锌矿床

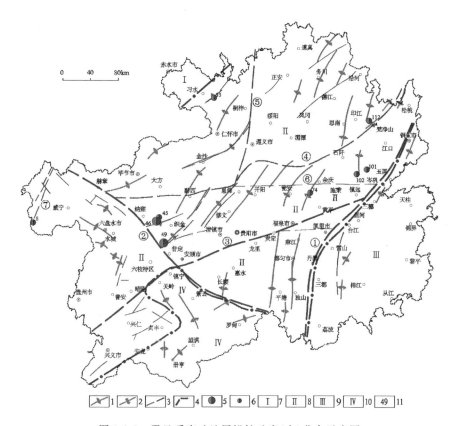

图 3-1-1 震旦系容矿地层铅锌矿床(点)分布示意图

1.背斜;2.向斜;3.断层;4.构造分区界线;5.中型矿床;6.小型矿床;7.赤水宽缓褶皱区;
8.贵州侏罗山式褶皱带;9.黔东南断裂褶皱带;10.南盘江造山型褶皱带;11.矿点编号;
①铜仁-三都断裂;②紫云-垭都断裂;③安顺-黄平断裂;④黔西-石阡断裂;⑤桐梓-息烽断裂;
⑥瓮安-镇远断裂;⑦陈家屋基-新华断裂

厚度大于 50m。

第二段(Z_2dy^2):为铅锌矿的赋矿层位。铅锌矿产于中上部。

第一层($\in Zdy^{2-1}$):底部为一套浅黄色薄—中厚层泥质白云岩,中上部为一套青灰色薄至中厚层细晶白云岩夹硅质条带。厚 18~30m。

第二层($\in Zdy^{2-2}$):岩性为一套灰白色厚层块状细晶白云岩,晶洞特别发育,具有水平层纹,局部可见砂团块,顶部可见交错层理。厚约 130m。

第三层($\in Zdy^{2-3}$):岩性为一套灰白色中—厚层细晶白云岩夹砂质条带,底部的砂质条带在走向上极不连续,中上部的砂条带较为连续,厚 0.2~1.0m。厚约 100m。

第四层($\in Zdy^{2-4}$):岩性为一套灰白色薄—中厚层细晶白云岩夹硅质条带。厚约 20m。

寒武系:

牛蹄塘组($\in_1n$):是区内钼矿赋矿层位,下部为黑色碳质页岩,中部见一套厚约 0.2~0.6m 的黑色粗晶灰岩,灰岩之上见一套厚约 0.02~0.2m 的钼矿层,上部为黑色碳质页岩夹绿色砂质页岩。与下伏灯影组呈整合接触。厚约 21~60m。

表 3-1-1　产于震旦系中的铅锌矿床一览表

序号	矿产地名称	地理坐标 经度	地理坐标 纬度	容矿岩石	矿床规模	查明资源储量（t）锌	查明资源储量（t）铅	保有资源储量（t）锌	保有资源储量（t）铅	勘查程度	开发利用现状	含矿层位	容矿层位	矿床式
8	贵州省威宁县白文洛铅锌矿床	103°47′00″	26°40′05″	白云岩	小型	10 787	9181	10 787	9181	普查、详查	正在开采	灯影组	$Z\epsilon\,dy$	
45	贵州省纳雍县大锌厂铅锌矿床	105°35′46″	26°46′02″	白云岩	小型	14 903	840	14 903	840	详查	部分开采	灯影组	$Z\epsilon\,dy$	
46	贵州省纳雍县水东铅锌矿床	105°33′23″	26°43′06″	白云岩	中型	112 278.63	9 619.26	118 862.06	9 583.26	普查、详查	部分开采	灯影组	$Z\epsilon\,dy$	水东式
49	贵州省织金县杜家桥铅锌矿床	105°39′54″	26°26′51″	白云岩	中型	8.94	100 649	0	100 649	勘探	正在开采	灯影组	$Z\epsilon\,dy$	
53	贵州省习水县谢家坝铅锌矿床	106°21′49″	28°16′19″	白云岩	小型	71 542.2	7 867.52	38 889	566	详查	未开采	灯影组	$Z\epsilon\,dy$	
74	贵州省黄平县浪洞铅锌矿床	107°45′29″	27°05′03″	白云岩	小型	14 354	6159	14 354	6159	普查	未开采	灯影组	$Z\epsilon\,dy$	
84	贵州省丹寨县老东寨铅锌矿床	107°55′00″	26°15′01″	碳质泥质板岩及白云质灰岩	中型	288 071.00	98 005.00	288 071.00	98 005.00	详查	未开采	隆里组、平略组	Z_1d, QbXl	老东寨式
101	贵州省岑巩县箪子山铅锌矿床	108°34′22″	27°22′09″	白云岩	小型	16 912		16 912		普查	未开采	陡山沱组	Z_1d	
102	贵州省镇远县小岭铅锌矿床	108°25′30″	27°18′45″	白云岩	小型	23 838	41 097	23 838	41 097	详查、普查	未开采	陡山沱组	Z_1d	
112	贵州省印江县大治锌矿床	108°36′47″	27°58′48″	白云岩	小型	51 132		51 132		详查	未开采	陡山沱组	Z_1d	
合计						877 244.55	273 417.78	843 828.32	266 080.26					
						603 826.77		577 748.06						

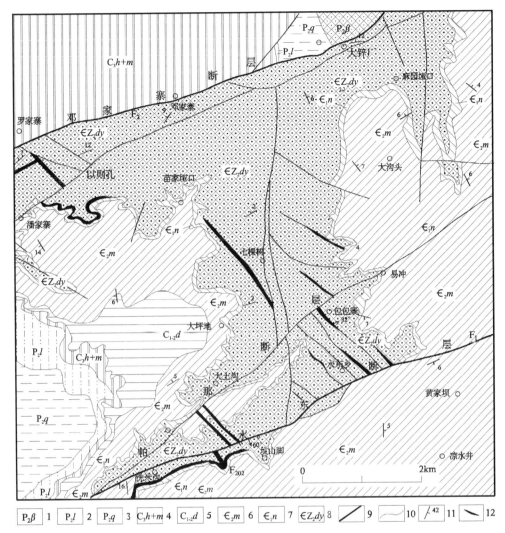

图 3-2-1　纳雍水东铅锌矿床地质图(据贵州省地矿局一〇四地质大队,2011修改)

1.峨眉山玄武岩;2.二叠系龙潭组;3.二叠系栖霞组;4.石炭系黄龙组+马平组;5.石炭系大埔组;
6.寒武系明心寺组;7.寒武系牛蹄塘组;8.震旦系灯影组;9.断层;10.地质界线;11.岩层产状;
12.铅锌矿体;13.镍钼矿体

(二)构造

矿床位于张维穹状背斜翼近核部,核部岩层产状平缓,倾角一般3°～10°。区内断层十分发育,以北东向为主,北西向次之。北东向断层主要有水东断层(F_1)、帕那断层(F_2)、邓家寨断层(F_3),该组断层规模大,形成时间早且长期反复活动,铅锌矿床(点)分布在此组断层限定的断夹块中,北西向断层十分发育,但断层规模小,铅垂和水平断距小,倾向以北东为主,近于直立,为阶梯状张扭性正断层,它控制了该区断裂型矿体形态和空间分布。主要发育有F_{101}、F_{102}、F_{104}、F_{105}、F_{112}、F_{201}、F_{202}、F_{203}等。区内F_{101}断层规模较大,为张扭性正断层,北西、南东端分别受F_1、F_2断层限制,走向长1410m,倾向48°～75°,倾角71°～88°,破碎带宽仅几米至

20m，靠近北东向断层时变宽，地层的铅垂断距10m左右，破碎带内主要发育棱角状、次棱角状的角砾岩和碎裂白云岩，闪锌矿充填在角砾岩之间，构成角砾状富矿石。蚀变可见硅化、白云岩化，靠近北东向断层时硅化变强，远离北东向断层时，硅化变弱。

（三）矿体特征

矿体有顺层产出的似层状矿体（图3-2-2）和沿陡倾角断层破碎带中产出的矿体两种（图3-2-3）。

似层状矿体：矿体受穹状背斜上的次级褶曲或断层旁侧牵引褶曲的控制，矿体呈似层状、透镜状产出，背斜轴部受到其他构造错切时，矿体厚度变大，品位变富。洗米沟铅锌矿床矿体赋存在灯影组顶部的白云岩中，受局部小背斜控制，产状与围岩基本一致，倾向南东，倾角一般8°～15°，矿体主要产于背斜轴部，当远离背斜轴部时，矿层厚度变小甚至尖灭。上层矿体厚1.50～4.25m，最厚达7.58m，平均厚2.25m，含锌一般为3.18%～31.54%，平均12.37%；下层矿体厚1.45～5.00m，平均厚3.23m，含锌一般为14.16%～19.89%，平均15.45%。蚀变主要见硅化、白云石化、黄铁矿化，局部可见高岭土化。矿石具有半自形晶粒状、他形晶粒状、交代残余结构，浸染状、块状、条带状构造。矿石矿物主要为闪锌矿、方铅矿，脉石矿物主要为石英、白云石。估算资源量$3.2×10^4$t。类似的铅锌矿点还有蜂子岩、大红岩、坟山脚、香兰树等。

断裂型矿体：分布在北西向断层破碎带中，呈脉状、透镜状产出，北西向断层破碎带具有横向分布特征，中间为角砾岩带，两侧为碎裂白云岩带；矿体主要富集在角砾岩中，碎裂白云岩中普遍见矿化，局部富集形成矿体；闪锌矿主要充填在断层角砾之间，角砾岩带变薄时，矿体变薄，断裂带的产状变化对矿体有明显的控制作用，从控制F_{401}的几个工程中可以见到，矿体变厚地段，为倾角由陡变缓的部位。蚀变主要为硅化和白云石化，硅化与成矿关系密切。

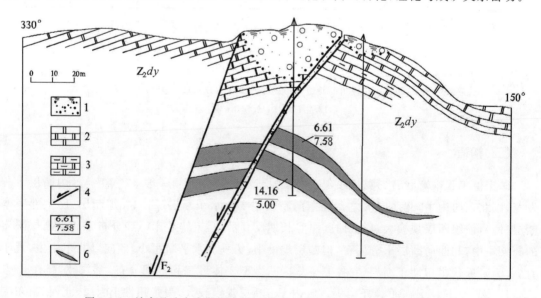

图3-2-2　纳雍县洗米沟勘探线剖面图（据贵州省有色地质勘查局五总队，1992）
1.浮土；2.白云岩；3.泥质白云岩；4.正断层；5.品位(%)/厚度(m)；6.铅锌矿体

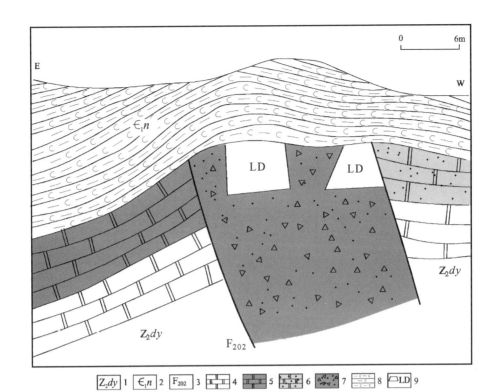

图 3-2-3 纳雍水东铅锌矿床 F_{202} 断层控矿示意图（据贵州省地矿局一○四地质大队，2004）

1.灯影组二段二层；2.牛蹄塘组；3.断层及编号；4.白云岩；5.顺层矿体；6.矿化白云岩；

7.断裂及铅锌矿体；8.含碳质粉砂质页岩；9.老硐

Ⅰ矿体严格受 F_{112} 断层破碎带控制，产状与断层基本一致，倾向 45°，倾角 70°～85°，矿体走向长 1160m，倾斜延深大于 140m，矿体呈透镜状、脉状；矿体水平厚度一般 0.95～1.98m，平均 1.31m，矿体一般含 Zn 6.29%～16.85%，矿体平均含 Zn 10.04%。

Ⅱa 矿体：受 F_{101} 断层的控制，长约 1100m，倾斜延伸大于 100m，断层破碎带水平宽 0.92～7.20m，断层倾向 55°，倾角 75°，断层角砾岩有两种，其一是早期的压扭性角砾，呈椭圆状、次棱角状，大小在 0.10～5mm 之间，成分为白云岩，被细粒白云质胶结；第二期为张性角砾，角砾呈棱角状，大小不一，张性角砾常见前期压扭性角砾，张性角砾被闪锌矿、黄铁矿、少量的方铅矿和硅质及白云质所胶结。矿体受断层破碎带控制，走向控制长度大于 545m，倾斜延伸大于 180m，水平厚 0.92～7.20m，平均厚 1.18m，平均含锌 8.06%。

Ⅲ矿体受 F_{103} 断层的控制，与Ⅱa 矿体特征相似，长约 700 余米，倾斜延伸大于 100m。矿体走向控制长度大于 850m，倾斜延伸大于 150m，水平厚 0.96～2.75m，平均厚 1.82m。含锌 5.24%～24.31%，平均含锌 13.67%。

水东锌矿床总计估算 333+334$_1$ 锌资源量 13.35×10^{4}t，其中 333 为 2.05×10^{4}t，矿床平均厚度 1.62m，矿床平均品位 10.46%。

(四)矿石特征

1. 矿物特征

1)矿石矿物

矿石矿物主要以金属矿物闪锌矿为主,约占金属矿物的65%,其次为方铅矿和黄铁矿,约占金属矿物的20%和10%,还有辉铜矿、黄铜矿和黝铜矿,含量不到1%。金属矿物组合以闪锌矿-方铅矿-黄铁矿组合较为普遍,其次为闪锌矿-辉铜矿-黄铁矿、闪锌矿-黄铁矿-黄铜矿、闪锌矿-黄铁矿、闪锌矿-辉铜矿、黄铁矿-黝铜矿组合。

2)脉石矿物

脉石矿物主要为白云石和石英,分别占脉石矿物的70%和25%,其次为方解石,含量低于5%。偶见沥青呈液滴状产于石英的晶洞中,石英常常与闪锌矿共生,或呈脉状充填于白云石中。

2. 结构构造

1)矿石结构

自形晶结构:根据镜下观察,绝大部分黄铁矿、部分方铅矿和小部分闪锌矿呈自形晶粒状。淡黄色黄铁矿呈自形晶分布于石英晶体之中,辉铜矿分布于石英中。

半自形—他形晶结构:在方铅矿、闪锌矿和黄铁矿中常见。如方铅矿在石英中通常呈半自形晶结构。闪锌矿呈半自形—他形晶结构分布于石英中。

交代残余结构:黄铁矿保留有原来方铅矿的晶体形态,如三角孔特征等,呈现特殊的交代残余结构。

包含结构:黄铁矿结晶在先,方铅矿结晶于后,形成方铅矿包含黄铁矿的结构。

2)矿石构造

角砾状构造:深色闪锌矿胶结大小不一的硅化、锌矿化白云岩角砾。反映铅锌矿形成于两个期次(照片3-2-1—照片3-2-4)。

脉状构造:脉石矿物石英充填于白云石的裂隙中,形成脉状,脉壁清晰(照片3-2-5)。

块状构造:棕褐色闪锌矿含量高,在矿石中均匀分布,与脉石矿物石英共生(照片3-2-6)。

团块状构造:闪锌矿呈大小不一的团块状分布于白云石和石英中(照片3-2-7)。

晶洞构造:后期石英在先期结晶的石英裂隙处结晶,填充不完全,形成晶洞构造。

斑点状构造:金属矿物闪锌矿星散地分布在围岩白云石中,形成斑点状构造(照片3-2-8)。

条带状构造:闪锌矿和石英交互沉淀形成条带状构造。

珍珠状(液滴状)构造:沥青沿结晶粗大的石英颗粒间呈液滴状分布。

照片 3-2-1 F$_{202}$断层中的角砾状铅锌矿石
Sph:闪锌矿;fault surface:断层面

照片 3-2-2 F$_{102}$断层中的铅锌矿石
Dol:白云石;Sph:闪锌矿;Gal:方铅矿

照片 3-2-3 F$_{202}$断层中的角砾状铅锌矿石
Dol:白云石;Sph:闪锌矿;Gal:方铅矿;
Dolomite breccia:白云岩角砾

照片 3-2-4 角砾状铅锌矿石
Gal:方铅矿;Dolomite breccia:白云岩角砾

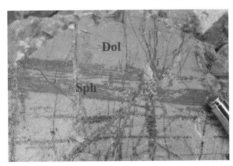

照片 3-2-5 细脉状铅锌矿石
Dol:白云岩;Sph:闪锌矿

照片 3-2-6 块状铅锌矿石
Dol:白云岩;Sph:闪锌矿

照片 3-2-7 团块状构造
Dol:白云岩;Sph:闪锌矿

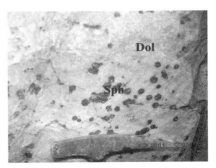

照片 3-2-8 斑点状构造
Dol:白云岩;Sph:闪锌矿

3. 矿物形成的先后顺序

矿物形成的先后顺序为：石英→闪锌矿→辉铜矿；石英→闪锌矿→黄铁矿→方铅矿；石英→闪锌矿→黄铁矿→黝铜矿；石英→闪锌矿→黄铜矿。

(五)矿体围岩、夹石及围岩蚀变

矿体围岩、夹石为白云岩，矿体的顶、底板为灰白色薄—中厚层细晶白云岩，围岩蚀变主要有白云石化、硅化，次为黄铁矿化、闪锌矿化、方铅矿化、高岭土化、方解石化等，当硅化较强时，矿化强。

二、丹寨县老东寨铅锌矿床

该矿床是以震旦系陡山沱组白云岩、泥质白云岩和细碎屑岩为容矿岩石的代表，可称为"老东寨式铅锌矿床"，其特征如下(贵州省地矿局地球物理地球化学勘查院，2019)。

(一)地层

1. 青白口系

平略组($Pt_3^{1d}p$)：主要为一套灰绿色绢云母板岩、砂质板岩、粉砂质板岩夹余砂岩。厚694m。

隆里组($Pt_3^{1d}l$)：上部为浅灰、灰色中厚层状变余砂岩夹砂质板岩；中部浅灰、灰色中厚层状变余砂岩、变余石英砂岩、粉砂岩，夹绢云母板岩；下部为浅灰、灰绿色砂质板岩、粉砂质板岩夹少许变余砂岩部一段砂质板岩、粉砂质板岩夹少许变余砂岩，厚度359m。

2. 南华系

富禄组($Pt_3^{2b}f$)：灰色、深灰色厚层状含砾砂岩，厚度8~10m。

大塘坡组($Pt_3^{2b}d$)：上部为灰—深灰色，薄层状细粒砂岩夹少量页岩，下部为灰—灰黑色页岩、泥岩组成，底部为黑色碳质页岩，厚34~222m。

南沱组($Pt_3^{2c}n$)：为灰绿色、紫红色块状冰碛砾岩、似层状冰碛砾岩，厚度大于125m。

3. 震旦系

震旦系为区内容矿岩石，可分两段。

陡山沱组一段($Pt_3^{3}d^1$)：铅锌矿主要容矿层位，岩性为灰—灰黑色含粉砂质碳质泥质板岩夹白云质碳质钙质板岩(图3-2-4)及透镜状白云质灰岩，厚度约135m。

陡山沱组二段($Pt_3^{3}d^2$)：上部为灰黄色页岩、黏土岩，下部为灰黑色黏土岩，厚度大于94m。

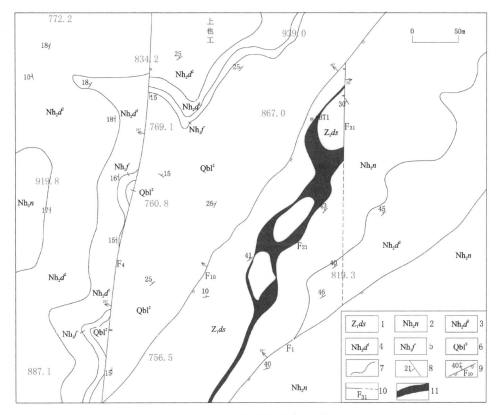

图 3-2-4 老东寨铅锌矿床地质图

1.震旦系陡山沱组;2.南华系南沱组;3.南华系大塘坡组二段;4.南华系大塘坡组一段;
5.南华系富禄组;6.青白口系隆里组二段;7.地层界线;8.岩层产状;9.逆断层;10.推测断层;11.矿体

(二)构造

1. 褶皱

褶皱位于约防背斜西南倾伏端,矿床内为单斜构造,整体倾向北西,倾角20°～40°,在断层附近产状变化大。

2. 断层

本区发育北东向断层 F_1、F_2,北北东向断层 F_4 及层间断层 F_{21}(图 3-2-4)。F_1:为区域性朱砂场断层南东段末端分支断层,长度大于5km,断层走向50°,倾向310°,倾角75°,最大断距达560m,断层破碎带宽10～15m,为逆断层。断层破碎带中的岩石角砾有 $Pt_3^3d^1$ 的含粉砂质碳质泥质板岩、白云质灰岩,$Pt_3^{2c}n$ 的冰碛砾岩,$Pt_3^{2b}d^1$ 的碳质页岩、$Pt_3^{2b}d^2$ 的砂岩;部分可见岩石层理,角砾粒径一般0.50～1.0cm,胶结物主要为泥质、铁质,部分地段为方解石和石英,具硅化。破碎带一般不含矿,仅在断层南西末端与 F_1 交会处的强硅化角砾岩中见锌矿化。F_2:断层长度6.5km,断层走向近10°～30°,倾向120°,断距300～650m,破碎带宽一般

5～10m,最宽可达30m;倾角65°～75°,为逆断层,局部地段倾向南东,倾角65°～75°。断层破碎带中有$Pt_3^{2c}n$冰碛砾岩,有$Pt_3^{1}d$砂质板岩、变余砂岩、变余石英砂岩,$Pt_3^{1d}p$粉砂质绢云板岩之角砾,角砾粒径一般为1～15mm,多呈次棱角状—次圆状,且硅化都较强,并有铅锌矿化,是Ⅵ号矿体的容矿构造。

F_4:断层走向近南北,断层倾向西,倾角75°左右,长度10km,最大断距700m,断层破碎带宽0.50～1.0m;角砾岩成分不同地段组成不一样,有页岩、砂岩、白云岩、白云质灰岩,有冰碛砾岩、变余砂岩等,角砾砾径一般为5mm左右,最大可达15mm,角砾胶结物主要为泥质、铁质,角砾岩蚀变极弱,仅在局部地点有方解石化,极少硅化,为逆冲断层。

F_{21}:为陡山沱组一段($Pt_3^3d^1$)层间断层破碎带,是Ⅰ、Ⅱ、Ⅲ号矿体的容矿构造。破碎带走向近30°,倾向北西,倾角变化较大,一般25°～40°,平均倾角33°。北东端受F_{31}断层制约,南西端受F_1断层制约,长度850m。破碎带底部与南沱组($Pt_3^{2c}n$)地层接触,陡山沱组一段($Pt_3^3d^1$)底部见厚2m左右断层泥,厚度较为稳定,成分主要为碳质,含铅锌矿,品位较低,且变化大。断层泥之上为断层角砾岩,砾岩厚度变化较大,浅部较厚,深部变薄,地表最大厚度约60m,最深部厚度仅2m。角砾岩的砾石成分为微晶白云质灰岩、石英及含粉砂质碳质泥质板岩岩屑,呈棱角状—次棱角状,粒径1～30mm,胶结物一般为硅质,含矿部分方铅矿和闪锌矿常以胶结物的形式充填在角砾之间;砾石成分不均匀,白云质灰岩及石英为主地段是铅锌矿有利的赋矿部位,以含粉砂质、碳质、泥质板岩为主的部位,铅锌矿品位较低,甚至不含矿。断层顶面岩性为陡山沱组一段($Pt_3^3d^1$)含粉砂质炭泥质板岩、白云质灰岩等。断层破碎带沿走向及倾向有明显分支复合现象。

(三)矿体特征

圈定7个矿体,7个矿体共获331+332+333铅锌金属量38.61×10^4t。其中锌金属量28.81×10^4t,合计伴生银金属量46.58t、镓金属量194.10t、锗金属量78.79t。主矿体为Ⅰ号矿体。

Ⅰ号矿体:Ⅰ号矿体赋存于F_{21}破碎带下部,断层泥之上的断层角砾岩内,为隐伏矿体(图3-2-4)。矿体呈似层状、透镜状产出,走向北东,长度约710m,倾向北西,倾角变化较大,一般为25°～40°,平均倾角33°,倾向最大延深约440m。单工程矿体厚度0.94～25.07m,平均厚度5.38m,厚度变化系数113.03%,为不稳定型。Zn品位0.5%～38.43%,平均6.15%,Pb品位0.30%～32%,平均2.13%,矿石品位变化均匀,变化系数为57.61%。

Ⅱ号矿体:位于Ⅰ号矿体之上,为F_{21}断层分支断层(图3-2-5)。矿体呈似层状、透镜状产出,走向北东,长度约540m,倾向北西,倾角一般25°～40°,平均倾角33°,倾向最大延深约420m。单工程矿体厚度0.92～17.65m,平均5.60m,厚度稳定,变化系数94.26%。以闪锌矿石为主,伴生方铅矿,Zn品位0.5%～36.09%,平均6.88%,Pb品位0.30%～30.32%,平均2.34%,矿石品位变化均匀,变化系数71.62%。

Ⅲ号矿体:位于Ⅱ号矿体之上,赋存于F_{21}破碎带分支断层中。F_{21}断层,整体沿陡山沱组顺层发生,后期成矿改造弱的地段,可见到改造仅发生于早期的容矿层间(照片3-2-13)。矿体呈似层状、透镜状产出,走向北东,长度约176m,倾向北西,倾角28°~51°,平均42°,倾向最大延深120m。单工程矿体厚度0.67~7.16m,平均厚2.36m,以闪锌矿石为主,Zn品位0.5%~4.72%,平均2.48%,Pb仅在少量工程中见及,品位0.21%~2.50%。

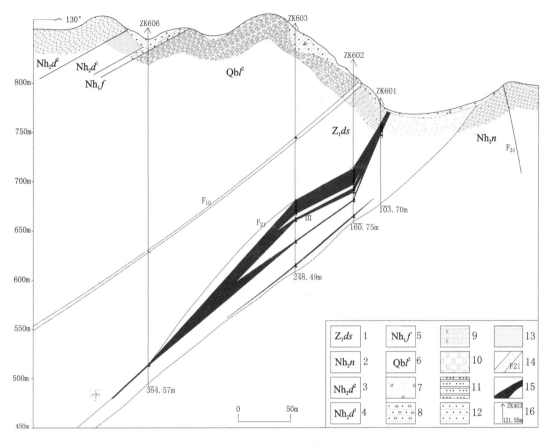

图 3-2-5 老东寨铅锌矿 6—6′勘探线剖面图

1.震旦系陡山沱组;2.南华系南沱组;3.南华系大塘坡组第二段;4.南华系大塘坡组第一段;5.南华系富禄组;6.青白口系隆里组第二段;7.残坡积物;8.含砾砂岩;9.含钙质炭质粉砂质泥质板岩;10.冰碛砾岩;11.变余砂岩;12.砂岩;13.页岩;14.断层破碎带;15.矿层位置;16.钻孔编号及深度

(四)矿石特征

1. 矿石组成

1)化学组成

矿石主要有用元素为 Pb 和 Zn,以 Zn 为主。Zn 含量 0.5%~38.43%,平均 7.51%;Pb 含量0.3%~32.00%,平均2.64%。有益组分除 Pb、Zn 外,还有 Cd、Nb、Ag 等。Cd 含量 $(94~103)\times10^{-6}$,平均 96.77×10^{-6};Ga$(36.9~56.1)\times10^{-6}$,平均 44.05×10^{-6};Ge$(12.1~24.6)\times10^{-6}$,平均 17.88×10^{-6};Ag$(3~17.4)\times10^{-6}$,平均 10.63×10^{-6},Nb$(33~50)\times10^{-6}$,可综合利用。

2)矿物组成

矿石矿物主要有闪锌矿、方铅矿,其次是黄铁矿、黄铜矿。

闪锌矿:闪锌矿沿石英粒间充填,形成不规则状集合体,粒径0.01~0.8mm;或沿石英裂隙充填,粒径0.01~4.0mm,或呈断续的细网脉状,脉宽0.01~0.5mm,长0.5~8mm。局部富集成致密块状或宽脉状(>5mm)(照片3-2-9)。

方铅矿:沿石英粒间充填,形成不规则状集合体团块(0.05~5mm);或沿石英脉边缘充填形成不规则状集合体团块(0.01~0.7mm)。局部富集成致密块状或宽脉状(>5mm)(照片3-2-9、照片3-2-13)。

黄铁矿:呈半自形—他形粒状(0.01~0.2mm)星散分布于碎斑中,含量3%~10%。

黄铜矿:仅在个别钻孔中见到,铜黄色,他形、粒状,与黄铁矿共生并穿插颗粒较大的黄铁矿。主要是石英、玉髓、碳质、白云石、方解石。

石英:主要分为断层破碎带中产出和以石英脉形式产出,断层破碎带中的石英一般呈自形—他形粒状(0.001~0.8mm),石英脉中的石英呈自形晶(0.05~0.1mm)。穿切前期含铅、锌矿的硅化蚀变和碳质硅质碎斑,石英脉较细(0.1~5.0mm),脉两壁与围岩有交代,接触界线不平,脉内未见铅、锌矿物(照片3-2-9~照片3-2-14)。

碳质、玉髓:呈碎斑状杂乱分布于破碎带或硅化蚀变中,粒径(0.1~2.0mm),次棱角状—次圆状,与石英胶结物边界较清晰,含量约5%~70%(照片3-2-9~照片3-2-14)。

白云石、方解石:以棱角状、次棱角状碎斑状分布,粒径0.1~50mm不等,大量被闪锌矿或方铅矿充填,胶结边界较清晰。

矿物组合:石英-闪锌矿-方铅矿-黄铁矿组合和石英-闪锌矿-方铅矿-黄铜矿-黄铁矿组合,其中石英贯穿整个成矿阶段。

矿物生成顺序:方解石→白云石→石英(硅化)→黄铁矿→闪锌矿→黄铜矿→方铅矿→石英。最后形成的石英主要是以石英脉的形式穿插切割前期形成的铅锌矿石。

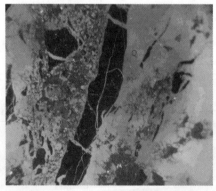

照片3-2-9 矿石组构显微特征
放大倍数:10×2×(实体显微镜)
描 述:闪锌矿呈浸染状分布,方铅矿呈团块状分布,玉髓、碳质呈碎斑状分布,基质为石英。
图 例:Sp.闪锌矿;Gn.方铅矿;Q.石英;C.玉髓、碳质碎斑

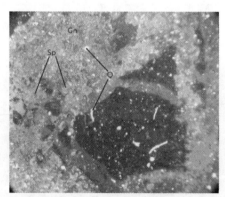

照片3-2-10 矿石组构显微特征
放大倍数:10×10×(反光镜)
描 述:闪锌矿呈团块状分布,方铅矿呈星散状分布,玉髓、碳质呈角砾状分布。
图 例:Sp.闪锌矿;Gn.方铅矿;Q.石英;C.玉髓、碳质碎斑

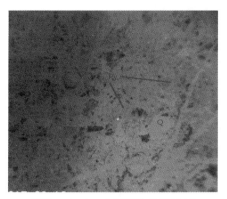

照片 3-2-11　矿石组构显微特征

放大倍数:10×2×(实体显微镜)

描　　述:闪锌矿呈星点状、浸染状分布于石英基质中,玉髓、碳质呈碎斑状分布于石英基质中。

图　　例:Sp.闪锌矿;Q.石英;C.玉髓、碳质碎斑

照片 3-2-12　矿石组构显微特征

放大倍数:10×10×(反光镜)

描　　述:玉髓、碳质呈碎斑状分布,闪锌矿、方铅矿呈团块状、脉状分布。

图　　例:Sp.闪锌矿;Gn.方铅矿;Q.石英;C.玉髓、碳质碎斑

照片 3-2-13　闪锌矿手标本

描　　述:闪锌矿呈浸染状分布于角砾状脉石矿物中,且后期改造仅发生于早期的容矿层间。

图　　例:Sp.闪锌矿;Dol.白云石、方解石;Q.石英;C.玉髓、碳质碎斑

照片 3-2-14　方铅矿手标本

描　　述:方铅矿呈块状分布,石英呈脉状穿插其中。

图　　例:Gn.方铅矿;Q.石英;Py.黄铁矿

2. 结构、构造

1)矿石结构

半自形晶结构:矿石中黄铁矿自形晶体被其他矿物交代溶蚀,仅保持部分晶面完好。

他形粒状结构:闪锌矿、方铅矿、黄铁矿等晶形不完整,呈不规则状。

填隙结构:自形—半自形晶石英间隙被闪锌矿、方铅矿充填形成填隙结构。

碎斑(粉)状结构:隐晶质的碳质、硅质岩被石英胶结。

2)矿石构造

块状构造:闪锌矿、方铅矿组成的矿石,矿物分布均匀。

浸染状构造：闪锌矿、方铅矿呈他形粒状稀疏分布于有关系石中。

脉状构造：闪锌矿、方铅矿以脉状、细脉状穿插铅锌矿石。

角砾状构造：早期的含稀疏浸染状的白云岩和玉髓被后期断层破碎成角砾，并被闪锌矿、硅质胶结（照片 3-2-12）。

团块状构造：矿石中闪锌矿、方铅矿组成较大的集合体，呈团块状分布于矿石中（照片 3-2-14）。

(五)围岩蚀变

矿床围岩蚀变常见有硅化、黄铁矿化、白云石化、方解石化和重晶石化等。

硅化：主要出现在断层破碎带中，表现为玉髓和石英，与铅锌矿关系极密切，稍早或与铅锌矿同时形成，有时为断层角砾岩的胶结物，断层角砾中也具不同程度的硅化，还见有后期石英脉穿插前期硅化蚀变现象。

黄铁矿化：与铅锌矿关系密切，分布于矿体内部及矿体围岩中，常呈团块状、脉状及星点状产出。

白云石化：仅限于陡山沱组一段（$Pt_3^3 d^1$）中，表现为灰岩白云岩化。

方解石化：以 0.1～1.0mm 的他形粒状集合体分布于断层破碎带及附近围岩中，为成矿期后的产物，多分布于断层构造及铅锌矿体附近。

重晶石化：重晶石常呈板状及他形粒状，粒度一般 0.10～2.0mm，产于断层破碎带之角砾岩中，与铅锌矿关系密切，它与铅锌矿几乎是同时形成，有时共同组成角砾岩的胶结物。

第三节　元素地球化学及流体包裹体特征

本书中凡没有注明来源的测试数据，均为本次科研测试，由于这次科研样品为同一时段、同一批样品、同一单位分析完成，以下涉及的研究均以本次测试的数据为主要依据，引用的数据（不同时段、不同单位数据）作为辅助依据。

稀土元素的测定在中国科学院地质与地球物理研究所微量元素实验室完成。样品为矿石或白云石，用玛瑙研磨磨细，取 40mg 粉末样在实验室利用浓 HCl+浓 HNO_3+HF 进行前处理后，用 1%的稀硝酸作为稀释溶液，在等离子质谱 ICP-MS ELEMENT 仪器上测定溶液稀土元素浓度值（以×10^{-6}来表示）。相对误差小于 10%，绝大部分小于 5%。

流体包裹体的显微测温工作在中国科学院地质与地球物理研究所岩石圈演化国家重点实验室完成，测试所用仪器为英国产 LINKAN THMSG600 型冷热台。测试中选取石英中的气-液两相包裹体为观察与测试对象，分别对均一温度（Th）和最后冰熔点温度（Tm）进行了测试分析。

碳氧同位素分析工作在中国科学院地质与地球物理研究所稳定同位素地球化学实验室完成。取白云石脉、与闪锌矿共生的白云岩以及白云岩围岩，用手微钻取样方法，钻取粉末样，然后用玛瑙磨细。粉末样品与 100%磷酸在特定温度下发生反应，释放二氧化碳，通过测定与之平衡的二氧化碳的碳氧同位素，确定白云岩的碳氧同位素组成。所得碳同位素数据为国际标准 V-PDB 的值,氧同位素数据为 PDB 的值。

硫同位素分析工作在中国科学院地质与地球物理研究所稳定同位素地球化学实验室完成。样品采用方铅矿、闪锌矿和黄铁矿单矿物。用玛瑙研磨磨细一定量的粉末样,在真空系统和高温条件下把硫化物转化为纯净的 SO_2 气体,以备 IRMS 分析测试,用 Delta-S 测定其 34S 与 32S 的比值。

铅同位素分析工作在中国科学院地质与地球物理研究所固体同位素测试分析中心完成。在矿石样品中挑选闪锌矿单矿物作为样品,用玛瑙研磨粉碎。实验全流程:空白 Pb 少于 1ng,分析 NBS 981 标准的 $^{204}Pb/^{206}Pb=0.059\,003\pm75$, $^{207}Pb/^{206}Pb=0.914\,37\pm19$, $^{208}Pb/^{206}Pb=2.164\,42\pm89$。

一、微量元素

纳雍县水东铅锌矿、镍钼矿和围岩中微量元素见表 3-3-1(吴波等,2010),铅锌矿石、镍钼矿石和围岩中稀土元素分析结果见表 3-3-2,铅锌矿、镍钼矿和围岩稀土元素计算表见表 3-3-3、表 3-3-4。

表 3-3-1 纳雍县水东铅锌矿、镍钼矿石中微量元素含量

样品编号	矿石名称	分析项目及结果 $\omega(B)/\times10^{-6}$									
		Ni	Mo	As	Sb	Sr	Ba	V	Ga	U	Th
2009XDF17518	铅锌矿石	36	20	26	13	2.89	12.4	3.30	0.50	1.63	0.14
2009XDF17519		52	30	54	320	3.99	13.3	2.65	11.2	1.27	0.15
平均值(X)		44	25	40	166.50	3.44	12.85	2.98	5.85	1.45	0.15
元素在地壳中丰度(WB)		20	1.5	1.5	0.2	350	550	60	17	2.8	10.7
相对于地壳富集倍数(X/WB)		2.20	16.67	26.67	832.50	0.01	0.02	0.05	0.34	0.52	0.01
2009XDF17523	镍钼矿石	25 700	2800	5500	150	328	206	150	30.2	279	3.62
2009XDF17524		40 500	25 000	11 800	300	162	326	150	9.49	162	3.68
平均值(X)		33 300	13 900	8650	225	245	266	150	19.85	220.5	3.65
相对于地壳富集倍数(X/WB)		1665	9266	5766	1125	0.7	0.48	2.5	1.16	78.75	0.34

注:测试样品分析方法:WFX-310 原子吸收分光光度计;测试单位:贵州省地质矿产中心实验室;元素在地壳中丰度根据(GERM,1998)大陆上地壳元素丰度。

从表 3-3-1 铅锌矿石中微量元素含量数据可以看出:矿床中金属元素 Sb 和 As 含量相对较高,平均含量分别为 166.50×10^{-6} 和 40×10^{-6};Sr 和 Th 含量相对较低,平均含量分别为 3.44×10^{-6} 和 0.15×10^{-6}。10 种元素可分为两群,一群富集系数大于 1,表现为高度富集,主

表 3-3-2 铅锌矿石、镍钼矿石和围岩中稀土元素分析结果

分析结果($\times 10^{-6}$)

分析样号	岩矿石名称	La	Ce	Pr	Nd	Sm	Eu	Gd	Tb	Dy	Ho	Er	Tm	Yb	Lu	Y
2009XDF17515	铅锌矿石	7.24	10.5	1.02	3.27	0.58	0.13	0.55	0.063	0.30	0.052	0.14	0.022	0.15	0.022	1.67
2009XDF17516		1.84	2.80	0.37	1.41	0.29	0.087	0.29	0.039	0.21	0.038	0.10	0.020	0.13	0.021	1.43
2009XDF17517		8.48	8.71	1.10	3.72	0.64	0.16	0.65	0.072	0.35	0.062	0.15	0.021	0.12	0.017	3.25
平均值($\bar{X}$)		5.85	7.34	0.83	2.80	0.50	0.12	0.50	0.06	0.29	0.05	0.13	0.02	0.13	0.02	2.12
2009XDF17518	赋矿围岩	39.50	71.30	8.45	32.90	6.37	1.02	5.44	0.81	4.66	0.91	2.84	0.35	2.55	0.35	27.60
2009XDF17520	镍钼矿石	33.2	49.2	6.34	24.3	4.80	1.07	4.62	0.72	4.14	0.84	2.28	0.40	2.48	0.35	27.6
2009XDF17521		26.2	46.2	7.46	34.5	7.73	1.84	6.88	1.08	5.96	1.13	2.88	0.44	2.55	0.34	44.1
2009XDF17522		46.5	84.0	12.0	49.4	9.75	2.20	9.86	1.58	9.15	1.85	4.83	0.75	4.27	0.55	82.0
平均值($\bar{X}$)		35.3	59.8	8.6	36.07	7.42	1.70	7.12	1.13	6.41	1.27	3.33	0.53	3.1	0.41	51.23

注:测试样品分析方法,721分光光度计。测试单位,贵州省地质矿产中心实验室。

表 3-3-3　纳雍水东铅锌矿床锌矿石及赋矿围岩稀土元素计算表　　（单位：×10⁻⁶）

分析样号	ΣREE	LREE	HREE	LR/HR	平均(La/Yb)$_N$	δEu	δCe
2009XDF17515	24.039	22.74	1.30	17.505	32.61	0.70	0.93
2009XDF17516	7.647	6.80	0.85	7.996	9.56	0.92	0.82
2009XDF17517	24.252	22.81	1.44	15.818	47.74	0.84	0.69
平均	18.65	17.45	1.20	13.77	30.40	0.73	0.80
赋矿围岩（白云岩）	177.45	159.54	17.91	8.908	10.46	0.53	0.94

表 3-3-4　纳雍水东地区寒武系牛蹄塘组底部镍钼矿石稀土元素计算结果表（单位：×10⁻⁶）

分析样号	ΣREE	LREE	HREE	LR/HR	(La/Yb)$_N$	δEu	δCe
2009XDF17520	134.74	118.91	15.83	7.51	9.04	0.69	0.82
2009XDF17521	145.19	123.93	21.26	5.83	6.94	0.77	0.80
2009XDF17522	236.69	203.85	32.84	6.21	7.36	0.69	0.86
平均	172.21	148.98	23.31	6.52	7.69	0.72	0.82

要为 Ni、Mo、As、Sb 4 种元素，富集系数依次递增，富集系数最高的 Sb 元素达到 832.50；另一群富集系数小于 1，表现出元素的强烈亏损，主要为 Sr、Ba、V、Ga、U、Th 6 种元素，其含量低于地壳平均含量，其中富集系数最低者为 Sr 和 Th，富集系数仅为 0.01，反映出这些元素在成矿过程中发生了活化和迁移。

根据贵州省地矿局地球物理地球化学勘查院研究(2019)：①Ga/In 可以代表不同的成矿作用，Ga/In>1 认为是沉积-改造型。老东寨铅锌矿床 Ga/In 比值为 4.9～760，远大于 1，暗示其为沉积-改造成因；②高温形成的闪锌矿以较高 In/Ga 比值为特征，而低温以较低 In/Ga 比值为特征。老东寨铅锌矿 In/Ga 值为 0.012～0.20。明显低于高温热液矿床(邹志超等，2012)，所以推测该矿床应为中低温(160°～280°)成矿特征；③闪锌矿物中贫 In，w(In)仅在 (0.014～11.2)×10⁻⁶ 之间，平均 1.8×10⁻⁶，暗示矿床的形成基本与岩浆作用无关(李珍立等，2016)。

二、稀土元素

表 3-3-2 至表 3-3-4 反映，铅锌矿石及镍钼矿石与球粒陨石比较，除铅锌矿中的 HREE 与球粒陨石相近外，其余都较球粒陨石富集，且富集轻稀土，表明轻稀土元素分异强烈；铅锌矿中的 HREE 与球粒陨石相近，表明成矿物质来源于地壳深部，保留了原来组分特征。矿体围岩(白云岩)稀土含量与北美页岩对比，数据相近，反映矿体围岩成岩后没有受到成矿改造作用，保留了原有沉积岩特征。

矿石的稀土配分曲线和赋矿围岩的稀土配分曲线均向右倾斜，反映轻稀土富集。赋矿围岩的稀土配分曲线与铅锌矿石配分曲线类型相似,仅含量存在差别,围岩稀土总量较大,反映围岩和铅锌矿石物质来源的不同。

$\delta Eu > 1.05$,称正异常,$\delta Eu < 0.95$,称负异常(Wignall. 1991;赵振华,1985;ZHAO Zhenhua;王中刚等,1989)。对于铅锌矿石,与球粒陨石相比较,δEu 0.70～0.92,平均 0.73,围岩为 0.53,均为负异常;对于镍钼矿石,与球粒陨石相比较,δEu 0.69～0.77,平均 0.72,为负异常,且与铅锌矿相近;对于围岩,与球粒陨相比较,围岩δEu 为 0.53,为较低负异常。δEu 反映成矿流体不是来自盆地本身,而是来源于地壳深部,容矿白云岩与铅锌矿体有较明显差异,物质来源不一样(图 3-3-1)。

对于铅锌矿石:与球粒陨石对比较,δCe 0.80～0.84,围岩中δCe 为 0.94;对于镍钼矿石:与球粒陨石相比较,δCe 为 0.82～0.86。

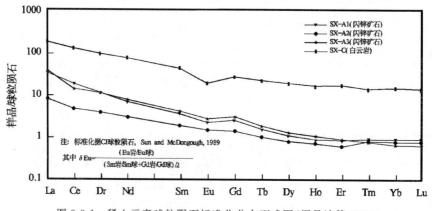

图 3-3-1　稀土元素球粒陨石标准化分布型式图(据吴波等,2011)

据研究,$\delta Ce > 1$ 显示富集,为正异常,反映还原环境;$\delta Ce < 0.95$ 显示亏损,为负异常,La_N/Sm_N 值大于 0.35,且与 δCe 无相关性,δCe 反映氧化环境(彭淑贞等,2000;史基安,2003;Elderfield, Greaves,1982;Elderfield, Pagett,1986;Shields, Stille,2001;Yang Jiedong, Sun Weiguo,1999),水东铅锌矿和镍钼矿均产于弱氧化环境。

$Ce_{anom} = \lg[3Ce_N/(2La_N + Nd_N)]$,$Ce_{anom} > 0$ 表示 Ce 富集,反映水体缺氧;$Ce_{anom} < 0$ 则表示 Ce 亏损,反映水体呈氧化环境。经作者计算,水东铅锌矿石 Ce_{anom} 为 -0.14,镍钼矿石 Ce_{anom} 为 -0.11～0.12,反映了成矿时的氧化环境。

丹寨老东寨铅锌矿稀土测试结果 ΣREE 变化范围为 $(16.24～39.97) \times 10^{-6}$,平均值为 27.18×10^{-6};轻重稀土元素比值 LREE/HREE 变化范围为 3.43～9.61,相对富集轻稀土;$(La/Yb)_N = 2.62～10.74$,平均为 6.29,大于 1,轻稀土分馏程度较高;$(Gd/Yb)_N = 1.12～1.70$,平均为 1.35,重稀土分馏不明显。δEu 值为 0.45～0.86,平均为 0.73,存在中等程度的负 Eu 异常;δCe 值变化范围为 0.80～0.81,平均为 0.80,具有弱的负 Ce 异常。以球粒陨石为标准的稀土元素分布模式图显示稀土元素模式曲线为平缓右倾型(贵州省地矿局地球物理地球化学勘查院,2019)。纳雍县水东铅锌矿床与丹寨县铅锌矿床具有相似的稀土地球化学特征。

三、硫同位素

纳雍水东铅锌矿床中金属硫化物中$\delta^{34}S$值变化范围大,两件黄铁矿$\delta^{34}S$值均为负值,变化范围为$-18.42‰\sim-18.14‰$,闪锌矿$+18.02\sim+18.26$,具有深源和浅源的特征。

杜家桥硫同位素$\delta^{34}S$值分别为$19.2‰\sim23.40‰$表明了成矿流体中硫来自海水硫酸盐,也可能来自围岩沉积物中硫化物的贡献(表3-3-5)。

表 3-3-5 铅锌矿床硫化物硫同位素特征

样品地点	样品编号	样品描述	$\delta^{34}S(‰)$	误差$\sigma(‰)$
杜家桥	TW042	闪锌矿	19.22	0.007
	TW043	闪锌矿	22.646	0.01
	TW046	闪锌矿	23.401	0.002

根据贵州省地矿局地球物理地球化学勘查院研究(2019),丹寨县老东寨铅锌矿床金属硫化物(闪锌矿、方铅矿、黄铁矿)的$\delta^{34}S$值介于$9.99‰\sim17.31‰$之间(图3-3-2),均值为$12.86‰$。

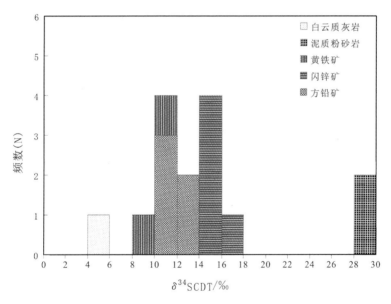

图 3-3-2 老东寨铅锌矿床硫同位素直方图

四、铅同位素

铅同位素常被用作物质来源的示踪剂。贵州省地质局地质科学研究所(1996)所作的"卡农铅同位素演化图"反映,铅同位素组成都落在正常铅范围(表3-3-6)。

表 3-3-6 贵州省主要铅锌矿床(点)矿石铅同位素组成

编号	取样地点	容矿层位	铅同位素组成			φ值年龄	μ(铀铅比)	ω(钍铅比)	R.F.C.模式年龄		R.F.C.模式年龄	
			Pb^{206}/Pb^{204}	Pb^{207}/Pb^{204}	Pb^{208}/Pb^{204}				T^{206}	T^{208}	T^{206}	T^{208}
KIPB-1	织金杜家桥	Z_2dn	17.729	15.539	37.561	584.10	9.428	37.478	603.80	740.53	677.93	712.10
KIPB-2	织金杜家桥	Z_2dn	17.742	15.557	37.624	595.40	9.463	37.871	596.80	710.75	669.52	676.50
KIPB-30	铜仁半溪	Z_2d	17.463	15.530	37.570	761.60	9.454	39.168	745.47	736.28	847.64	707.02
KIPB-19	威宁县厂坡	Z_2dn	18.591	15.850	39.297	338.50	9.938	43.044	122.31	−96.80	95.42	−292.92

注:引自《贵州省铅锌成矿规律及找矿方靶区研究》,1996。

五、流体包裹体地球化学特征

(一)包裹体发育、分布及形态特征

据研究(吴波等,2010),石英中气液两相包裹体最为普遍,约占包裹体总数的70%,其次为纯液相包裹体,约占包裹体总数的25%,而纯气相包裹体和固液相包裹体极为少见;从包裹体成因的角度上说,原生包裹体普遍发育,呈集群分布、带状分布、串珠状分布、随机散乱分布,约占包裹体总数的60%,次生包裹体主要沿石英矿物裂隙发育,呈"X"形状分布,放射状分布,形状极不规则,约占包裹体总数的30%,其余为假生包裹体(表3-3-7)。

表 3-3-7 石英包裹体测试数据

序号	样品编号	包裹体形态	大小/μm	气相百分数	冰点温度/℃	均一温度/℃	流体盐度/$w(NaCleq)$%	压力/$\times 10^5$ Pa	深度/km	密度/(g·cm^{-3})
01		长椭圆状	12	15%	−3.2	221.3	5.26	186.94	0.62	0.88
02		不规则状	8	10%	−10.3	152.4	14.25	178.73	0.60	1.02
03		五角星状	9	20%	−7.2	235.4	10.73	249.05	0.83	0.91
04	B4-1	似圆状	5	5%	−8.7	158.2	12.51	176.85	0.59	1.00
05		椭圆状	4	8%	−11.2	157.0	15.17	188.45	0.63	1.02
06		椭圆状	4.5	5%	−8.5	169.0	12.28	187.66	0.63	0.99
07		长柱状	5	20%	−12.5	218.6	16.43	270.34	0.90	0.97
08		椭圆状	6	20%	−5.3	171.5	8.28	166.08	0.55	0.96
09		牛角状	9	16%	−2.0	147.4	3.39	111.98	0.37	0.95
10		蛇状	18	5%	−3.5	148.0	5.71	127.90	0.43	0.96
11	B2-1	似椭圆状	12	8%	−9.7	153.5	13.62	177.03	0.59	1.01
12		三角形状	10	7%	−2.5	157.0	4.18	125.05	0.42	0.94
13		椭圆状	7	7%	−3.7	237.1	6.01	207.92	0.69	0.86
14		鱼眼状	8	10%	−2.8	226.3	4.65	185.06	0.62	0.87
15		四角星状	14	8%	−5.3	137.7	8.28	133.34	0.44	0.99

续表 3-3-7

序号	样品编号	包裹体形态	大小/μm	气相百分数	冰点温度/℃	均一温度/℃	流体盐度/w(NaCleq)%	压力/×10⁵ Pa	深度/km	密度/(g·cm⁻³)
16	B1	长椭圆状	7	12%	−4.8	131.9	7.59	124.18	0.41	0.99
17		鱼眼状	7	13%	−3.6	128.5	5.86	111.87	0.37	0.98
18		不规则状	6	11%	−4.2	149.6	6.74	135.73	0.45	0.97
19		三角形状	7	8%	−5.1	175.5	8.00	168.05	0.56	0.95
20	B4-2	扁豆状	9	8%	−2.7	145.8	4.49	118.18	0.39	0.96
21		眼睛状	7	12%	−4.5	177.8	7.17	164.42	0.55	0.94
22		不规则状	12	8%	−3.8	161.4	6.16	142.56	0.48	0.95
23		多边形状	10	17%	−2.6	132.6	4.34	106.58	0.36	0.97
24	B2-2	楔状	7	17%	−3.7	138.6	6.01	121.54	0.41	0.97
25		肾状	7	8%	−4.7	172.1	7.45	161.07	0.54	0.95
26		长椭圆状	14	10%	−3.3	220.0	5.41	187.28	0.62	0.88
27		椭圆状	9	6%	−4.9	122.1	7.73	115.63	0.39	1.00
28		似鱼尾状	15	11%	−2.0	176.8	3.39	134.31	0.45	0.92

注：测试单位：中国科学院地球化学研究所。

原生包裹体的形态不规则,呈椭圆状、似椭圆状、圆状、长柱状、鱼眼状、新月状、蛇状、扁豆状、肾状、似鱼尾状、多边形状等,个体大小不一,发育小的包裹体体积小于 $1\mu m$,个别发育大的可达到 $25\mu m$,大多数体积介于 $4\sim 13\mu m$ 之间,气液相包裹体中气泡位于包裹体体壁,气泡体积普遍偏小,多数介于 $1\sim 3\mu m$ 之间,气泡占包裹体体积(气相百分数)大多介于 $4\%\sim 25\%$ 之间。

(二)包裹体冰点温度、均一温度

石英包裹体冰点温度值变化在 $-12.5\sim -0.1℃$ 范围内,但高峰段主要集中于 $-6\sim -2℃$。从冰点温度直方图(图 3-3-3、图 3-3-4)上可以看出,频数最高的峰值区间为 $-5\sim -4℃$,其次为 $-4\sim -3℃$ 和 $-2\sim -3℃$,落在其他区间内的冰点温度值出现频数较少(表 3-3-8～表 3-3-10)。

70 个石英包裹体均一温度数据统计结果表明(表 3-3-11),气液相包裹体均一温度值的变化幅度大,区间范围在 $122.1\sim 307.0℃$ 波动。均一温度值主要集中于 3 个区间: $120\sim 180℃$、$200\sim 240℃$ 和 $270\sim 310℃$(图 3-3-2、图 3-3-3),其中 $120\sim 150℃$ 区间最为显著,出现的频数最多,低温成矿特征十分明显,峰值区间 $130\sim 140℃$ 也位于该区间内,代表了主成矿期的成矿温度值。由于 $270\sim 310℃$ 区间内所测均一温度值较少,尚需进一步验证,但均一温度复杂的变化趋势说明该区铅锌矿经历了多期次的成矿作用,结合包裹体分布特征可以推测该区铅锌矿至少经历了两期从低温(100～200℃)成矿到中低温(200～250℃)的复杂成矿作用。

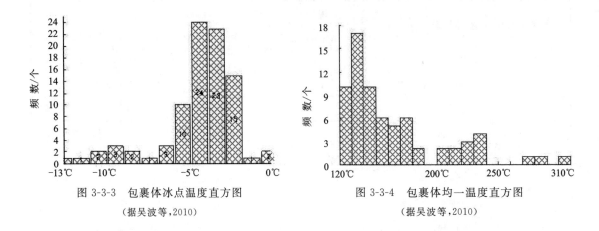

图 3-3-3　包裹体冰点温度直方图
（据吴波等，2010）

图 3-3-4　包裹体均一温度直方图
（据吴波等，2010）

表 3-3-8　各区间内冰点温度/℃出现的频数/个

区间/℃	−13～−12	−12～−11	−11～−10	−10～−9	−9～−8	−8～−7	−7～−6	−6～−5	−5～−4	−4～−3	−3～−2	−2～−1	−1～0
频数/个	1	1	2	3	2	1	3	10	24	23	15	2	1

表 3-3-9　各区间内均一温度/℃出现的频数/个

区间/℃	120～130	130～140	140～150	150～160	160～170	170～180	180～190	190～200	200～210	210～220
频数/个	10	17	10	6	5	6	2	0	2	2
区间/℃	220～230	230～240	240～250	250～260	260～270	270～280	280～290	290～300	300～310	
频数/个	3	4	0	0	0	1	1	0	1	

表 3-3-10　各区间内盐度/$w(NaCl_{eq})$%出现的频数/个

区间/$w(NaCl_{eq})$%	0～3	3～6	6～9	9～12	12～15	15～18
频数/个	3	24	47	5	7	2

表 3-3-11 矿床流体包裹体测温结果

样品编号	矿物	组号	包裹体个数	大小/μm	气液比/%	均一温度/℃	冰点温度/℃	盐度/wt%
BG040 杜家桥	石英	2组	成群出现	4	10	135	-7.99	11.68
				2	15	136	-9.48	13.38
				3	10	215	-7.79	11.44
				4	10	137	-2.40	4.02
				4	5	159	-4.59	7.30
				4	10	199	-10.68	14.65
				3	15	215	-6.89	10.35
BG041 杜家桥	石英	4组	成群出现	6	10	162	-9.88	13.81
				4	10	101	6.19	9.45
				3	10	136	-4.89	7.72
				6	10	98	-6.29	9.59
				6	20	198	-8.49	12.26
				2	25	196	-5.19	8.13
				2	20	178	-3.49	5.70
				4	20	181	-5.19	8.13
				2	15	126	-5.39	8.40
				2	10	127	-2.80	4.64
				4	10	149	-9.18	13.05
				1	25	171	-8.19	11.91
				5	10	183	-7.49	11.08
				2	25	180	-9.18	13.05
BG042 杜家桥	石英的外边缘	1组	4	3	20	135	-8.92	12.76
				3	15	149	-8.62	12.41
				2	20	143	-18.38	21.25
				4	10	170	-8.20	11.94
	晶间孔中的石英	2组	5	4	20	233	-6.35	9.67
				2	15	189	-1.62	2.77
				4	15	127	-2.03	3.44

(三)盐度、密度、成矿压力与深度

根据所测冰点温度值推算,本区气液相包裹体盐度属于低盐度的 H_2O-NaCl 体系,满足

Hall 等(1988)的低盐度(0～23.3%)H_2O-NaCl 体系中盐度-冰点公式：

$$w = 0.00 + 1.78T_m - 0.0442T_m^2 + 0.000557T_m^3$$

式中，w 为 NaCl 的重量百分数(%)；T_m 为冰点下降温度，即所测冰点的绝对值(℃)。

按上述公式对 88 个冰点温度值进行计算，得出本区石英包裹体的流体盐度 w(NaCleq)%变化范围为 0.18%～16.43%，主要集中于 6.01%～8.81%之间，平均盐度为7.05%，根据包裹体盐度直方图(图 3-3-5)，总体呈现塔式分布的特点，流体盐度值主要变化于 3%～9%，峰值区间为 6%～9%，说明本区流体总体表现出低盐度的特征。

流体密度是包裹体研究中一个重要的参数，它与均一温度和盐度都有关系，对本区流体包裹体密度进行计算，得出本区流体密度变化范围为 0.8～1.02g/cm^3，平均流体密度为0.95g/cm^3，以 0.9～1.0g/cm^3 范围最为集中，总体上显示本区成矿流体属于中等密度的流体特征。

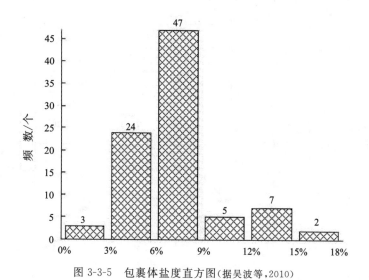

图 3-3-5　包裹体盐度直方图(据吴波等，2010)

根据中国科学院地质与地球物理研究所岩石圈演化国家重点实验室测试分析：矿床流体包裹体主要发育在石英、方解石以及白云石中，闪锌矿中少见。能够进行包裹体测温的原生流体包裹体均发育在石英中，方解石和白云石包裹体测温过程中容易发生渗漏。流体包裹体数量不多，形状多为椭圆形和长条形。原生包裹体多呈群体或孤立分布。包裹体类型为气液包裹体，气液比 10%～25%，为富液相包裹体，大多数包裹体具布朗运动。包裹体长轴多介于(2～6)μm 之间，颜色一般较浅，透明度较高。

流体包裹体的显微测温工作在中国科学院地质与地球物理研究所岩石圈演化国家重点实验室完成，测试所用仪器为英国产 LINKAN THMSG600 型冷热台。测试选取石英中的气-液两相包裹体为观察与测试对象，分别对均一温度(T_h)和最后冰熔点温度(T_m)进行了测试分析。流体包裹体的盐度计算利用最后冰熔点温度(T_m)数据，根据 Hall(1988)的盐度-冰点公式：

$$w = 0.00 + 1.78T_m - 0.0442T_m^2 + 0.000557T_m^3$$

3 件流体包裹样反映杜家桥矿床流体包裹体均一温度也有两个峰，分别为 120～140℃，

180～200℃区间,温度较高,也可能代表了两期成矿事件;反映杜家桥以低盐度、中一高温特征为主(图3-3-6、图3-3-7)。

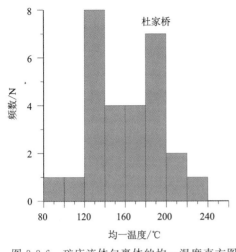

图3-3-6　矿床流体包裹体的均一温度直方图
（据吴波等,2010）

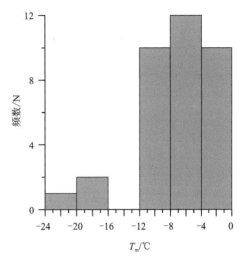

图3-3-7　杜家桥矿床冰点温度直方图
（据吴波等,2010）

第四节　控矿条件及矿床成因

一、控矿条件

(一)震旦纪灯影期地质构造环境控制

如前所述,自新元古代开始进入超大陆裂解阶段,震旦纪的构造背景是在残留盆地的基础上产生的裂陷作用,沉积作用是在半深海相浊流和重力流沉积基础上进行的(图4-4-1)。早震旦世为堑-垒构造拉张环境。震旦纪时,贵州省除东南隅外,大部处扬子陆块的东南边缘,震旦世和早寒武世早期沉积,从下至上,为含少量浊积层的重力流沉积到硅泥质沉积,再到黑色页岩沉积,反映了裂谷作用拉张环境非补偿沉积特征。黑色有机页岩相是威尔逊旋回中幼年洋阶段离散边缘的沉积特征。在贵州省发育的晚震旦世硅质岩相和磷块岩相,早寒武世初期黑页岩反映了盆地的拉张已达到一定的程度。在江西、广东有细碧岩、变玄武岩和基性—超基性岩发育,是裂谷作用存在的佐证。从灯影期到早寒武世的梅树村期,形成的铅锌矿和镍钼多金属层,是在裂陷作用环境下成矿作用的产物(贵州省地质矿产局区域地质调查大队,1988)。

贵州省震旦系地层分为扬子、江南和过渡3个地层区(贵州省地质矿产局区域地质调查大队,1992)。

灯影期的扬子区地层,分布在石阡—瓮安—福泉一线北西,沉积一套隐藻屑型白云岩组合(藻屑主要包括藻砂屑、藻砂、砾屑白云岩和藻砾屑白云屑。厚400m左右),为半局陷台地相沉积,还形成一套层纹—非层纹型白云岩组合(包括藻凝块石白云岩,藻鲕粒白云岩、层状

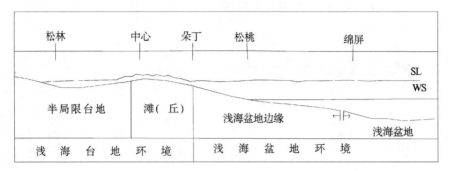

D. 灯影时期

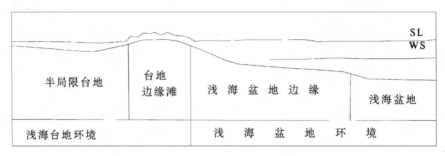

C. 陡山沱时期

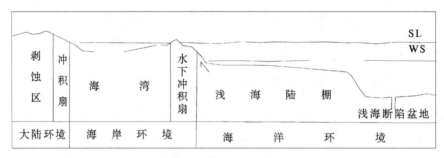

B. 南沱时期

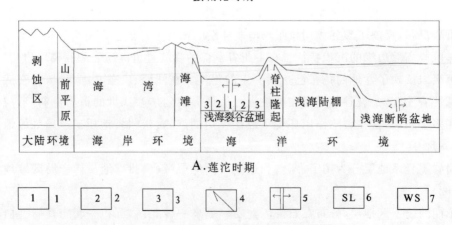

A. 莲沱时期

图 3-4-1 贵州省震旦纪沉环境演化模式图
(据《贵州省震旦纪岩相古地理及其主要沉积层控矿产关系研究》,1988)
1.盆地中心喷水口;2.喷水口中心外围;3.盆地边缘;4.古断裂;5.离散中心;6.海平面;7.波基面

白云岩及少量叠层石白云岩等。岩性和厚度比较稳定,约 300m),为滩(丘)相沉积。在石阡—瓮安—福泉一线和锦屏—三都一线之间,以浅海盆地边缘相沉积为主,沉积了一套白云岩-硅质岩组合,以灰黑色薄层、中厚层硅质岩为主,下部有泥晶—粉晶硅质白云岩,局部地区上部夹有透镜状或似层状重晶石,顶部含磷质,硅质岩具隐晶结构,由北西往东南硅质增加,厚度也有增厚之势,为 20～80m。

在锦屏—三都一线南东以浅海盆地相为主,沉积一套碳硅质岩组合,震旦系灯影组厚度呈现北东向带状变化特征,由毕节到遵义,沉积厚度大,厚度 613～448m,反映沉降大,补给充足;在习水桑木场、金沙—开阳—瓮安和福泉—石阡一线,沉积厚度小,厚度分别为 108m、238m、126m 和 122～18m,沉积厚度分布带对应于习水桑木场断裂、纳雍-开阳断裂、福泉-石阡断裂,而铅锌矿主要分布在这些薄厚度的分布区,反映铅锌矿的形成与古断裂、断裂隆升、沉积环境的联系。

(二)沉积环境的控制

震旦纪灯影期沉积环境(贵州省地质矿产局区域地质调查大队,1988)有浅海台地(Ⅰ)、浅海盆地环境(Ⅱ)(图 3-4-1)。两种环境都有铅锌矿产出,由西至东,威宁县银厂坡铅锌矿床,遵义银厂湾铅锌矿床,习水河坝、润南、狮子洞铅锌矿床产于局限台地相中;纳雍县水东铅锌矿床、织金县杜家桥铅锌矿床、福泉道坪铅锌矿床产于台地边缘相带中;松桃笔架山铅锌矿床、黄平纸房铅锌矿床、丹寨老冬寨铅锌矿床产于台缘斜坡相带中。从较浅水的局限台地相到较深水的台缘台坡相均有铅锌矿产出,主要取决于沉积环境中提供成矿流体的深部断裂的发育情况,但总体而言,局限台地相较其他相带对成矿更为有利。

(三)高水位体系域的控制

如前所述,震旦系有两个三级层序,Ⅲ$_1$ 和 Ⅲ$_2$。Ⅲ$_2$ 层序部为具暴露标志的白云岩,在织金戈仲伍、打麻厂等地出现的戈仲伍组/灯影组之间的岩溶平行不整合及其上的古风化壳(照片3-4-1)的存在,说明灯影组沉积后出现了沉积间断,此层序的高水位体系域控制了铅锌矿的产出。

照片 3-4-1 灯影组顶部的岩溶假整合面
Weathering crust:古风化壳;Dol:白云岩

在贵州省震旦系地层中的铅锌矿床(点)主要产于灯影组的上部,其容矿岩石具有沉积间断、古岩溶、含盐微晶白云岩及黏土质白云岩、含砂屑白云岩的特点,岩石的鸟眼构造、盐类假象等特征反映属高水位体系域沉积特点。

(四)古断裂的控制

震旦纪灯影组及相当于灯影时期地层中的铅锌具带状分布特点,与区域性背斜及断裂关系密切,特别是与东西向镇远-瓮安、凯里-福泉等古断裂有关。据物探重力异常资料,镇远-瓮安断层、黔西-石阡断层是切穿地壳的古断裂,推测织金戈仲伍、开阳中心、瓮安白岩一带相对隆起并发育点滩的区域,周缘有深大断裂分布,断裂的长期活动以及它造成的高水位体系域对铅锌矿可能起着明显的控制作用。

(五)微生物的控制

贵州省震旦纪地层铅锌矿主要产于灯影组地层中,它们主要分布于①半局限台地型碳酸盐建造中,如金沙岩孔、习水桑木场一带铅锌矿;②台地边缘滩丘型碳酸盐建造中,如开阳—瓮安—余庆一带的铅锌矿床(点)。这两类建造所反映的沉积环境中菌、藻类微生物发育,富有机质。据 Atrudinger(1980)资料,在大多数由藻类和细菌组成的海洋生物群中,元素的富集浓度,可以超过海水中浓度,Cu 为 3700 倍,Hg 为 1000 倍,Pb 为 267 000 倍,Zn 为 15 000 倍,证明它们从周围环境中吸取元素的能力极强,使矿源层的元素含量达到一定富集程度。大多数微生物和植物都能将硫酸盐还原为硫化物,有利于黄铁矿等硫化物矿形成。高水位体系域中的局限台地环境及台地边缘滩(丘)相环境,利于生物的生长繁殖,有利于促进铅锌成矿作用。

(六)后期构造的控制

灯影期铅锌初始富集层形成后,经历了加里东、海西、印支、燕山等构造运动,这些运动所带来的能量和成矿物质组分,必然对前期的初始铅锌富集层进行改造,原来形成的矿体变厚变富,未达到工业要求的矿化层进一步富集,形成工业矿体。

应该指出,这种在矿后的改造,是就地就近改造,这种改造与传统文献中的"沉积改造"有区别,传统的沉积改造,矿源层与容矿层位空间上差异较大,这难以解释为什么贵州省铅锌矿以至于川滇地区铅锌矿产出层位多,同一层位上下岩性差异不大,但铅锌矿只产在特定的层位中,并非整个层位都有矿化和矿体产出,如杜家桥铅锌矿床只赋存于 $Z\in dy^{2-2}$、$Z\in dy^{2-3}$ 中,而岩性相似的 $Z\in dy^{2-1}$ 和 $Z\in dy^{2-4}$ 中则没有矿体或矿化产出。因此本书提到的成矿改造,是指就地就近的改造思想,这一观点贯穿全书。

后期构造的控矿表现在局部隆起如穹隆和背斜构造轴部、层间滑脱、层间破碎带,穿过早期初始富集层的层间断裂、切层断裂、初始富集层附近的裂隙发育带、初始富集层上、下障积层附近等。这些特征在水东铅锌矿床中表现得非常充分。

切过初始铅锌富集层的脉状矿体,不都是后期改造的产物。产于震旦系灯影组中的顺层铅锌矿和切层脉状铅锌矿与产于下寒武统底部的镍钼多金属层有密切的关系,对于镍钼多金属层和灯影组顶部的铅锌矿层而言,灯影组地层中的切层断裂及其中的铅锌矿体是其成矿热液的通道并提供部分成矿组分;对产于灯影组地层中的铅锌矿而言,致使镍钼多金属层成矿的热液对其具有改造作用。镍钼多金属层和脉状铅锌矿,从成矿的组分来看,相同的是你中有我,我中有你(表3-4-1、表3-4-2),不同的是含量多少不同,钼镍矿体中同体共生铅锌富矿体中含Pb 0.037%～0.047%,含Zn 2.58%～2.92%,铅锌矿体中伴生Ni、Mo与地壳平均丰度相比,Ni富集2.2倍,Mo富集16.67倍(贵州省地矿局一○四地质大队,2004)。原因是镍钼多金属层形成在一个比较开放的空间,包括开放的张性构造和沉积环境,热液对铅锌矿的改造程度的有限性等。

表 3-4-1 铅锌矿石中主量元素、微量元素含量

样品编号	分析项目及结果 $\omega(B)/\times 10^{-2}$				分析项目及结果 $\omega(B)/\times 10^{-6}$						
	Na	K	Pb	Zn	Ni	Mo	As	Sb	Sr	Ba	V
SW-A1	0.026	0.026	0.17	0.03	36	20	26	13	2.89	12.4	3.3
SW-A2	0.022	0.02	0.058	26.58	52	30	54	320	3.99	13.3	2.65
平均	0.024	0.023	0.114	13.305	44	25	40	166.5	3.44	12.85	2.98
丰度	0.0236	0.0234	0.00125	0.0071	20	1.5	1.5	0.2	350	550	60
富集	1.01	1.03	91.2	3698.59	2.2	16.67	26.67	832.5	0.01	0.02	0.05

表 3-4-2 纳雍水东镍钼矿石中的其他组分分析结果表

化验室编号	送样编号	样品名称	Pb ($\times 10^{-2}$)	Zn ($\times 10^{-2}$)	Cu ($\times 10^{-2}$)	Co ($\times 10^{-2}$)	P ($\times 10^{-2}$)	As ($\times 10^{-2}$)	CaO ($\times 10^{-2}$)	SiO_2 ($\times 10^{-2}$)
2009XDF27997	2009WZH-01	—	0.013	1.57	0.052	0.006	0.781	0.130	6.22	44.60
2009XDF27998	2009WZH-02	—	0.009	0.93	0.031	0.004	0.480	0.072	9.74	41.66
2009XDF27999	2009WZH-03	—	0.011	1.27	0.042	0.005	0.701	0.099	8.80	42.47
2009XDF28000	2009WZH-04	—	0.011	0.99	0.033	0.005	0.578	0.087	9.15	40.40
2009XDF28001	2009WZH-05	富矿	0.037	2.92	0.122	0.015	2.34	0.338	24.52	10.78
2009XDF28002	2009WZH-06	—	0.011	0.55	0.039	0.005	0.560	0.149	15.02	34.84
2009XDF28003	2009WZH-07	—	0.008	0.36	0.021	0.004	0.691	0.164	14.08	31.70
2009XDF28004	2009WZH-08	—	0.011	0.55	0.031	0.004	0.909	0.157	9.15	42.80
2009XDF28005	2009WZH-09	—	0.013	0.60	0.037	0.005	0.875	0.244	10.09	37.02
2009XDF28006	2009WZH-10	富矿	0.047	2.58	0.151	0.017	2.08	0.975	7.74	18.76

二、矿床成因

织金县杜家桥铅锌矿成矿模式与水东铅锌矿床相似,成因属于与海底热卤水(喷流)成矿

作用和后期构造作用、热液成矿作用弱改造的"叠加(复合/改造)矿床。丹寨老东寨铅锌矿床位于贵州侏罗山式褶皱带与黔东南断裂褶皱带接触带附近,成因属于与海底热卤水(喷流)成矿作用和后期构造作用、热液成矿作用强改造的"叠加(复合/改造)矿床,矿床成矿模式见图 3-4-2、图 3-4-3。

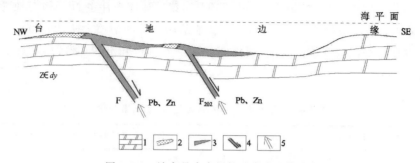

图 3-4-2 纳雍县水东铅锌矿床成矿模式图

1.白云岩;2.铅锌矿化;3.矿体;4.正断层;5.热液及成矿物质运移方向

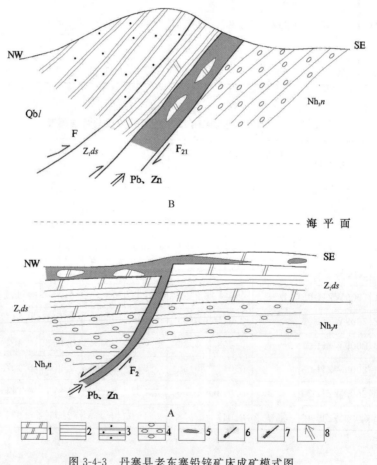

图 3-4-3 丹寨县老东寨铅锌矿床成矿模式图

A.早期铅锌成矿模式图;B.晚期铅锌成矿模式图;1.白云岩;2.页岩;3.变余砂质板岩;
4.冰碛砾岩;5.矿体;6.正断层;7.逆断层;8.热液及成矿物质运移方向

第四章 寒武系中的铅锌矿床

第一节 铅锌矿床(点)分布

以寒武系为容矿地层的铅锌矿床,主要产出层位为寒武系第二统清虚洞组,与清虚洞组的出露构造抬升及上覆地层的剥蚀程度有关。主要分布在鄂渝黔前陆褶皱-冲断带地区,大致分布在毕节—黔西—贵阳—都匀一线以北的广大地区,一般沿侏罗山式褶皱的背斜轴分布;在上扬子鄂渝黔前陆褶皱-冲断带与江南造山带的接触带,沿边界断裂两侧分布,但主要分布于断裂北侧(图4-1-1)。清虚洞组不同相区分别与上覆地层陡坡寺组、高台组呈现出传统意义的整合接触,但从层序地层学的角度来看,多属角度不整合接触。

产于寒武系中的铅锌矿床(点)一般呈带状分布,主要有以下3个带。

黔东铅锌矿带:分布在松桃—玉屏—三惠—凯里—丹寨(都匀)—三都—荔波一线。北段呈北东走向,南段转向北北西,拐点处于丹寨、都匀附近。

东西向带:包括凯里—贵定—贵阳—安顺和玉屏—镇远—瓮安—开阳—纳雍之间的带状区域,相当于《贵州省区域地质志》(1987)所称的贵阳复杂构造变形区。这两个带及其间,近十年的铅锌找矿有新的认识和突破,是以往地质找矿被忽略的地段。

北北东向带:包括毕节—习水、金沙—遵义—正安、黄家坝—桐木、沿河、松桃,分布于背斜核部,由于许多背斜仅出露上寒武统,故清虚洞组的含矿信息尚反映不全,推测北北东向古断裂与北东向、北西向、东西向古断裂交会部位有关。北东向带上的铅锌矿分布面积广、矿床(点)分散,研究程度低,是值得重视的找矿区域。

产于寒武系中的铅锌矿床共有31个,其中:大型矿床2个、中型矿床3个、小型矿床26个(表4-1-1)。查明铅锌金属资源量储量$384.67×10^4$t,占全省的33.60%,其中锌$351.92×10^4$t,占比94.49%,铅$32.74×10^4$t,占比5.51%;保有铅锌资源储量$351.70×10^4$t,其中锌$320.09×10^4$t,铅$316.17×10^4$t。

第二节 典型(代表性)矿床

贵州省产于寒武系龙王庙期的铅锌矿床,主要有普定县与织金县交界的五指山地区铅锌矿床和都匀市牛角塘铅锌矿床,分别代表了局限台地相和台地边缘相带中的铅锌矿床,可称为"五指山式"和"牛角塘式"铅锌矿床。

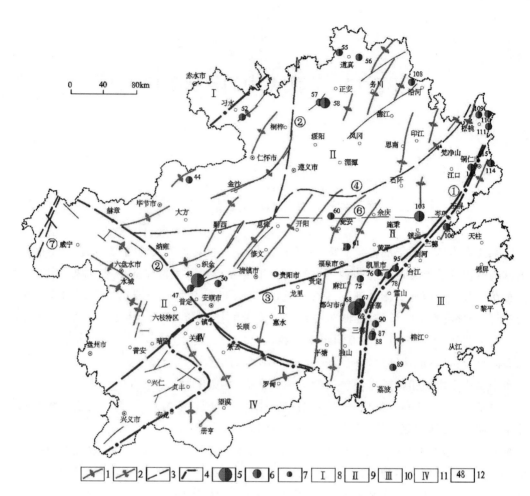

图 4-1-1 寒武系容矿地层铅锌矿床(点)分布示意图

1.背斜;2.向斜;3.断层;4.构造区段边界;5.大型矿床;6.中型矿床;7.小型矿床;8.赤水宽缓褶皱区;9.贵州侏罗山式褶皱带;10.黔东南断裂褶皱带;11.南盘江造山型褶皱带;12.矿床编号;①铜仁-三都断裂;②紫云-垭都断裂;③安顺-黄平断裂;④黔西-石阡断裂;⑤桐梓-息烽断裂;⑥瓮安-镇远断裂;⑦陈家屋基-新华断裂

一、五指山地区铅锌矿床

五指山地区铅锌矿床代表了局限台地相白云岩中产出的铅锌矿床(贵州省地矿局一〇四地质大队,2011)。其矿床地质特征总结如下。

矿床位于紫云-水城、纳雍-赫章、安顺-贵阳深断裂所围限的区域。工作区位于贵阳复杂构造变形区西部,浅层构造特征为:褶皱和断裂多呈北东向,背斜、向斜均呈宽缓状,背斜不完整,多被断裂破坏,以断层为界,背斜核部老地层与新地层接触,如五指山背斜轴部以那润断层为边界,北东盘为下寒武统,南东盘为下三叠统。区内发育地垒式组合构造,如张维背斜、五指山背斜主要发育北东向、北西向张扭性断层,构成地垒式构造组合特点(图 4-2-1)。

第四章 寒武系中的铅锌矿床

表 4-1-1 产于寒武系中的铅锌矿床一览表

单位：t

序号	矿产地名称	地理坐标 经度	地理坐标 纬度	成因类型	矿床规模	查明资源储量 锌	查明资源储量 铅	保有资源储量 锌	保有资源储量 铅	勘查程度	开发利用现状	容矿层位	矿床式
44	贵州省毕节市阿木铅锌矿床	105°38′28″	27°34′31″	白云岩容矿	小型	692	808			普查	停采	石冷水组	$\epsilon_3 sh$	
47	贵州省普定县鑫诚铅锌矿床	105°35′00″	26°23′23″	白云岩容矿	小型	77 617		77 617		详查	正在开采	清虚洞组	$\epsilon_2 q$
48	贵州省普定县那雏枝—普定张家坝—织金白泥田五指山铅锌矿床	105°38′06″	26°25′52″	白云岩容矿	大型	1 294 381.31	89 506.47	126 3132.98	84 998.71	勘探	正在开采	清虚洞组	$\epsilon_2 q$	五指山式
		105°36′15″	26°00′00″	白云岩容矿	中型	64 918.71	28 119.7	64 918.71	28 119.7	详查	未开采	清虚洞组+灯影组	$\epsilon_2 q$+$Z\epsilon dy$
50	贵州省织金县鹰马铅锌矿床	106°00′31″	26°28′51″	白云岩容矿	小型	11 127		10 492		普查	未开采	平井组	$\epsilon_3 p$
52	贵州省习水县银厂铅锌矿床	106°17′12″	28°14′46″	白云岩容矿	小型	3 329.38	1 068.05	3 329.38	1 068.05	详查	未开采	清虚洞组	$\epsilon_2 q$
55	贵州省道真县银孔山铅锌矿床	107°28′33″	28°56′06″	白云岩容矿	小型	6000		6000		普查	未开采	娄山关组	$\epsilon_{3-4} O_1 ls$
56	贵州省道真县楠木塘铅锌矿床	107°43′05″	28°53′04″	白云岩容矿	小型	33 274.1	9 211.6	33 274.1	9 211.6	详查	未开采	娄山关组	$\epsilon_{3-4} O_1 ls$
57	贵州省绥阳县老鹰关铅锌矿床	107°14′04″	28°24′30″	白云岩容矿	小型	6 353.96	2 989.59	6 353.96	2 989.59	普查	部分开采	娄山关组	$\epsilon_{3-4} O_1 ls$
58	贵州省绥阳县羊蹄窝铅锌矿床	107°18′04″	28°24′08″	白云岩容矿	中型	102 190.86	28 430.2	89 380.64	24 219.2	普查	未开采	娄山关组	$\epsilon_{3-4} O_1 ls$
60	贵州省瓮安县玉山镇铅锌矿床	107°22′27″	27°12′17″	石灰岩容矿	小型	1439		1439		详查	未开采	娄山关组	$\epsilon_{3-4} O_1 ls$

续表 4-1-1

序号	矿产地名称	地理坐标 经度	地理坐标 纬度	成因类型	矿床规模	查明资源储量 锌	查明资源储量 铅	保有资源储量 锌	保有资源储量 铅	勘查程度	开发利用现状	容矿层位	容矿层位	矿床式
61	贵州省瓮安县金斗山锌矿床	107°34′00″	26°52′45″	石灰岩容矿	小型	3 023.69		3 023.69		普查	未开采	娄山关组	$\epsilon_{3-4}O_1ls$	
67	贵州省都匀市独牛铅锌矿床	107°42′57″	26°16′38″	白云岩容矿	中型	260 461.44	13 200	256 553.57	13 200	详查	停采	清虚洞组	ϵ_2q	
68	贵州省都匀市牛角塘锌矿床	107°39′21″	26°13′43″	白云岩容矿	大型	1 033 329.64		784 411.3		详查	正在开采	清虚洞组	ϵ_2q	牛角塘式
69	贵州省都匀市注马锌矿床	107°39′14″	26°11′59″	白云岩容矿	小型	3624		3624		普查	停采	清虚洞组	ϵ_2q	
75	贵州省麻江县两鼓铅锌矿床	107°43′24″	26°32′21″	白云岩容矿	小型	11 906	1984	11 906	1984	普查	未开采	清虚洞组	ϵ_2q	
76	贵州省凯里市郭家坪铅锌矿床	107°56′10″	26°36′15″	白云岩容矿	小型	10 875	6408	10 875	6408	普查	未开采	娄山关组和石冷水组	$\epsilon_{3-4}O_1ls$, ϵ_3sh	
78	贵州省凯里市柏松铅锌矿床	108°03′20″	26°34′44″	白云岩容矿	小型	32 709.73	23 747.77	32 709.73	23 747.77	普查	未开采	石冷水组和清虚洞组	ϵ_2q, ϵ_3sh	
87	贵州省三都县牛场铅锌矿床	107°52′00″	25°57′10″	石灰岩容矿	小型	18 178.81	491.76	13 117.01	480.11	详查	部分开采	三都组、钢塘组	$\epsilon_{3-4}s$, ϵ_4O_1g	
88	贵州省三都县旺寨铅锌矿床	107°51′35″	25°55′37″	石灰岩容矿	小型	60 900	30 000	60 900	30 000	普查	未开采	三都组、钢塘组	$\epsilon_{3-4}s$, ϵ_4O_1g	
89	贵州省三都县古龙坡锌矿床	108°06′30″	25°36′15″	石灰岩容矿	小型	487		487		详查	未开采	三都组	$\epsilon_{3-4}s$	
90	贵州省三都县交梨小寨铅锌矿床	107°54′15″	26°03′45″	石灰岩容矿	小型	3306		3306		普查	未开采	三都组	$\epsilon_{3-4}s$	

第四章 寒武系中的铅锌矿床

续表 4-1-1

序号	矿产地名称	地理坐标 经度	地理坐标 纬度	成因类型	矿床规模	查明资源储量 锌	查明资源储量 铅	保有资源储量 锌	保有资源储量 铅	勘查程度	开发利用现状	容矿层位		矿床式
95	贵州省台江县龙井街铅锌矿床	108°08′45″	26°39′00″	白云岩容矿	小型	11 844	6162	11 844	6162	普查	未开采	清虚洞组、石冷水组	$\epsilon_2 q$, $\epsilon_3 sh$	
103	贵州省镇远县小溪铅锌矿床	108°26′30″	27°12′00″	白云岩容矿	中型	193 154	18 776	193 154	18 776	详查	未开采	石冷水组	$\epsilon_3 sh$	
106	贵州省镇远县羊坪铅锌矿床	108°46′30″	27°05′13″	白云岩容矿	小型	2000	3880	2000	3880	普查	未开采	娄山关组	$\epsilon_{3-4} O_1 ls$	
108	贵州省沿河县三角塘铅锌矿床	108°21′46″	28°37′10″	白云岩容矿	小型	41 524.12	13 721.89	36 594.76	12 293.17	普查	未开采	平井组	$\epsilon_3 p$	牛角塘式
109	贵州省松桃县玉星铅锌矿床	109°11′30″	28°16′00″	石灰岩容矿	小型	1 668.5		1 668.5		普查	未开采	清虚洞组	$\epsilon_2 q$	
110	贵州省松桃县嘎脑铅锌矿床	109°18′20″	28°16′25″	石灰岩容矿	小型	72 752.21	13 768.2	72 425.21	13 757.2	普查	未开采	清虚洞组	$\epsilon_2 q$	
111	贵州省松桃县奇峰长坪铅锌矿床	109°18′38″	28°08′30″	白云岩容矿	小型	1 215.61		1 026.61		详查	未开采	娄山关组	$\epsilon_{3-4} O_1 ls$	
113	贵州省铜仁市塘边坡铅锌矿床	109°05′01″	27°42′51″	石灰岩容矿	小型	58 416.2	35 143.8	48 744.75	34 872.74	详查	未开采	清虚洞组	$\epsilon_2 q$	
114	贵州省松桃县团堡老屋场锌矿床	109°19′18″	27°45′14″	石灰岩容矿	小型	62 400		62 400		普查	未开采	清虚洞组	$\epsilon_2 q$	
115	贵州省铜仁市乌脚拉锌矿床	109°20′01″	27°45′11″	白云岩容矿	小型	34 156.76		34 156.76		普查	未开采	敖溪组	$\epsilon_{2-3} a$	
合计						3 519 256.03 / 3 846 673.06	327 417.03	3 200 365.66 / 3 517 033.5	316 167.84					

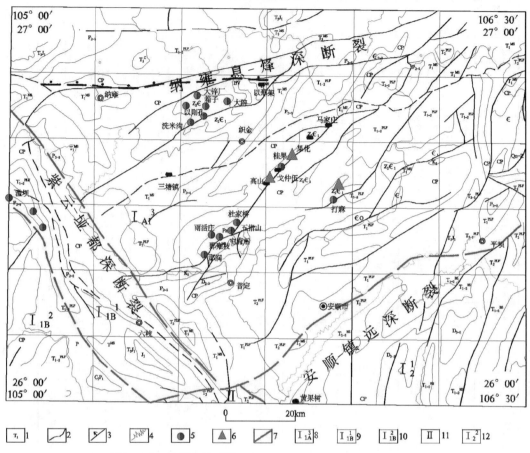

图 4-2-1 区域地质略图(据贵州省地矿局一〇四地质大队,2011)

1.地层代号;2.地层界线;3.断层;4.相变线;5.铅锌矿床(点);6.磷矿点;7.构造单元分界线;
8.贵阳复杂构造变形区;9.威宁北西向构造变形区;10.普安旋扭构造变形区;11.右江造山带;12.黔南台陷

北东、北西向断裂将五指山背斜分割成若干断夹块,铅锌矿产于不同的断夹块中,一般矿体顶板为含泥(碳)质细晶白云岩,矿体产于断裂旁侧,产出层位有震旦系灯影组,寒武系第二统清虚洞组,第三统—芙蓉统娄山关组,矿化层位较多,有脉状矿体,也有层状矿体,以层状矿体为主。层状矿的底盘脉状矿体具充填成矿特征,蚀变较弱;层状矿体之上的脉状矿体表现为后期改造特征,铅锌矿颗粒粗,结晶好,常沿裂隙和小断层产出,但矿体(化)规模小,如产于五指山地区喻家坝娄山关组地层中受北西断层控制的铅锌矿体。

五指山铅锌矿田,从北东至南西由杜家桥铅锌矿床、新麦铅锌矿床、那雍枝铅锌矿床、那润铅锌矿床、喻家坝矿床组成(图 4-2-2)。产于寒武系清虚洞组中的铅锌矿以那雍枝铅锌矿床为代表。

(一)地层

区内出露地层为震旦系、寒武系、石炭系、二叠系、三叠系碳酸盐岩、碎屑岩,含矿地层为灯影组、清虚洞组和娄山关群,从北东向南西石炭系祥摆组超覆于寒武系之上,含矿地层为清虚洞组。

第四章 寒武系中的铅锌矿床

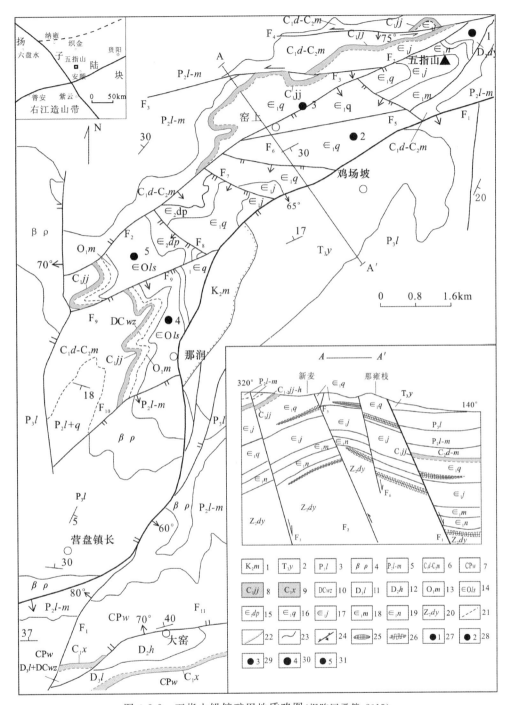

图 4-2-2 五指山铅锌矿田地质略图（据陈国勇等，2015）

1.中白垩统茅台群；2.下三叠统大冶组；3.上二叠统龙潭组；4.峨眉山玄武岩；5.中二叠统梁山组—茅口组；6.下石炭统大埔组—马平组；7.石炭—二叠跨系地层威宁组；8.下石炭统九架炉组；9.下石炭统祥摆组；10.泥盆—石炭跨系地层五指山组；11.上泥盆统榴江组；12.中泥盆统火烘组；13.下奥陶统湄潭组；14.寒武系第三—芙蓉统娄山关组；15.寒武系第二—第三统陡坡寺组；16.寒武系第二统清虚洞组；17.寒武系第二统金顶山组；18.寒武系第二统明心寺组；19.寒武系纽芬兰统牛蹄塘组；20.震旦系—寒武系灯影组；21.假整合；22.不整合；23.地层界线；24.断层及倾向；25.铅锌矿体；26.推测铅锌矿体；27.杜家桥铅锌矿床；28.那雍枝铅锌矿床；29.新麦铅锌矿床；30.那润铅锌矿床；31.喻家坝铅锌矿床

金顶山组（$\epsilon_2 j$）为含矿地层的下伏地层,主要由灰、灰绿色页岩、泥质粉砂岩、砂岩、粉砂质黏土岩与灰绿色薄层粉砂质黏土岩、黏土岩组成韵律性沉积;发育水平层理,由下向上,砂泥质、钙质增多。碎屑岩中普遍见长石、表明含矿层位清虚洞组下伏地层曾经经历了接受快速堆积的过程,是相对下凹的古地貌环境。

清虚洞组分三段：

清虚洞组一段（$\epsilon_2 q^1$）：底部有一层厚 5～10m 的鲕豆状白云岩与金顶山分界,往上为暗灰色厚层含泥质白云岩,厚 30～50m,再过渡为灰色厚层鲕状白云岩,为Ⅲ矿体产出位置。

清虚洞组二段 a 层（$\epsilon_2 q^{2a}$）：底部见一层厚 3～5m 深灰色薄层砂泥质细晶白云岩,地表风化为褐黄色,似泥质粉砂岩,是与下伏地层的分层标志,之上为灰色中厚层中晶、细晶、粉晶白云岩间夹泥质条带细晶白云岩,在中下部泥质条带细晶白云岩中零星分布着一些小矿体,Ⅲ矿体就产于距底界砂泥质白云岩 10～30m 范围内含不规则泥质条带细晶白云岩中,厚 60～80m。

清虚洞组二段 b 层（$\epsilon_2 q^{2b}$）：底部见一层厚 5～8m 深灰色薄层砂泥质细晶白云岩,地表风化为褐黄色泥质粉砂岩,是与下伏地层的分层标志,岩性以灰色厚层中细晶白云岩为主,偶夹鲕粒、瘤状白云岩,厚 70～90m。

清虚洞组三段（$\epsilon_2 q^3$）：底部以一层厚 3～6m 深灰色薄层砂泥质细晶白云岩为主,地表风化,似褐黄色泥质粉砂岩（砂泥质层）,下部以灰色薄层砂泥质细晶白云岩间夹浅灰色细晶白云岩为主,厚 40～80m。

陡坡寺组（$\epsilon_{2-3} dp$）：为含矿层位的上覆地层,岩性为灰、暗灰色薄层泥质白云岩、薄至中厚层白云质砂岩。主要出露于矿区南西侧那润一带,与下伏地层清虚洞组为整合接触,厚 0～28m。

(二)构造

1. 褶皱

区内褶皱发育五指山背斜：轴向北东,东起屯背后,西止于下坝,轴向长约 14km,宽 5km 左右,轴向与 F_7、F_9 平行,北东段地层较陡,中段缓,出露地层沿轴向由东往西由老至新;翼部出露石炭系、二叠系、三叠系,北西翼出露石炭系、二叠系、三叠系,倾向主要为北西和南西,倾角 8°～25°,南东翼出露三叠系大冶组,倾向主要为南东和南西,倾角 10°～35°,五指山铅锌矿床分布于背斜核部(图 4-2-2)。

2. 断层

北东向组断层：主要有 F_1、F_2、F_3、F_4、F_7、F_9、F_{10}、F_{27} 等,除 F_7 外,总体倾向北西,倾角较陡,一般 65°～78°,主要表现为正断层。

F_1 断层：区域性正断层,横贯整个矿区,长达几十千米。倾向南东,倾角 57°～60°;以其为界,北盘为寒武系铅锌矿地层分布区,南盘为二叠系和三叠系,北东那雍枝—丫口田破碎带宽 5～10m,燕子岩到魏家寨破碎带宽 10～40m,普遍见红色铁质浸染。见到的角砾岩主要为白云岩,角砾大小不一,呈次棱角状分布,一般 1～5mm,白云石细脉发育。在燕子岩一带见阶步和擦痕,具有多期活动现象。

F_2断层:为张扭性断层,新麦之北东表现为逆断层,向南西表现为正断层,横贯整个矿区,长数千米,倾向北西,倾角68°～70°;从北东到南西穿过地层由老至新,破碎带宽窄不一,在新麦、石垭口为10～20m,但在大坝、易家坝一带厚达百余米,断层北侧北东段石炭系祥摆组超伏于寒武系之上,北侧中、西南段分别超伏于清虚洞和娄山关组之上,主要是受北西向断层同沉积断层的影响。断层角砾主要为白云岩,角砾大小不一,最大0.40m,一般为1～5cm,角砾呈次棱角状,在石垭口可见断层泥和断层透镜体,破碎带中普遍见白云石脉。

F_7断层:北东在屯背后交F_1,往南东在新麦交于F_2;大体沿五指山背斜轴部通过,倾向北,倾角51°～75°,主要表现为一逆断层性质,其南边下盘地层倾角较大,一般10°～25°,北部上盘地层倾角缓,近于水平。那雍枝矿床即产于F_7与F_1所夹持的断块中。

(三)地球化学特征

区内以$250×10^{-6}$为Zn元素异常下限,以$150×10^{-6}$为Pb元素异常下限,在观音山一带圈出较好的Zn异常9个,Pb异常1个,在小坝田一带圈出较好的Zn异常4个,Pb异常1个。总体与构造方向较一致。

15条原生地球化学剖面测量(表4-2-1)反映含矿层位有较高成矿元素背景。与容矿层位对应较好。

表4-2-1　新麦铅锌矿床岩石地球化学测量结果表

元素	含量单位	背景值	一般异常含量	最高含量
Pb	$×10^{-6}$	43.2	150～500	11 086
Zn		155.6	250～1000	50 127
Ag		0.218	0.30～0.39	0.39
As		9.55	20～50	313
Hg		0.09	0.30～1.0	13.69

(四)容矿地层沉积环境

根据Wilson(1975)镶边碳酸盐岩台地模式相带中SMF类型的分布情况(表4-2-2)以及Dunhum(1962)沉积结构分类定名方案,通过对区内白水大山露头剖面、ZK24101、ZK501寒武系清虚洞组碳酸盐岩岩石薄片研究,归纳出9个微相类型。

(1)内碎屑泥粒白云岩微相(SMF10)。

(2)生物碎屑鲕豆粒泥粒灰岩微相(SMF15-C+SMF12-CRIN)。

(3)内碎屑粒泥白云岩微相(SMF10)。

(4)鲕豆粒泥粒灰岩微相(SMF15-C)。

(5)含鲕豆粒粒泥白云岩微相(SMF15-C)。

(6)藻内碎屑泥粒白云岩微相(SMF16)。

(7) 内碎屑粒泥白云岩微相(SMF16)。
(8) 藻迹灰泥白云岩微相(SMF20)。岩性为不等晶藻迹白云岩。层状构造。
(9) 灰泥白云岩微相(SMF20)。

表 4-2-2 五指山那雍枝地区寒武系清虚洞组微相对比

层位	白水大山露头剖面	ZK24101 钻孔	ZK501 钻孔
清虚洞组三段	灰泥白云岩微相(SMF20) 藻迹灰泥白云岩微相(SMF20) 藻内碎屑粒泥白云岩微相(SMF16) 藻内碎屑泥粒白云岩微相(SMF16)	灰泥白云岩微相(SMF20) 藻迹灰泥白云岩微相(SMF20) 藻内碎屑粒泥白云岩微相(SMF16) 藻内碎屑泥粒白云岩微相(SMF16)	灰泥白云岩微相(SMF20) 藻迹灰泥白云岩微相(SMF20) 藻内碎屑粒泥白云岩微相(SMF16) 藻内碎屑泥粒白云岩微相(SMF16)
清虚洞组二段	灰泥白云岩微相(SMF20) 藻迹灰泥白云岩微相(SMF20) 藻内碎屑粒泥白云岩微相(SMF16) 藻内碎屑泥粒白云岩微相(SMF16)	灰泥白云岩微相(SMF20) 内碎屑粒泥白云岩微相(SMF10) 内碎屑泥粒白云岩微相(SMF10)	灰泥白云岩微相(SMF20) 藻迹灰泥白云岩微相(SMF20) 内碎屑粒泥白云岩微相(SMF16) 内碎屑泥粒白云岩微相(SMF10)
清虚洞组一段	灰泥白云岩微相(SMF20) 藻迹灰泥白云岩微相(SMF20) 藻内碎屑泥粒白云岩微相(SMF16) 内碎屑泥粒白云岩微相(SMF10)	灰泥白云岩微相(SMF20) 内碎屑粒泥白云岩微相(SMF10) 含鲕豆粒粒泥白云岩微相(SMF15)	灰泥白云岩微相(SMF20) (偶见海百合茎碎片) 鲕豆粒泥粒灰岩微相(SMF15-C) 生物碎屑鲕豆粒泥粒灰岩微相(SMF15-C+SMF12-CRIN) 内碎屑泥粒白云岩微相(SMF10)
金顶山组	黏土质粉砂岩或粉砂质黏土岩(深水陆棚相)		

注:引自贵州省地矿局一〇四地质大队,2011;邹建波等,2009。

龙王庙时期,总体处 Pt_3—O 之 Rodinia 超大陆演化阶段,为裂解—裂崩隆起拉伸沉陷。大陆边缘长时期变薄和稳定下沉。镶边碳酸盐台地的形成和演化在稳定的构造下沉和适宜气候条件下,镶边碳酸盐台地大幅度向东加积推进,从而形成向上变浅或向上变粗后变细的特征序列,形成了垂直向上发育浅滩沉积超覆在深水缓坡或斜坡沉积之上,然后又被潟湖—潮坪体系超覆的序列,镶边碳酸盐台地向东加积推进,具有不均一性,具幕式推进的特点,其原因与海平面上升速度、地壳隆升速度、陆缘物质供给量有关,但也可能与台地边缘的一些同沉积断层造成的不均一沉降有关。

(五)矿体特征

清虚洞组地层中含有数层砂泥质层,砂泥含量不等,地表风化貌似薄层泥质粉砂岩、砂岩,在深部未氧化,表现为灰黑色含泥质薄层或条带砂泥质细晶白云岩,根据砂、泥质层,将清虚洞组分为三段,Ⅰ、Ⅱ含矿层位于一段,Ⅲ含矿层位于二段A层中(图4-2-3)。

Ⅰ含矿层:容矿岩性为深灰色中—厚层颗粒白云岩,淡黄色闪锌矿呈浸染状分布,仅见少量细粒黄铁矿,矿层顶、底板均为含泥质颗粒白云岩,有3个矿体产出(图4-2-4)。以Ⅰa矿体为代表。矿体分布在F_1和F_7断层夹块之间,位于清虚洞组第一段顶部颗粒白云岩中,距第一段顶部约60m。呈似层状产出,产状与围岩基本一致,矿体倾向130°~180°,倾角8°~20°;矿体长510m,倾斜控制240m。矿体铅垂厚度1.00~11m,平均铅垂厚6.71m;矿体含锌2.20%~5.85%,平均含锌4.24%,含铅0.06%~0.63%,平均含铅0.31%。估算333+334_1铅+锌资源量$31.05×10^4$t,锌资源量$28.91×10^4$t,铅资源量$2.14×10^4$t。其中333铅锌资源量$3.05×10^4$t。

Ⅰ含矿层中的铅锌矿体资源量$34.54×10^4$t,平均厚度5.83m,矿体平均含锌4.20%,平均含铅0.28%。

Ⅱ含矿层:容矿岩性为瘤状细晶白云岩,淡黄色、高粱色闪锌矿呈块状、浸染状分布,矿石中见大量细粒黄铁矿,矿层直接顶板为含炭泥质白云岩,由一个矿体组成(Ⅱ矿体),是矿床的主含矿层和主矿体。分布在F_1和F_7断层夹块之间,位于清虚洞组第一段顶部瘤状白云岩中,距第一段的顶部20~25m。呈似层状产出,产状与围岩基本一致,矿体倾向130°~180°,倾角8°~20°;矿体控制长2250m,倾斜控制250~830m;矿体铅垂厚度0.83~26.90m,平均铅垂厚度6.41m;矿体含锌2.55%~13.90%,平均含锌6.26%,含铅0.04%~4.05%,平均含铅0.97%。估算333+334_1铅+锌资源量$148.04×10^4$t,其中333铅+锌资源量$40.18×10^4$t。

Ⅲ含矿层:容矿岩性为中—厚层瘤状白云岩,淡黄色、高粱色闪锌矿呈星点状、浸染状分布,矿石中分布有少量细粒黄铁矿,矿层顶、底板均为浅灰色细晶白云岩,由两个矿体组成。以Ⅲa矿体为代表,产于清虚洞组第二段a层的暗灰色中厚层瘤状白云岩,距离第二段a层底部约20m。呈似层状产出,产状与围岩基本一致,矿体倾向130°~180°,倾角8°~20°;矿体走向控制长810m,倾斜控制800m;矿体铅垂厚度1.20~5.80m,平均铅垂厚2.37m;矿体含锌1.97%~12.39%,平均含锌5.17%,含铅0.11%~0.99%,平均含铅0.27%。估算333+334_1铅+锌资源量$17.06×10^4$t,其中333铅+锌资源量$6.42×10^4$t。

Ⅲ含矿层中的铅锌矿体资源量$17.74×10^4$t,平均厚度2.27m,矿体平均含锌5.00%,平均含铅0.25%。那雍枝铅锌矿床总计估算333+334_1铅+锌资源量$200.30×10^4$t,其中333铅+锌资源量为$49.65×10^4$t,矿床平均厚度5.12m,锌的矿床平均品位5.57%,铅的矿床平均品位0.71%,目前是贵州省最大的铅锌矿床。

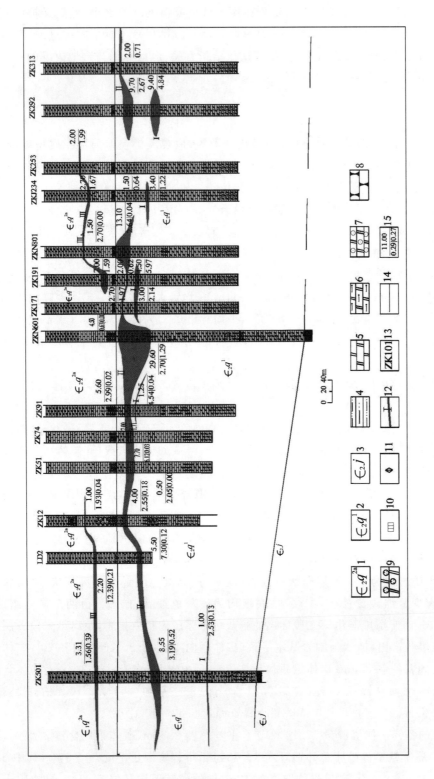

图4-2-3 五指山地区那雍枝铅锌矿床矿体沿走向对比图

1.寒武系第二统清虚洞组第二段a层；2.寒武系第二统清虚洞组第二段；3.寒武系第二统清虚洞组第一段；4.泥质粉砂岩；5.白云岩；6.砂泥质白云岩；7.颗粒白云岩；8.瘤状白云岩；9.晶洞白云岩；10.黄铁矿化；11.白云石化；12.矿体及编号；13.钻孔编号；14.对比标志线；15.矿体铅垂厚度（m）/锌品位（%）｜铅品位（%）

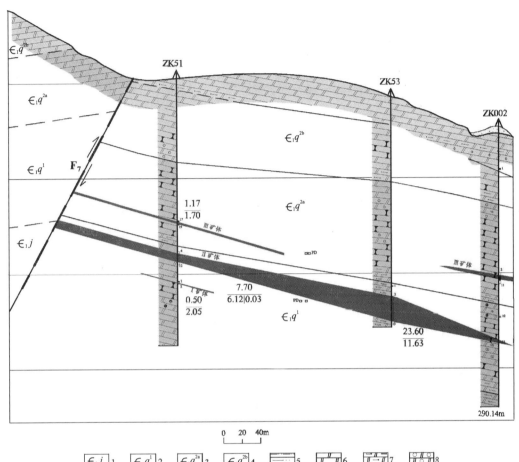

图 4-2-4 五指山地区那雍枝铅锌矿床金坡 5 号勘探线剖面图

1.寒武系第二统金顶山组；2.寒武系第二统清虚洞组第一段；3.寒武系第二统清虚洞组第二段 a 层；4.寒武系第二统清虚洞组第二段 b 层；5.泥质粉砂岩；6.白云岩；7.砂泥质白云岩；8.颗粒白云岩；9.瘤状白云岩；10.晶洞白云岩；11.黄铁矿化；12.白云石化；13.矿体及编号；14.钻孔编号；15.矿体厚度(m)/锌及品位铅(%)

(六)矿石特征

1. 矿石组分

矿石矿物主要为闪锌矿、黄铁矿,少量方铅矿;脉石矿物主要为白云石,少量—微量的石英、重晶石等。矿石类型为原生硫化矿石。

闪锌矿的颜色主要以淡黄色为主,少数为高粱色。矿石具有半自形晶粒、他形晶粒状、交代残余结构,脉状、角砾状、浸染状及块状构造。

矿石化学成分较简单,有用组分为锌,次为铅,伴生有用组分主要为镉、锗。

2. 结构构造

矿石结构有:自形—半自形—他形结构、碎裂结构、镶嵌结构、结晶结构、皮壳状结构、似砂状结构等。矿石构造有:角砾状、细脉状、浸染状、层纹状、条带状矿石、团块状和块状构造。成矿时的结构构造往往被后期改造所破坏,任何矿床表现得最为明显的是后期改造后形成的结构构造,尽管如此,一些早期成矿时形成的结构构造,还是可以从一些矿石中识别出来。

角砾状锌矿石之一:角砾大小不等,一般1～40mm,形状各异,有长条状、浑圆状、透镜状和不规则状,被闪锌矿和少量黄铁矿"胶结",或角砾间紧密相嵌,角砾的长轴方向大致与岩层的层理方向一致,纹层及角砾显示,见未固结的塑性变形特征,角砾中蚀变弱(照片4-2-1),少见白色的白云石微脉(0.1～0.2mm)不规则穿插。

角砾有两种成分,其一是深灰色含泥、炭、粉砂质粉晶白云岩,占角砾总量的30%左右,手持放大镜下具水平层纹构造,有少量稀疏浸染粉晶黄铁矿分布,还见呈马尾丝状的黄铁矿在致沿层理分布,较大的角砾中有顺层呈透镜状的,角砾中(8mm×4mm)含浸染状分布的闪锌矿,闪锌矿呈球粒状或球粒集合体(0.1～0.3mm),浅黄褐色,较呈"胶结"状的闪锌矿颗粒细,闪锌矿在浅色透镜体中呈不均匀的浸染状分布,手标本观察,在深色角砾中未见闪锌矿分布,显微镜下见闪锌矿;其二是灰色粉晶白云岩角砾,占角砾总量的70%左右,形状与深色角砾相似,大小0.1～400mm,闪锌矿在角砾中呈细粒浸染状和细纹层状产出,粒径0.03～0.1mm,球粒状或球粒状集合体,部分闪锌矿的颗粒较脉状闪锌矿细,闪锌矿呈浅黄褐色。被胶结,仍然显示了同沉积特征。

闪锌矿形成明显有几个不同期次,一是产于角砾中浸染状的锌矿,颜色浅、颗粒细小,与细粒黄铁细晶白云岩共生(照片4-2-1a);二是与黄铁矿呈层纹状产出的闪锌矿,颗粒更细,颜色更浅(照片4-2-1b、d);三是闪锌矿围绕含闪锌矿的角砾边缘分布或胶结含矿角砾;四是含矿角砾被更大的矿化角砾"包裹";五是部分角砾为非含矿角砾(照片4-2-1)。

照片4-2-2～照片4-2-6清晰地反映了闪锌矿形成经历了如下几特点:一是矿石中的角砾较杂,反映在沉积盆地中形成,受地质营力作用,有沉积原地外组分的加入,这些角砾具同沉积特点;二是角砾内具顺层的层纹状构造,手标本或显微镜下都反映这一特征,且角砾形状有呈透镜状大致顺层分布的,也有呈棱角砾状方向仍然大致顺层分布,显示先沉积(沉淀),在未固结前,又被水动力打碎成角砾,然后沉积;三是角砾普遍被闪锌矿胶结,结合角砾成分的不一致性,显示角砾在未固结前角砾状矿石之二:角砾为层纹状致密白云岩,大小不等(2×5)～(30×75)mm,形状为透镜状、棱角状,被闪锌矿和其他更细小的内碎屑所"胶结",角砾长轴方向平行于层理方向,角砾内部层纹与矿石层纹呈高角度斜交,角砾内未见任何蚀变(照片4-2-4)。

闪锌矿呈半自形粒状,粒径0.1～1mm不等,多伴随炭泥质条带分布。黄铁矿,呈他形—半自形粒状,粒径0.005～0.03mm不等,星散分布于原岩角砾、胶结物中,部分黄铁矿呈半自形—自形粒状,粒度较大,0.03～0.1mm不等。方铅矿呈他形粒状,粒径0.02～0.2mm不等,见包裹闪锌矿呈栉壳状生长者。白云石角砾有三种,第一种角砾中白云石呈他形—半自形粒状,粒径多在0.03mm以下,因泥质与白云石分布不均形成富白云石、富泥质层交替成

五指山铅锌矿原始岩心照片	岩心局部放大照片	特征
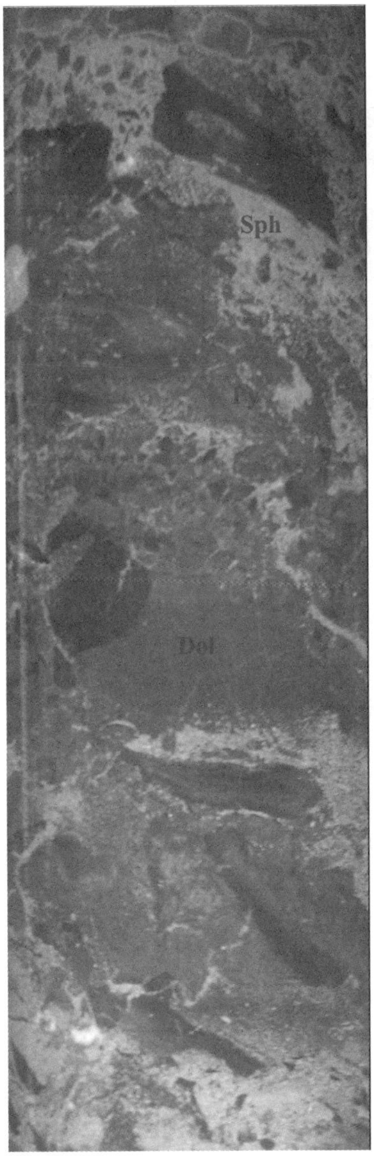	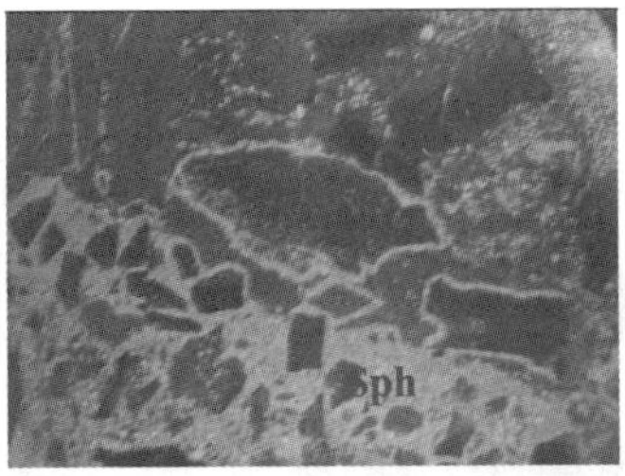	a:含稀疏浸染状闪锌矿的白云岩角砾(未成岩),被后期的闪锌矿胶结
		b:稠密浸染状的闪锌矿较均匀分布于白云岩中
		c:含黄铁矿和稀疏细粒闪锌矿的角砾被稠密浸染状的闪锌矿胶结
		d:含铅锌矿角砾薄片显微镜下见闪锌矿纹层平行于层理分布

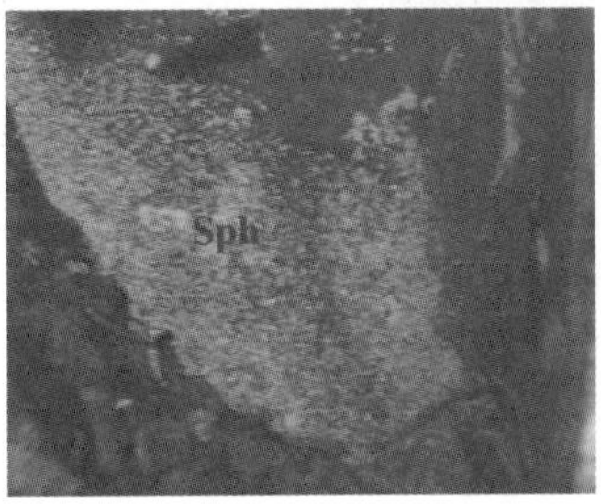

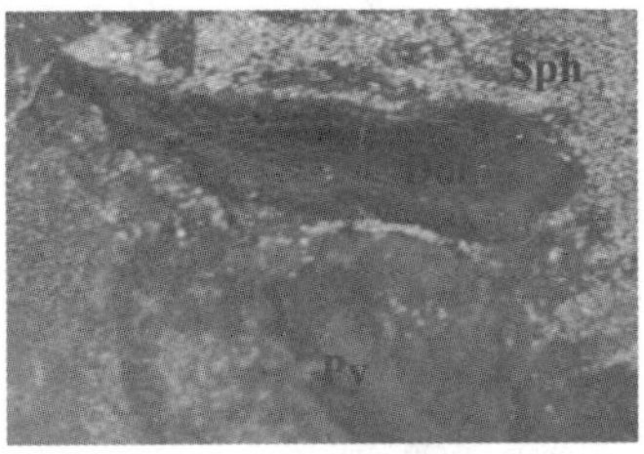

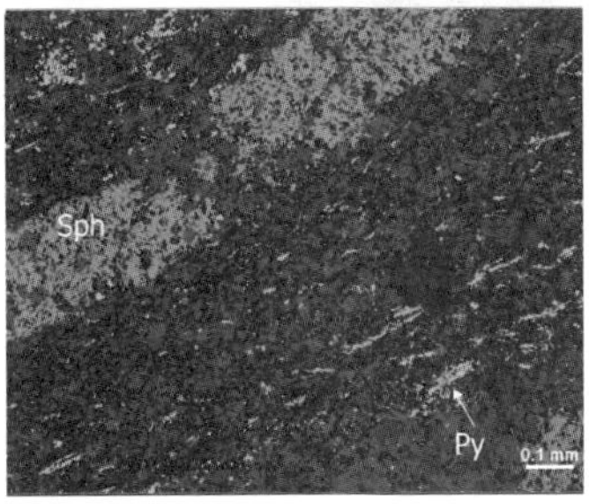

照片 4-2-1 顺层角砾状锌矿石(据陈国勇,2015)
Dol:白云岩　Sph:闪锌矿　Py:黄铁矿

层的层状构造。第二种角砾中白云石粒径多在 0.03～0.06mm 之间,其间混杂少量石英粉砂。第三种角砾结晶粒径较大,多在 0.5mm 以上。炭泥质呈条带状分布于白云石角砾间,形成条带状构造(显示角砾的同沉积特征);水云母呈条片状,粒径 0.01～0.05mm;石英呈次棱角—次圆状,边缘多溶蚀,粒径 0.02～0.1mm,在粉砂白云石角砾及炭泥质胶结物中分布。三种成分不同的角砾均被闪锌矿胶结,显示角砾与闪锌矿的同沉积特征。

角砾状矿石之三:角砾为围岩压溶角砾,大小不等(3～60)×(3～20)mm,长轴方向与层理相一致,成分为粉晶白云岩,角砾间彼此紧密相嵌或被闪锌矿"胶结",角砾中见稀疏浸染状的金属硫化物,粒径与呈"胶结物"的细粒闪锌矿一致。闪锌矿顺角砾长轴方向分布,充填于角砾间,有两种粒径,即小于0.1mm者和0.3~0.5mm者(照片4-2-5)。

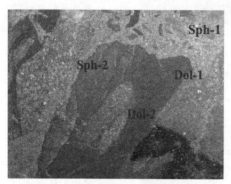

照片 4-2-2　顺层角砾状锌矿石
Sph-1:深色含闪锌矿的角砾被黄色闪锌矿胶结;
Sph-2:黄色闪锌矿胶结不含矿的白云岩角砾;
Dol-1:不含矿的白云岩角砾,包含稠密浸染状闪锌矿角砾(Dol-2)

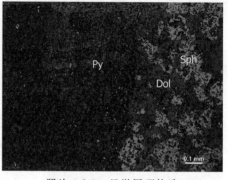

照片 4-2-3　显微层理构造
11YK488-4(B1-1)　反射光(-)10×10
角砾中星散分布黄铁矿(Py),右侧为闪锌矿(Sph)、白云石脉(Dol)

照片 4-2-4　角砾状矿石(1)
Sph:细至粗晶闪锌矿胶结粗晶白云岩角砾(Dol-2);闪锌矿与粗晶白云岩同沉积形成,并胶结早期白云岩角砾(Dol-2),早期白云岩角砾的层理垂直于闪锌矿与粗晶白云岩的排列方向

照片 4-2-5　角砾状矿石(2)
同生白云岩角砾(Dol)被粗粒闪锌矿(Sph-1)和深色含细粒闪锌矿的粉砂质白云岩胶结

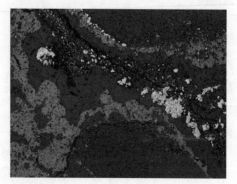

照片 4-2-6　瘤状构造镜下特征
闪锌矿(Sph)、黄铁矿(Py)和白云石(Dol)之间的接触关系

似瘤状构造：为瘤状白云岩常见的构造，"瘤"其实为内碎屑角砾被泥质、铁质、粉砂质、有机质薄膜状胶结，风化后呈各种形态的透镜状，并被泥质、粉砂质等组分分隔呈"瘤状"，镜下鉴定，普遍含微量的闪锌矿和少量的细粒黄铁矿，有的位于透镜体内或边部，有的位于胶结物中。

层纹状矿石之一：含矿岩石为具层纹状构造的灰色粉晶白云岩，上部为层纹状构造，下部为角砾化白云岩，角砾为板柱状，大小1~10mm，彼此紧密相嵌或被细粒闪锌矿和较浅色的细粒白云石胶结，角砾具滑塌特征、塑性形变特点，角砾中有闪锌矿纹层；闪锌矿或闪锌矿集合体呈浅黄褐色，粒径0.03~0.1mm，呈"胶结"白云岩角砾或沿白云岩层理、裂隙中分布；后期浅色白云石细脉（脉宽1~3mm），穿插白云岩层理、闪锌矿纹层和角砾状构造，细脉中未见闪锌矿分布。矿物生成有三期：白云岩及顺层锌矿脉—角砾状白云岩及闪锌矿—后期穿插的白云石脉（照片4-2-7）。

岩石由陆源碎屑石英、白云石、黏土、碳质混杂分布而成。因各组分分布不均，形成富石英砂、富白云石层、富碳质层交替的层状构造。一期黄铁矿，呈他形—半自形粒状，粒径小于0.005~0.02mm不等，星散分布原岩中，或沿富碳质层分布。二期黄铁矿呈半自形粒状，粒度较大，0.03~0.2mm不等，多沿白云石脉分布，偶见沿闪锌矿边缘生长者。闪锌矿呈半自形粒状，粒径0.06~0.4mm不等，多伴随白云石脉分布，具内红褐色、外黄色的环带结构（照片4-2-8）。碎屑石英颗粒为次棱角—次圆状，粒度多在0.02~0.1mm间。黏土为隐晶质细分散状，分散于石英粒间。部分黏土重结晶为水云母，水云母呈鳞片状，粒径在0.02~0.05mm之间。原岩中白云石呈他形粒状，粒度小于0.03mm。脉中白云石呈半自形粒状，粒度0.05~1mm不等，有少量方解石分布其中。

网脉状矿石：顺层锌矿脉与切层锌矿脉组成网脉状构造。顺层脉1~1.5mm，由浅黄绿色闪锌矿组成，闪锌矿颗粒0.1~0.2mm，顺层脉间含矿围岩中有粒度更细、颜色更深的金属硫化物存在。切层脉闪锌矿特征与顺层脉相似，但与石英、白云石、闪锌矿一起组成细脉，脉宽与顺层脉一样，为1~1.5mm。顺层、切层脉并没有彼此切错，切层脉浅，颗粒较粗，白云石化强烈（照片4-2-9）。

岩石由陆源碎屑石英、白云石、黏土、碳质等混杂而成。因各组分分布不均，形成富石英砂、富白云石层、富炭泥质层交替成层的层状构造。闪锌矿多伴随石英、白云石脉分布，脉宽0.1~1.5mm不等，石英、白云石脉穿插切割岩石成网脉构造。白云石多组成切层脉（照片4-2-10），不同颜色的石英混杂少量白云石组成顺层脉，切层脉多把顺层脉切割。矿石特征反映切层脉为后期脉，是沉积成矿作用后的产物。

细脉状（条带状）矿石：闪锌矿脉厚1~12mm，呈黄绿色，粒径小于0.1~0.5mm，脉与围岩界线清楚，脉内有细粒方铅矿团块与闪锌矿共生；有细脉（小于1mm）斜交顺层脉，交切处有较小位移，切层脉向层理上部变为顺层脉，脉体中闪锌矿特征与顺层脉特征一致。顺层脉之间的围岩（白云岩、砂质白云岩）中浸染状的较细的金属硫化物分布（照片4-2-11、照片4-2-12）。

岩石由陆源碎屑石英、白云石、黏土等混杂而成。因各组分分布不均，形成富石英砂、富白云石层、富泥质层交替成层的层状构造。黄铁矿，呈自形—半自形粒状，粒径小于0.005~0.06mm不等，多在0.02mm以下，星散分布，粗粒者多为重结晶形成。黄铁矿分布分三种：①在原岩中不均匀星散分布（一期）；②原岩的泥质条带中富集，形成条带状分布（一期）；③沿石英、白云石、闪锌矿脉的两侧分布（二期）。

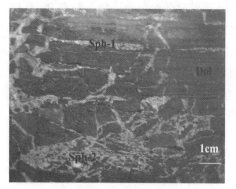

照片 4-2-7 层纹状构造

纹层状闪锌矿(Sph-1)与层纹状白云岩(Dol);
闪锌矿(Sph-2)胶结同生白云岩角砾

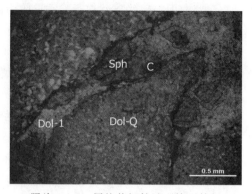

照片 4-2-8 层纹状闪锌矿石镜下特征

11YK489(B1-2)　透射光(—)10×5

闪锌矿(Sph)顺白云石(Dol-1)、碳质(C)条带分布,
原岩角砾为白云石、石英粉砂混杂物(Dol-Q)

照片 4-2-9 网脉状矿石

Sph-1:粗粒稀疏浸染状闪锌矿;Sph-2:切层含闪锌
矿白云石细脉,Dol:顺层含闪锌矿白云石细脉

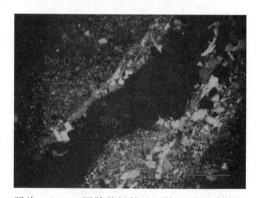

照片 4-2-10 网脉状铅锌矿石镜下顺层脉特征

11YK503(B14)　透射光(+)10×5

Dol-Q 为白云石、石英混杂物,闪锌矿(Sph)分布于
石英砂

照片 4-2-11 细脉状(条带状)铅锌矿石

Sph:闪锌矿脉;Dol:白云岩

照片 4-2-12 细脉状矿石镜下特征

11YK505(B16)　透射光(+)10×5

Dol-Q:白云石、石英混杂物,Q:石英脉。闪锌矿脉
(Sph-1)分布于石英、白云石脉(Q-Dol)中,Sph:为
闪锌矿脉

闪锌矿呈他形粒状,粒径 0.04~0.5mm 不等,呈脉状分布,两侧被石英、白云石脉包围。方铅矿呈他形粒状,粒径 0.04~0.5mm 不等,见穿插闪锌矿中者。原岩中白云石呈他形—半自形粒状,粒径均一,多在 0.01~0.06mm 之间。石英为陆源粉砂,呈次圆—次角状,粒径多在 0.02~0.1mm 之间,由于重结晶作用而边缘模糊。

石英、白云石脉中石英呈纤维状、柱状,粒径 0.05~0.4mm 不等。脉状白云石呈他形—半自形粒状,粒度均一,多在 0.03~0.3mm 之间。

黏土质中多混杂黄铁矿,聚集为富黄铁矿泥质断续条带分布。有黏土不均匀混杂分布于白云石之间,部分重结晶为水云母,水云母粒径小于 0.01~0.06mm。

方解石呈他形粒状,粒径 0.2mm 左右,分布于岩石孔隙中,偶见。

条带状矿石:闪锌矿条带厚 8~20mm,呈黄绿色,粒径小于 0.1~0.5mm,脉与围岩界线清楚,条带内为稠密浸染状闪锌矿;条带间为稀疏浸染矿闪锌矿,其间有 1mm 顺层闪锌矿细脉分布,垂直层理,有马尾丝状(0.1mm)的石英细脉切层分布,但未切错层理(照片 4-2-13)。

岩石由陆源碎屑石英、水云母、白云石等混杂而成。因各组分分布不均,形成富石英砂、富水云母层交替成层的层状构造。

闪锌矿或星散分布或伴随石英(含少量白云石)脉分布,石英脉多顺层穿插切割岩石,见少量切层脉。脉宽 0.5~4mm 不等。

闪锌矿呈他形粒状,粒径 0.05~0.5mm 不等,或聚集为团块状分布,团块中包含围岩残留矿物如石英等,有黄铁矿条带沿闪锌矿颗粒边缘分布;或呈脉状分布,两侧被石英脉包围。

黄铁矿,呈自形—半自形粒状,粒径小于 0.005~0.1mm 不等,多在 0.03mm 以下,星散分布,粗粒者多为重结晶形成。黄铁矿分布分两种:①不均匀星散分布(一期);②混杂炭泥质呈条带状分布(二期)。

白云石呈他形—半自形粒状,粒度均一,多在 0.03mm 左右。石英为陆源粉砂,呈次圆—次棱角状,粒径多在 0.03~0.1mm 之间,由于重结晶作用而边缘模糊。黏土质大部分重结晶为水云母,水云母粒径小于 0.03mm。白云母呈片状,粒径 0.05~0.2mm。偶见浑圆状电气石等重砂矿物,粒径 0.05mm。石英、白云岩脉中石英呈纤维状、柱状,粒径 0.03~0.1mm 不等。脉状白云石呈他形—半自形粒状,粒度均一,多在 0.03~0.15mm 之间。见中晶白云石角砾,白云石粒径 0.1~0.5mm 不等,角砾粒度 0.2~4mm 不等。炭泥质多混杂黄铁矿,不均匀分布于石英、白云石中或聚集为富黄铁矿炭泥质断续条带分布于闪锌矿颗粒之间,或沿中晶白云石角砾边缘分布(照片 4-2-14)。

另有一闪锌矿与黄铁矿组成条带,平行岩石层理分布(照片 4-2-15)。

团块状矿石:闪锌矿和方铅矿聚集成集合体,呈团块状。闪锌矿颗粒细(小于 0.1mm),颜色为浅黄绿色,与同粒度黄铁矿共生,组成细粒团块,未见其他矿物和蚀变;方铅矿颗粒与褐色闪锌矿颗粒大小不等(0.1~1mm)组成粗粒团块;深色团块状暗色物质泥炭质组成团块在矿石中不均匀分布(照片 4-2-16)。

照片 4-2-13 条带状锌矿石
Dol：含闪锌矿和少量粉砂质泥质细晶白云岩；
Sph-1：闪锌矿；Sph-2：含粉砂质泥质纹层闪锌矿

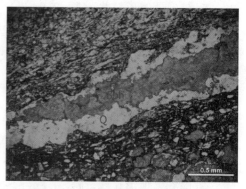

照片 4-2-14 条带状锌矿石显微照片
11YK506(B17) 透射光(一)10×5
Hy-Q-Dol：水云母、石英、白云石混杂物；Q：石英脉；Sph：闪锌矿脉；Sph-Q-Hy：闪锌矿、石英、水云母混杂物

照片 4-2-15 五指山关口田矿硐中条
带状黄铁矿—闪锌矿石
Dol：白云岩；Sph+Py：闪锌矿+黄铁矿

照片 4-2-16 团块状铅锌矿石
Gal：方铅矿；Sph：闪锌矿；Py：黄铁矿；Car：碳质

原岩为生物碎屑碳酸盐岩，经硅化形成硅质岩，随后发生黄铁矿化、(一世代)闪锌矿化，后期发生(二世代)闪锌矿化、方铅矿化，最后有方解石化。闪锌矿分两世代，一世代闪锌矿颜色较浅、黄绿色，呈他形—半自形粒状，粒径在 0.05～0.1mm 之间，常与黄铁矿混杂，多聚集为不规则团块分布；二世代闪锌矿颜色较深的黄绿色较纯净，结晶粒度较大，粒径 0.3～0.4mm 不等，多聚集为脉状分布。黄铁矿，呈半自形—自形粒状，粒径 0.01～0.1mm 不等，少量可达 0.4mm，与一世代闪锌矿混杂分布或见被二世代闪锌矿、硅质等包裹者。方铅矿呈他形粒状，粒径 0.05～5mm 不等，见穿插黄铁矿、闪锌矿中者。石英呈粒、柱状，粒径多在 0.02～0.5mm 之间，石英中常包裹微粒碳酸盐矿物，可见生物碎屑残留痕迹。见蒙脱石团块、水云母团块、炭泥质团块、硅质团块(因磨片局限，仅手标本中可见)多呈拉长状星散分布。方解石呈他形粒状，0.01～0.2mm 不等，分布于岩石孔隙中，或聚集为脉状，穿插岩石(照片 4-2-17)。

致密块状矿石：闪锌矿天然分成两种颜色和两种粒度的集合体，两种集合体表现为不同期次生成。细粒闪锌矿呈黄绿色，紧密相嵌均匀分布，其间有星点状的同粒度的黄铁矿散布，构成致密块状构造,粗粒闪锌矿呈褐色,分布于细粒闪锌矿之"基质上",呈团块状集合体(照片 4-2-18)。

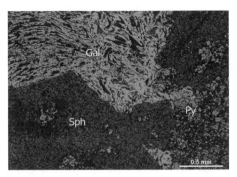

照片 4-2-17　团块状铅锌矿石镜下特征
11YK504(B15)　反射光(一)10×5
方铅矿(Gal)、方解石脉(Cal)穿插闪锌矿(Sph),
Py 为黄铁矿

照片 4-2-18　致密块状锌矿石
Sph-1:浅绿色细粒闪锌矿;Sph-2:褐色粗粒闪锌矿

原岩成分为白云石,原岩中有自生黄铁矿生成,发生两世代闪锌矿化、一期黄铁矿化,最后有白云石化。闪锌矿分两世代,一世代粒度较小,含较多杂质,如黄铁矿、白云石,呈他形—半自形粒状,粒径在 0.05~0.3mm 之间,多聚集为不规则团块分布;二世代闪锌矿较纯净,结晶粒度较大,粒径 0.4~2mm 不等。黄铁矿,呈半自形—自形粒状,粒径小于 0.005~0.03mm 不等,少量可达 0.05mm 以上,星散分布于原岩中(一期),或聚集为条带状及混杂一世代闪锌矿分布(二期)。白云石为两种,一种呈自形—半自形粒状,粒径多在 0.03~0.1mm 之间,为原岩中的白云石,部分被一世代闪锌矿混杂、包裹;另一种呈自形—半自形粒状,结晶粒度较大,多在 0.1~2mm 之间,较纯净,为后期白云石脉。极少量片状水云母分布于原岩白云石粒间。碳泥质多伴随黄铁矿条带分布(照片 4-2-19)。

3. 围岩蚀变

白云石化:呈脉状、浸染状、团块状产出。多为成矿后的白云石化。

黄铁矿化:呈脉状、浸染状、星点状、团块状产出。

硅化:呈星点状产出。硅化强,则锌矿化就弱。

重晶石化:偶见于白云石颗粒间。

方解石化:呈细脉状产出。

五指山地区成矿时的围岩蚀变特征不明显,表现在:①矿层顶、底板未见明显的上述蚀变;②矿石中通常说的白云石化多为白云石重结晶结果,并非是蚀变交代的结果;③围岩和矿体中白云石脉多为成矿后期热液充填的结果,成矿改造期含矿,晚期不含矿。

另外,在矿体底板,可见沿陡倾斜沿裂隙充填,由闪锌矿、黄铁矿组成向上凸起纹层矿脉,推测为喷流沉积的底盘脉状矿体(照片 4-2-20)。

照片 4-2-19　致密块状闪锌矿石
11YK508(B19)　　透射光(-)10×5
Sph1 为一世代闪锌矿,Sph2 为二世代闪锌矿,
Dol2 为白云石脉

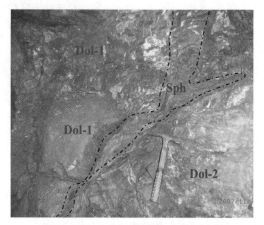

照片 4-2-20　层矿体下盘之脉状矿体
Dol-1:闪锌矿化白云岩;Dol-2:白云岩;
Sph:闪锌矿脉

二、都匀市牛角塘铅锌矿床

都匀市牛角塘铅锌矿床代表了台地边缘相带白云岩中产出的铅锌矿床(贵州省地矿局一〇四地质大队,1994;陈国勇等,1992),其特征总结如下。

区内地层出露齐全,自下而上有:震旦系南沱组、陡山沱组和留茶坡组,后者跨系($\in$/Z);寒武系九门冲组、杷榔组或"乌训组"、清虚洞组、高台组、石冷水组和娄山关群;奥陶系桐梓组、红花园组和大湾组。此外还分布有志留系、泥盆系、石炭系、二叠系、三叠系、第四系。

矿床大地构造处于鄂渝黔前陆褶皱-冲断带南段贵定南北向构造变形区,区域王司背斜南段、早楼断层北西侧。区内褶皱、断裂发育,变形复杂。燕山期前主要体现为升降运动,燕山期表现为强烈水平挤压,形成侏罗山式的构造。

测区位于黔东铅锌矿带南部,此矿带北起松桃嗅脑,经铜仁、镇远、凯里而止于都匀牛角塘。牛角塘为该矿带上的重要矿床。已有资料(贵州省地质局地质科学研究所,1996)表明,黔东铅锌矿带位于华南加里东造山带最外缘变形较微弱的前陆褶皱带上,其上寒武系沉积受控于北东向同沉积断层导致的同向沉积盆地,此同沉积断层就是铜仁-玉屏-丹寨-三都古同生沉积断裂,在其两侧分布 Sb、Au、Ag、Pb、Zn 等矿床(点),著名的"三丹"汞金矿带就位于断层西侧。

早楼断层从早楼经牛角塘至马寨到杨柳冲,全长 50km,走向北东 50°,倾向南东,倾角60°,是一条形成早且多期活动的断层,不同构造阶段,由于应力状态不同,表现为不同性质。最早形成于雪峰期,加里东早期活动明显,使断层两侧杷榔期沉积具不同沉积相,属同生沉积断层;都匀和广西运动表现为逆时针走滑,旁侧形成一些疏缓褶皱,与锌成矿关系密切;燕山期活化为顺时针走滑逆断层。

(一)地层

牛角塘锌矿床由5个矿段组成,其中以马坡矿段矿体规模大,连续性好,埋藏不深,矿体保存完整,储量最大,占矿体总储量的76%,以此矿段特征可代潜矿床特征。

寒武系第二统有清虚洞组($\epsilon_{2-3}g$)和"乌训组"(ϵ_2w)。第二统—第三统有高台组和第三统石冷水组,第三统—芙蓉统娄山关群,地层划分见表4-2-3。

表 4-2-3 都匀牛角塘锌矿床地层划分表

系	统	群、组、段、层及代号			
寒武系	芙蓉统	娄山关群($\epsilon_{3-4}l$)			
	第三统	石冷水组(ϵ_3s^1)	ϵ_3s^1	ϵ_3s^2	
				ϵ_3s^{1-2}	
				ϵ_3s^{1-1}	
		高台组($\epsilon_{2-3}g$)	$\epsilon_{2-3}g$	$\epsilon_{2-3}g$	
	第二统	清虚洞组($\epsilon_{2-1}q$)	$\epsilon_{2-1}q^2$	ϵ_2q^{2-8}	
				ϵ_2q^{2-7}	
				ϵ_2q^{2-6}	
				ϵ_2q^{2-5}	
				ϵ_2q^{2-4}	
				ϵ_2q^{2-3}	
				ϵ_2q^{2-2}	
				ϵ_2q^{2-1}	
			ϵ_2q^1		
		"乌训组"("ϵ_2w")			

"乌训组"(ϵ_2w):矿床所处相区称杷榔组,以F_2为界,两盘岩性厚度差异甚大;F_2以北具杷榔组特点,F_2以南更像丹寨相区乌训组特点,上覆、下伏地层与杷榔组相同,故用"乌训组"一名。分三段,矿床出露一、二段。

"ϵ_2w^1":黄绿色、青灰色水云母页岩及黏土质页岩,厚大于40m。

"ϵ_2w^2":灰、深灰色薄层细至粉晶灰岩夹砂屑灰岩,硅化粉砂岩,钙质页岩。与ϵ_1q^2呈断层接触,厚大于40m。

清虚洞组共分两段,第二段分八层。

ϵ_2q^1:出露于矿床外围,为灰、深灰色薄层状、条带状灰岩,厚40m。

清虚洞组二段是矿床主要的含矿层位,与区域比较,有一定差异(表4-2-4),反映沉积环境与区域不同。

$\in_2 q^{2-1}$：不存在。前人误把$\in_2 q^{2-4}$与"$\in_2 w$"呈断层接触的$\in_1 q$薄层灰岩划为$\in_2 q^{2-1}$。

$\in_2 q^{2-2}$：深灰色层纹状条带状泥质白云岩，厚15～25m。

$\in_2 q^{2-3}$：深灰色薄至中厚层炭泥质粉-细晶白云岩，厚15～25m。

$\in_2 q^{2-4}$：灰色粉至细晶白云岩，镜下见残余藻鲕及藻叠层石。上部为灰色和深灰色互层，I矿化带产于其中，顶部常见2～3m花斑状或晶洞白云岩，钻孔控制厚大于140m，牛角寨、王家山、左湾田厚度分别为0.70～33.20m、50～70m和60～75m，下伏地层为薄层状或条带状亮晶藻屑（葛万藻）、砂屑灰岩夹泥质白云岩。故$\in_2 q^{2-4}$或$\in_2 q^2$厚度由西至东变厚。

$\in_2 q^{2-5}$：深灰色中厚层层纹状含粉砂质、碳泥质泥-粉晶白云岩。粉砂质为石英、玉髓、白云母、少量锆石、电气石等，含量5%～25%，碳泥质为有机质和水云母，偶见高岭石和胶磷矿，含量1%～10%，向北东泥质增多。层纹由粉砂质和泥质组成。岩石中普遍含1%～3%黄铁矿；局部见闪锌矿化，可富集成工业矿体，厚10～25m。

$\in_2 q^{2-6}$：深灰色中厚层残余鲕状粉晶白云岩，鲕粒细小均匀，约1mm，结构疏松，岩石裂隙发育、破碎，镜下可见磨圆较好的中粒白云石砂屑及石英粉屑。局部见迁积核形石堆积体，层间断层发育，厚10～25m。

$\in_2 q^{2-7}$：浅灰、灰色厚层粉至中晶白云岩，常见黄铁矿（1%），偶见残余鲕粒结构。在构造作用下岩石破碎，呈角砾状，裂隙构造发育。II矿化带产于其中，是矿床主要的含矿层位，厚40～65m。

$\in_2 q^{2-8}$：浅灰、灰色厚层豆状粉至细晶白云岩，普遍含炭泥质（1%）、黄铁矿（1%～5%）、石英粉砂（1%），局部偶夹砂质纹层。顶部常见不稳定呈透镜状产出的鲕状灰岩、白云质灰岩，与下伏白云岩呈渐变过渡，鲕粒具正粒序变化，厚1～2m。岩石中颗粒主要为豆粒或核形石，一般呈椭球状、球状，2～10mm，具同心圈层构造，豆心为泥晶白云石，壳圈为粉晶白云石，表面具氢氧化铁附着物，镜下常见复鲕结构，多为藻黏结鲕粒，亮晶胶结，鲕圈内常见暗色有机质。该层顶部可见两种角砾（白云岩、页岩）彼此相嵌的角砾状岩石，角砾大小不等（1～10cm），推测可能属暴露成因产物。III矿化带产于其中，厚30～70m。

表4-2-4　$\in_1 q^2$岩石特征对比表

岩石范围特征	对比	
	矿床	区域
岩层厚度	大于340m	297～319m
岩层构造	$\in_2 q^{2-4}$、$\in_2 q^{2-7}$、$\in_2 g^{1-1}$为厚层—块状层	颗粒白云岩，结晶白云岩和瘤状白云岩多为中—厚层
颗粒	鲕、豆、核形石少，且多被改造成残余结构	鲕、豆、核形石多，保存完整
成分	成分复杂。含泥炭质、粉砂质、胶磷矿、黄铁矿、重晶石等	成分简单，泥炭质、黄铁矿等少
相位	$\in_2 q^{2-4}$—$\in_2 g^{1-1}$为台地边缘浅滩相较低水位较低能环境	相应瘤状白云岩层—颗粒白云岩层为台地边缘浅滩相较高水位较高能环境

中寒武统有高台组和石冷水组。高台组为灰、青灰色薄层纹状泥质白云岩页岩,夹泥质粉砂质夹层。

$\epsilon_3 s$:厚 $80\sim100\mathrm{m}$。偶见闪锌矿、方铅矿化。为灰夹深灰色细至中晶白云岩夹鲕状白云岩。

第四系(Q):主要分布于坡麓和沟谷两侧,为黏土、岩石碎块和少量迁积、残积褐铁矿。

这代表了台地边缘浅滩相中的沉积环境。

龙王庙期的台地边缘浅滩相沉积的清虚洞组,是黔东铅锌矿重要的含矿层位,根据浅滩沉积的垂向变化及伴生的沉积相组合特征,以都匀牛角塘铅锌矿床为例,可将浅滩沉积进一步细分(表 4-2-5)。

清虚洞组第二段的容矿层为牛角塘铅锌矿床内最重要的容矿层。可进一步细分为主、次两个容矿层。主容矿层由清虚洞组第二段上部的渗透率良好的浅灰色厚层、中厚层颗粒白云岩层构成,其上覆地层为中寒武统高台组;次容矿层由清虚洞组第二段中部的浅灰色中至厚层渗透率略次之的结晶白云岩层组成,在主、次容矿层之间为一套薄至中厚层渗透率不好的含炭泥质藻纹层泥晶至细晶白云岩。

微相特征如下:

"乌训"期,沉积物为暗色细碎屑,岩石具薄层构造,产 Changasis. sp 等三叶虫,为台地缓坡相环境。

清虚洞期,$\epsilon_2 q^1$、$\epsilon_2 q^{2-2}$、$\epsilon_2 q^{2-3}$ 分别为薄层状、条带状灰岩,层纹状、条带状、中厚层状泥质白云岩和粉晶白云岩,继承了"乌训"期缓坡相环境,在缓坡内侧海水不流畅构成"半封闭"状态,沉积了高镁碳酸盐,成岩期变为白云岩。

$\epsilon_2 q^{2-4}$—$\epsilon_2 q^{2-6}$ 沉积时,海水进一步变浅,碳酸盐产率增加。在广阔的缓坡内产生了碳酸盐砂沉积,沉积单层厚度加大($\epsilon_2 q^{2-4}$),由于碳酸盐砂堆积和控微相构造的存在,在牛角塘造成相对较低水位较低能环境。沉积了 $\epsilon_2 q^{2-5}$ 层纹状含粉砂质、炭泥质沉积。

$\epsilon_2 q^{2-6}$ 时,区域上变为浅海半封闭潮下带至潮间带下部高能环境,沉积一套含藻豆(核形石)厚层碳酸盐岩,牛角塘期继续保持相对低水位环境,为一套中厚层均匀细鲕沉积,偶有较高水位迁积核形石。$\epsilon_2 q^{2-5}$ 时形成的这种较低水位环境持续到 $\epsilon_2 g^{1-1}$ 末期,与区域差异逐渐缩小,形成 $\epsilon_2 q^{2-7}$、$\epsilon_2 q^{2-8}$ 厚层颗粒白云岩,颗粒成分复杂,有鲕粒、砂屑、藻屑、团粒、核形石,形成碳酸盐颗粒滩,见纹石白云岩,普遍含 $1\%\sim2\%$ 粉晶黄铁矿,是半封闭潮下带至潮间带下部高能环境典型沉积。应该看到,$\epsilon_2 q^{2-4}$—$\epsilon_2 q^{2-8}$($\epsilon_2 g^{1-1}$ 以下同)总体为台地边缘滩相沉积,但随着碳酸盐滩堆积到一定时候或由于构造原因,可造成半封闭环境的相对低能环境的沉积—无颗粒厚层结晶白云岩,如 $\epsilon_2 q^{2-4}$ 上部、$\epsilon_2 q^{2-7}$ 中下部、$\epsilon_2 q^{2-8}$ 下部,这些部位均是铅锌矿的产出部位,在高能环境中产出的鲕粒、豆粒白云岩,往往很少含矿。

高台期,沉积物为薄层状泥质白云岩、页岩,夹泥质、粉砂质夹层,夹重晶石透镜体,具水平层理。粉砂为石英等陆源碎屑,为较深水潮下低能带的产物,局部属半封闭环境。

$\epsilon_3 s^{1-1}+\epsilon_3 s^{1-2}$ 期,沉积以富含鲕粒、砂屑、藻屑、核形石、砾屑为其特点,夹粉砂质层、砂质层、具斜层理,颗粒大小不等,与不含颗粒中、薄层白云岩组成韵律层,沉积环境动荡,反映由潮下带、潮间带至潮上带周期性变化。

清虚洞组第二段上部的浅灰色厚层、中厚层颗粒白云岩属于晚期高水位体系域。晚期高水位体系域快速海退。碳酸盐岩的成岩过程处氧化环境。形成浅灰色的碳酸盐岩。由于快速海退使得晚期高水位体系域的白云岩暴露地表遭受淡水的淋滤，一些容易溶解的物质便溶解在水里而被带走。沉积的白云岩孔隙度增大渗透率增加，为铅锌矿床产出的主要含矿段。在主、次容矿层之间为一套薄至中厚层渗透率不好的炭泥质藻纹层泥晶质白云岩，为晚期高水位体系域快速海退后的海进沉积体。由于水体上升迅速沉积相向陆迁移，薄层至中厚层渗透率不好的含炭泥质藻纹层泥晶至细晶白云岩覆盖于高水位体系之上。

从表 4-2-5 中可以看出，铅锌矿均产于高水位体系域，而且分布于由高水位体系域中较浅水体形成的沉积岩中，由较深水碳酸盐的缓坡沉积至潟湖沉积，矿体产于潟湖相沉积环境形成的白云岩中，较深水环境碳酸盐＋砂泥质沉积缓坡(潮下低能环境)至潮间，至潟湖环境，具有脉动变化的特点。结合区域性蔓洞断裂从牛角塘铅锌矿床旁侧通过，且在控制金顶山组—杷榔组、清虚洞组—乌训组同期不同沉积特征的现象(表)，说明在清虚洞组沉积时由较深水体向较浅水体的变化，可能亦受到北东向蔓洞断层的控制作用。蔓洞断层是黔东深大断裂的分支断裂之一，其长期的活动，对滩(丘)的分布、潟湖的形成，铅锌矿的初始富集起着至关重要的作用，亦可能控制黔东台地边缘相的分布，从而控制黔东铅锌矿带的分布。

(二)构造

牛角塘锌矿床就位于加里东期早楼断层-隆起带上，被燕山运动破坏，难以恢复，但大致可以看出，隆起中心位于 F_2 与 F_3、F_{310} 交叉部位的望城坡，影响范围东至狮子洞，西到竹根寨、牛角寨，南至 F_2 上盘 $\in_2 w$，北至对垭坡，呈北东 55°延展，面积 10 余平方千米。南部由 $\in_2 w$ 细碎屑岩及薄层碳酸盐岩组成。从隆起北、北西、南西、南至东倾向由 325°、300°、240°、160°、120°变化，倾角 10°～20°，个别 60°～84°；隆起中心为 $\in_2 q^2$ 厚层白云岩组成，产状紊乱，岩石强烈破碎，次级断裂发育，岩石普遍见碎裂现象。马坡矿段靠近隆起中心，含矿较好，向南西方向如东冲铅锌矿床则矿化减弱。就马坡矿段而言，整体呈单斜构造，仅靠断层附近发生一些牵引褶曲，发育一些大型挠曲构造。

矿段内断裂发育，同一条断裂具多期复活特点，且后期断裂活动掩盖了早期构造形迹；断裂类型多样，如逆冲、断陷、走滑；作用有别，如控相、控矿、破坏矿等。形成了矿床复杂交织的构造格架。

北东向断层为矿床主要断层，计有 F_2、F_3、F_{310}、F_{410}、F_{409}、F_{418} 六条。重要的断层有 F_2 和 F_{310}。

F_2：即区域早楼断层，是早楼-马寨断裂系的主体断层。如前所述，此断层在雪峰期已出现雏形，加里东期断陷控相，属正断层，晚期逆时针平推走滑，燕山期顺时针斜冲走滑，延伸大于 50km。走向 40°～55°，倾向 130°～145°，倾角 54°～74°，上盘地层为 $\in_2 w$，牵引褶曲发育，下盘为 $\in_2 q^2$，岩石强烈碎裂，铅垂断距大于 150m，北东大，南西小，断层破碎带 2～10 余米，成分取决两盘岩性，一般为碎裂白云岩、断层角砾岩或白云岩透镜体、破碎粉砂质页岩、黏土质页岩、褐铁矿。破碎带中常见白云石化、弱方解石化、弱硅化、弱重晶石化、黄铁矿化，构造化

表 4-2-5 都匀牛角塘铅锌矿床清虚洞组层序类型

地层代号			层序代号	体系域	岩石特征	结构构造	沉积环境	含矿情况
组	段	层						
石冷水组 ($\epsilon_3 s^1$)	($\epsilon_3 g^1$)		III_{5-3}	高水位体系域	灰色中厚层—厚层鲕豆状	中层、厚层构造、鲕状、豆状构造	潮间（滩）	偶见方铅矿化
高台组 ($\epsilon_{2-3} g$)	($\epsilon_{2-3} g^1$)	($\epsilon_{2-3} g^{1-2}$)	III_{5-2}	海侵体系域	含泥质、粉砂质薄层状、条带状白云岩	薄层状、条带状构造、泥晶结构、粉砂状结构	较深水环境碳酸盐＋砂泥质沉积缓坡（潮下低能环境）	
清虚洞组 ($\epsilon_1 q$)	颗粒白云岩段 $\epsilon_2 q^k$	($\epsilon_2 q^{2-8}$) ($\epsilon_2 q^{1-1}$)	III_{5-1}	低水位体系域	灰色厚层豆状白云岩，豆粒为藻核形成、发育于上部	厚层状构造、细晶、粒状结构、残余鲕状构造	潮间（滩） ↑ 潟湖	矿体产于矿层下部，次要含矿层位
		($\epsilon_2 q^{2-7}$)	III_{4-6}		灰色厚层细晶白云岩，偶见残余鲕粒	厚层状构造、细晶结构、残余鲕粒结构	潟湖	
		($\epsilon_2 q^{2-6}$)	III_{4-5}		深灰色细晶鲕粒白云岩，鲕粒均匀，平均0.5mm	中厚层状构造、细晶结构	潮间（滩）	矿体产于矿层下部，主要含矿层位
		($\epsilon_2 q^{2-5}$)	III_{4-4}	高水位体系域	含泥质、粉砂质纹层状白云岩	薄层状、条带状构造、粉砂质、泥质结构	较深水环境碳酸盐＋砂泥质沉积缓坡（潮下低能环境）	
	瘤状岩段 $\epsilon_2 q^b$	($\epsilon_2 q^{2-4}$)	III_{4-3}		灰色条带状灰岩、薄层状白云岩	厚层状、条带状构造、细晶结构	潟湖	矿体产于矿层上部，次要含矿层位
	薄层岩段 $\epsilon_2 q^b$	($\epsilon_2 q^{2-3}$) ($\epsilon_2 q^{2-2}$) ($\epsilon_2 q^{2-1}$)	III_{4-2}		含泥质条带状灰岩、白云岩	薄层状、条带状构造、泥晶结构	较深水碳酸盐坡沉积	
	一段 $\epsilon_2 q^1$		III_{4-1}		灰色薄板状灰岩	薄层状构造、泥晶结构		
杷榔组（乌训组）变马冲组、九门冲组 ($\epsilon_2 p, \epsilon_{2} b, \epsilon_{2} j$)			III_3	海侵体系域				

探结果表明,沿断裂带有 Pb、Zn、Cd 异常分布。基岩化学样分析结果反映,沿早楼断层的蚀变带中有 Hg、F、Ba、As、Sb、Ag、Pb、Zn、Cu、Au、Co、Cr、Sn、W、Ni、Mo、Bi 等不同性质化学元素异常显示,与成矿关系密切。属右型平移-逆断层,即顺时针走滑逆断层。

F_{310}:位于矿床中部,北东交 F_2 于狮子洞,南西穿马坡,过左湾田经王家山,进入牛角寨矿段向南西延伸,全长 8.0km,走向 50°~65°,倾向 320°~335°,倾角 60°~77°,沿走向波状起伏。马坡矿段上盘为 $\in_3 g^{1-3}$、$\in_2 q^{1-4}$ 颗粒白云岩,下盘为 $\in_2 g^{1-2}$、$\in_2 g^{1-1}$、$\in_2 q^2$ 泥质白云岩、页岩、残余藻鲕白云岩。破碎带宽 2~7.00m,由断层岩块、白云岩透体、断层角砾岩及揉皱劈理化泥质白云岩、断层泥组成,局部地段仅见碎裂现象,碎粒 0.2~10mm。断层岩块不规则(5~15cm),透镜体大小不等,长 3~200cm,最大厚 10cm,有时呈菱形岩块,低角度斜交断层面,断层角砾为白云岩,呈棱角状,0.2~6mm,被白云石脉、后生白云石、断层泥、泥质、白云质胶结;断层泥、泥质白云岩产生破劈理,走向上、倾向上低角度斜交主断层面,可见刚性岩块斜错破劈理现象,为不同期应力作用的产物。破碎带中普遍见白云石化、方解石化、弱重晶石化和弱硅化、弱黄铁矿化、深色化(含有机质、泥质)。沿断裂带有 Pb、Zn、Cd 异常分布。由于受次级断层影响,不同地段表现出不同性质,由 310-15、2-3 和 309-12 勘探线方向断距有增大趋势,总表现为上盘向南西斜滑移。为左型平移-正断层,即顺时针斜走滑正断层。

北西组断层:该断层走向 315°,倾向 225°~230°,倾角 68°,北交 F_{310},南抵 F_{403},长 440m,铅垂断距 40m;破碎带宽 1m,由碎裂白云岩断层泥组成,顶、底板断层面平直光滑,紧靠顶、底断层面发育无规律分布褐铁矿,属逆断层。

层间构造指层间滑动面、层间断层。前者一般低角度斜交(小于 5°)岩层面,特别发育于富矿与贫矿、围岩间,呈波状起伏,镜面发育,Ⅲc 富矿体顶板常见,闪锌矿、黄铁矿具磨光现象。后者主要发育于 $\in_2 q^{2-6}$ 中,并低角度斜交 $\in_2 q^{2-7}$、$\in_2 q^{2-5}$,而不进入这两个层位,强烈时造成 $\in_2 q^{2-6}$ 岩石重分配,形成"肿缩"现象,可能与区域推覆构造和 $\in_2 q^{2-6}$ 之岩石结构有关。

值得一提的是,钻孔资料表明,$\in_{2-3} g$ 底界以上岩层较完整,构造稀少而简单,$\in_{2-3} g$ 底界以下层位断层发育,破碎带宽,构造交切复杂,是否说明相应时期($\in_{2-3} g$ 前)发生较强烈构造运动——加里东期的一个构造幕?尚待进一步研究。

构造的分布及组合特点:牛角塘锌矿床就位于 F_2 与 F_3 之间夹块内,横向上来看,北东向断层组成一组顺时针、逆时针斜走滑断层,矿段表现为明显的对冲现象,主矿体位于 F_{179} 与 F_{103}、F_2 与 F_3 之间,恰好落在对冲沉陷断块内,形成"地堑"式组合特点。纵向上来看,发育一组南北向正断层,形成以王家山为中心,向两侧依次断陷的"地堑"式组合。无论构造组合形式怎样,都受控于 F_2,北东向构造交于菜园河,形成牛角塘带状构造,其收敛部位紧靠牛角塘隆起中心,与成矿关系密切。

构造发展演化分析:矿床构造受控于大地构造背景,依赖于区域地质构造的发展和演化。在雪峰期,F_2 已出现雏形。受加里东早期构造运动的影响,F_2 活化为顺时针斜走滑正断层,旁侧产生了 F_{310} 逆时针斜走滑逆断层,在 F_2 两侧 $\in_2 p$ 具不同沉积相,由于 F_{310} 的作用,$\in_2 q$ 时矿床处于比 F_{310} 以北相对较低的位置,形成与区域上有一定差异的碳酸盐沉积;即 F_{310} 具控微相作用。此期在 $\in_2 q$ 地层中还产生了一些小断层和构造角砾岩带。加里东末期,受都匀运动和广西运动的影响，F_2、F_{310}分别活化为逆时针走滑逆断层和顺时针走滑逆断层，产生了牛角塘隆起和低角度斜交F_2小褶曲、F_{410}、F_{104}"×"型剪裂等(图4-2-5)。

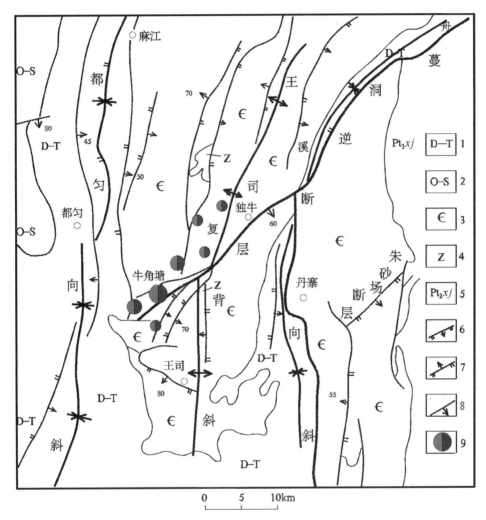

图 4-2-5　区域地质及锌矿分布略图(据陈国勇等，1992)
1.泥盆系—三叠系；2.奥陶系—志留系；3.寒武系；4.震旦系；5.下江群；
6.正断层；7.逆断层；8.性质不明断层；9.锌矿床(点)

燕山期，发生近东西向的水平挤压作用，初期产生了F_3、F_{403}、F_{103}逆断层。F_{103}、F_{403}形成首尾相接的菱形结环，表明为同期应力作用的产物。早期形成的剪裂、隐裂F_{410}、F_{104}、F_{409}、F_{418}产生了位移形成逆断层，后期强烈挤压，王司背斜形成，F_2、F_3活化为顺时针走滑逆断层，F_{310}变为逆时针走滑正断层，产生与王司背斜轴(最大应变轴)平行的正断层F_5、F_{408}等，并广泛发育层间断层、层间破碎带、层间滑动。南北向断层断距大，在其断落过程中，改造掩盖前期断层F_{409}、F_{310}等，使同条断层各段断距不等。

F_2控制的北东向沉积盆地成为成矿流体上升通道，次级断层控制微地貌，形成不同的沉积微相，矿床形成于滩后潟湖相环境。

(三)矿体特征

矿化带的分布及矿床规模:矿床有 4 个含矿部位,位于 ϵ_2q^{2-4} 上部、ϵ_2q^{2-7} 中下部、ϵ_2g^{1-1} 和 ϵ_3g^{1-3} 中上部,分别称Ⅰ、Ⅱ、Ⅲ、Ⅳ矿化带(图 4-2-6),除Ⅳ矿化带仅见矿化外,其余均由若干个矿体组成。ϵ_2q^{2-5} 偶见矿化,局部见工业矿体。

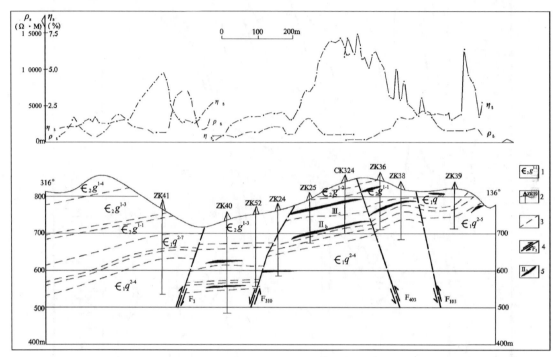

图 4-2-6 都匀牛角塘锌矿床马坡矿段 310 号勘探线 ρ_s、η_s 曲线图(据陈国勇,1992)
1.地层代号;2.钻孔位置及编号;3.地层界线;4.断层及编号;5.矿体及编号

矿段计算 332+333+334 锌、镉金属储量分别为 287 681.82t 和 4 279.133t,镉达大型规模。

Ⅲ矿化带中的矿体:由Ⅲa_1-Ⅲa_{10}、Ⅲb_1-Ⅲb_6、Ⅲc_1-Ⅲc_9、Ⅲd_1-Ⅲd_9、Ⅲe_1-Ⅲe_5 共 39 个矿体组成,以Ⅲc_5 矿体规模较大。

Ⅱ矿化带中的矿体:由Ⅱa_1-Ⅱa_{11}、Ⅱb_1-Ⅱb_5、Ⅲc_1-Ⅲc_7、Ⅱd_1-Ⅱd_4、Ⅱe_1、Ⅱf_1 共 29 个矿体组成,其中Ⅱb_1 矿体规模最大,为现在探明矿床及矿段内的主矿体。

Ⅱb_1 矿体:倾向 325°~350°,倾角 10°~25°,矿体长 1080m,剖面呈似层状、透镜状(图 4-2-6),铅垂厚 0.70~15.10m,平均 3.75m,平均真厚 3.37m,四周薄中间厚,Zn 品位 2.11%~22.14%,平均 6.08%,Cd 0.03%~0.281%,平均 0.10%,计算 332+333 铅锌资源量 178 745.73t,占 26.53%。共生镉金属 332+333 锌资源量 2 938.68t。

Ⅰ矿化带中的矿体:由Ⅰa_1、Ⅰb_1、Ⅰc_1-Ⅰc_4、Ⅰd_1-Ⅰd_5、Ⅰe_1-Ⅰe_5、Ⅰf_1-Ⅰf_6 共 22 个矿体组成,矿体小而零星,变化大。

(四)矿石质量

1. 矿石组成

矿石化学组分简单。主要有用组分为 Zn，矿体中平均含 Zn 2.0%～51.07%，矿段平均 5.12%，矿石中单件样高达 51.07%。Cd 为有益组分，矿石中一般 0.009%～0.20%，平均 0.076%，与闪锌矿密切相关。伴生硫铁矿一般含 S 4%～8%，平均 5.35%，Ⅲc 矿化层位含量较高。

表 4-2-6、表 4-2-7 反映 Zn 赋存于 ZnS 中，其次是 $ZnCO_3$、$CaMg[CO_3]$ 中；Cd 以类质同象形式赋存于 ZnS、$ZnCO_3$、$CaMg[CO_3]$ 中，其中以近地表条件下锌矿半氧化带中存在的铅锌矿（少量）中 Cd 含量最高，达 1.34%，一般在 ZnS 中，Cd 含量高出一般工业要求 4～10 倍。菱锌矿电子探针分析结果显示，氧化带中 Zn 与 Cd 是分离的，Zn、Cd 相关分析统计见表 4-2-8。氧化矿石 Zn、Cd 相关系数较低，反映了矿石氧化后 Cd 富集不明显。

组成矿石的矿石矿物为闪锌矿（铅锌矿）、铁闪锌矿、菱锌矿、黄（白）铁矿，微量异极矿、方铅矿、辉锑矿、雄黄等，脉石矿物为白云石，微量方解石、重晶石、石英等。

表 4-2-6　单矿物化学分析表

矿物名称	分析结果/%						
	Zn	CaO	MgO	Cd	Ce	Ga	In
闪锌矿	54.93	2.43	2.01	0.57	0.002 9	0.001 5	0.000 1
白云石	1.11	29.72	20.95	0.019	0.002	0.000	0.000 2

表 4-2-7　单矿物电子探针分析结果表

矿物名称	分析结果/%					
	Zn	Cd	Ge	Ga	S	Fe
闪锌矿	65.63	0.508	0.016	0.01	33.17	0.189
铅锌矿	66.05	1.34	0.026		32.58	0.045
菱锌矿	51.34	0.037	0.055			0.23

表 4-2-8　Zn、Cd 相分析结果表

矿石类型	平均品位		回归方程	相关系数	备注
	Zn	Cd			
硫铁矿	5.52	0.076	$y=2.174+65.566x$	0.867	
混合矿	4.77	0.070	$y=2.592+7.401x$	0.811	y 为 Zn 品位，x 为 Cd 含量
氧化矿	5.35	0.097	$y=2.881+32.117x$	0.523	

2. 矿石结构构造

矿石具有环带状结构、镶嵌结构、自形—他形晶结构、溶蚀结构、碎裂结构等，主要以浸染状、团块状、角砾状、条带状构造为主。

环带状结构：闪锌矿呈他形集合体粒状、团块状产出，含量40％～60％；脉石矿物为残留状微晶白云岩，发育大小不等、形状各异的晶洞或孔洞，且被石英、玉髓、蛋白石、碳酸盐，以及硫化物等充填，有时形成核为蛋白石、玉髓或石英，向外依次为碳酸盐、闪锌矿和黄铁矿的环带状结构（照片4-2-21、照片4-2-22）；黄铁矿呈自形晶、半自形晶集合体，加叠在闪锌矿之上，黄铁矿在围岩中呈稀疏浸染状产出。环带状结构所反映的并非简单的交代残留结构，可能闪锌矿与蛋白石、玉髓或石英和碳酸盐可能为同沉积产物。

镶嵌结构：矿石矿物占40％～60％，其中闪锌矿占矿石矿物的30％。闪锌矿呈他形晶或他形集合体，呈团粒状或团块状产出，与黄铁矿一起组成宽5～6mm的条带，最小若丝线状；黄铁矿主要呈自形晶他形集合体，与闪锌矿一起呈密集浸染状分布于白云岩中；脉石矿物主要为泥晶白云岩，晶粒化作用大多变为细晶白云岩，且见少量方解石（照片4-2-23）。未见闪锌矿和黄铁矿组成细脉穿插白云石的现象。

自形—他形晶结构：矿石矿物为闪锌矿和黄铁矿，占20％～30％，闪锌矿呈他形或半自形或晶粒集合体，与黄铁矿组成波浪式的条带；黄铁矿多为自形晶或柱状集合体；两者主要呈块状，其次呈粒状浸染于围岩中。脉石矿物为白云石，他形集合体，呈微晶镶嵌，闪锌矿、黄铁矿密集浸染其中，白云石多晶粒化形成细晶结构造。

溶蚀交代结构：闪锌矿、黄铁矿彼此呈港湾状接触，相互溶蚀包裹。脉石矿物为碳酸盐、方解石；金属矿物为黄铁矿、闪锌矿；交代结构，浸染状构造（照片4-2-24）。

条带状结构：闪锌矿呈团粒状、团块状、浸染状与黄铁矿和白云石组成条带（照片4-2-25）。

碎粒构造：闪锌矿、黄铁矿受构造作用，碎裂成大小不等碎粒（0.1～10mm），被白云石胶结。脉石矿物为碳酸盐、方解石；金属矿物为闪锌矿，少量黄铁矿；交代结构，浸染状构造（照片4-2-26）。

浸染状构造：闪锌矿和黄铁矿呈稀疏浸染状分布于白云石中（照片4-2-27）。

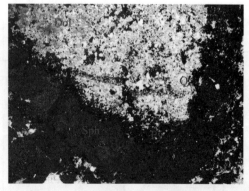

照片4-2-21 闪锌矿石中的环带状结构
单偏光10×20
闪锌矿(Sph)，石英(Q)，白云石(Dol)，黄铁矿(Py)

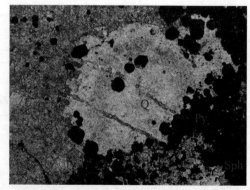

照片4-2-22 闪锌矿石中的环带状结构
单偏光10×20
闪锌矿(Sph)，石英(Q)，白云石(Dol)，黄铁矿(Py)

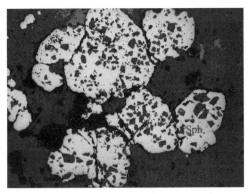

照片 4-2-23　镶嵌结构

反射光 10×20

闪锌矿(Sph),石英(Q),白云石(Dol),黄铁矿(Py)

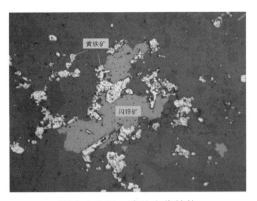

照片 4-2-24　溶蚀交代结构

反射光 10×20

(牛角塘铅锌矿床大梁子矿段)

照片 4-2-25　条带状构造显微特征

单偏光 10×20

Dol:以白云石为主的条带;Sph:以闪锌矿为主的条带;Py:以黄铁矿为主的条带

照片 4-2-26　碎裂结构(牛角塘铅锌矿床大梁子矿段)

反射光 10×20

照片 4-2-27　浸染状构造(牛角塘铅锌矿床大梁子矿段)

反射光 10×20

(五)围岩、夹石及围岩蚀变

Ⅰ、Ⅱ、Ⅲ矿化带矿体的围岩、夹石均为厚层白云岩,其岩石特征与对应含矿层位$\in_2q^{2-4}$、$\in_2q^{2-7}$、$\in_2g^{1-1}$相同。受成矿时地质环境影响,近矿围岩出现如下蚀变。

白云石化:蚀变强烈,顺矿体展布方向延伸,在紧靠矿体下盘1～3m范围内较发育,蚀变白云石结晶粗大,主要表现为由白云石组成细脉(网脉)、团块、条带(条纹)。岩石呈深灰色,结晶颗粒增大,含粉至微晶黄铁矿,微量(<2%)碳质。顺矿体发育。

硅化:微弱,不均匀分布,呈溶蚀状、不规则状结晶(0.05～0.3mm),深色蚀变带中常见硅化,沿闪锌矿碎粒间、孔隙间充填或沿闪锌矿碎粒碎块边缘分布。

黄(白)铁矿化:蚀变普遍,远矿围岩表现为黄铁矿呈粉晶结构,星点状或稀疏浸染状分布于白云岩中,含量1%～3%;近矿围岩黄(白)铁矿呈粉晶集合体或粉末状,顺深色化蚀变带分布,含量1%～8%;矿石中常与闪锌矿组成各种矿石类型(致密块状、浸染状等),粉至粗晶结构,含量2%～20%,不均匀分布。

重晶石化:微弱,偶在矿体尖灭或矿化减弱部位见及,呈团块状分布于白云石化岩(矿)石中。

方解石化:微弱,沿裂隙呈细脉状充填。

沥青化:沿白云石晶间、晶洞间、裂隙间充填,含量小于1%。

牛角塘锌矿床蚀变的特点是在紧靠矿体及下盘发育顺层产出的白云石化和弱硅化,几乎没有见到切层矿化现象。含矿岩石与五指山地区的重要区别是:五指山铅锌矿体中含泥、炭、砂质,容矿岩石成分杂,表现较"脏",可能与封闭环原潟湖环境有关系;牛角塘锌矿床容矿岩石较纯较"干净",多为亮晶颗粒白云岩,也可能与近滩沉积环境有关。

第三节 元素地球化学特征

一、稀土元素地球化学特征

产于下寒武统地层中的铅锌矿石稀土元素总量ΣREE、$\Sigma LREE$、$\Sigma HREE$、$\Sigma LREE/\Sigma HREE$、δEu、δCe、$(La/Sm)_N$、$\delta^{34}S_{CDT}$(‰)、$\delta^{13}C$见表4-3-1～表4-3-4。沿河三角塘关山、都匀牛角塘大梁子、那雍枝铅锌矿床的元素地球化学特征如下。

(1)ΣREE分别为5.098×10^{-6}、8.573×10^{-6}、26.474×10^{-6},分别是球粒陨石的1.548倍、1.692倍和8.039倍,前两者富集程度弱,后者富集程度高;五指山那雍枝铅锌矿的矿化白云岩的ΣREE与北美40个页岩平均值比,REE仅为其平均数的0.009倍,稀土很贫,与矿体的REE区别大,是不同的来源。

(2)$\Sigma LREE$分别为4.513×10^{-6}、7.755×10^{-6}、23.273×10^{-6},分别是球粒陨石的2.140倍、3.678倍和11.038倍,轻稀土富集,稀土元素的配分曲线图为右倾的配分模式(图4-3-1),轻稀土分异较明显,而重稀土分异不明显。

第四章 寒武系中的铅锌矿床

表 4-3-1 稀土元素分析结果表

矿点	样品编号	样品岩性	Ce	Pr	Nd	Sm	Eu	Gd	Tb	Dy	Ho	Er	Tm	Yb	Lu
三角塘美山	XT-07	闪锌矿石	1.480	0.176	0.611	0.119	0.022	0.112	0.018	0.108	0.023	0.066	0.010	0.068	0.010
	XT-08	闪锌矿石	4.867	0.564	2.074	0.391	0.068	0.410	0.057	0.304	0.058	0.157	0.023	0.151	0.023
	XT-09	闪锌矿石	3.441	0.400	1.438	0.310	0.061	0.268	0.043	0.260	0.053	0.139	0.020	0.118	0.017
	XT-10	闪锌矿石	1.290	0.161	0.578	0.108	0.018	0.098	0.016	0.102	0.022	0.066	0.010	0.070	0.012
	XT-11	闪锌矿石	0.223	0.076	0.302	0.056	0.011	0.046	0.008	0.049	0.010	0.028	0.004	0.025	0.003
	XT-12	闪锌矿石	0.034	0.209	0.693	0.139	0.023	0.114	0.018	0.107	0.022	0.065	0.010	0.069	0.011
	XT-15	闪锌矿石	3.921	0.425	1.494	0.278	0.047	0.324	0.046	0.255	0.050	0.133	0.018	0.113	0.017
	XT-16	闪锌矿石	3.629	0.366	1.212	0.223	0.035	0.278	0.038	0.199	0.042	0.111	0.015	0.090	0.013
	XT-17	闪锌矿石	3.329	0.389	1.325	0.275	0.041	0.313	0.047	0.296	0.063	0.178	0.026	0.166	0.025
	XT-18	闪锌矿石	2.280	0.231	0.669	0.141	0.013	0.126	0.019	0.113	0.024	0.065	0.009	0.061	0.009
	XT-20	闪锌矿石	3.036	0.350	1.189	0.238	0.024	0.217	0.036	0.229	0.050	0.135	0.018	0.103	0.014
大梁子	XT-28	铅矿化白云石	8.111	1.165	4.627	0.886	0.208	0.739	0.126	0.760	0.143	0.360	0.048	0.281	0.042
	XT-29	铅矿化白云石	0.474	0.782	2.833	0.566	0.233	0.562	0.085	0.474	0.090	0.235	0.033	0.199	0.030
	XT-30	铅矿化白云石	21.927	2.581	9.562	1.842	0.810	1.811	0.257	1.506	0.316	0.910	0.137	0.909	0.140
	XT-32	铅矿化白云石	1.368	0.631	2.480	0.702		0.777	0.075	0.398	0.083	0.240	0.036	0.233	0.035
	XT-33	铅矿化白云石	14.398	1.674	6.170	1.406	1.873	1.490	0.162	0.897	0.190	0.526	0.079	0.513	0.079
	XT-34	闪锌矿石	0.750	0.124	0.531	0.160	0.110	0.138	0.019	0.101	0.018	0.045	0.006	0.032	0.005
	XT-36	闪锌矿石	0.394	0.057	0.204	0.048	0.030	0.054	0.009	0.054	0.010	0.026	0.003	0.018	0.003
	XT-38	闪锌矿石	0.366	0.050	0.170	0.032	0.034	0.038	0.007	0.043	0.009	0.024	0.003	0.019	0.003

表 4-3-2 稀土元素计算结果表

矿点	样品编号	样品岩性	ΣREE	ΣLREE	ΣHREE	ΣLREE/ΣHREE	Ce/Ce*	Eu/Eu*	(La/Yb)$_N$	(La/Sm)$_N$	(Sm/Lu)$_N$	(Gd/Yb)$_N$
三角塘关山	XT-07	闪锌矿石	3.575	3.158	0.416	7.587	0.954	0.582	7.464	3.927	1.905	1.328
	XT-08	闪锌矿石	11.618	10.435	1.183	8.824	0.962	0.514	11.103	3.945	2.803	2.192
	XT-09	闪锌矿石	8.365	7.446	0.918	8.108	0.944	0.628	10.309	3.624	3.009	1.831
	XT-10	闪锌矿石	3.173	2.776	0.397	6.997	0.967	0.534	5.990	3.590	1.503	1.131
	XT-11	闪锌矿石	1.279	1.105	0.174	6.358	0.274	0.651	11.957	4.871	2.909	1.513
	XT-12	闪锌矿石	2.576	2.160	0.416	5.189	0.017	0.544	10.482	4.763	2.066	1.345
	平均		5.098	4.513	0.584	7.177	0.686	0.576	9.551	4.12	2.366	1.557
大梁子	XT-15	闪锌矿石	10.013	9.056	0.957	9.467	0.762	0.479	17.323	6.506	2.701	2.311
	XT-16	闪锌矿石	9.552	8.765	0.787	11.130	0.663	0.430	24.766	9.231	2.898	2.489
	XT-17	闪锌矿石	9.464	8.350	1.114	7.495	0.646	0.422	12.212	6.788	1.844	1.521
	XT-18	闪锌矿石	5.890	5.463	0.427	12.794	0.648	0.287	23.794	9.445	2.557	1.682
	XT-20	闪锌矿石	7.946	7.143	0.803	8.897	0.733	0.316	15.182	6.062	2.747	1.700
	平均		8.573	7.755	0.818	9.957	0.69	0.387	18.655	7.606	2.549	1.941
那雍枝	XT-28	铅矿化白云石	20.652	18.152	2.500	7.262	1.023	0.762	7.628	2.222	3.542	2.127
	XT-29	铅矿化白云石	9.042	7.335	1.706	4.298	0.083	1.244	8.350	2.698	3.181	2.282
	XT-30	铅矿化白云石	54.499	48.514	5.985	8.106	0.922	1.336	8.815	3.999	2.194	1.612
	XT-32	铅矿化白云石	10.659	8.782	1.877	4.680	0.203	0.000	10.510	3.205	3.313	2.701
	XT-33	铅矿化白云石	37.520	33.583	3.937	8.530	0.902	3.916	10.681	3.580	2.946	2.351
	平均		26.474	23.273	3.201	6.575	0.627	1.452	9.197	3.481	3.035	2.215
	XT-34	闪锌矿石	2.519	2.156	0.363	5.944	0.728	2.203	10.284	1.877	5.710	3.505
	XT-36	闪锌矿石	1.107	0.930	0.177	5.254	0.890	1.816	7.394	2.560	3.165	2.408
	XT-38	闪锌矿石	0.970	0.824	0.146	5.659	0.949	2.984	6.187	3.357	2.024	1.649
	平均		1.532	1.303	0.229	5.619	0.856	2.334	7.955	2.598	3.633	2.521

表 4-3-3　铅锌矿床硫化物硫同位素特征

样品地点	样品编号	样品描述	$\delta^{34}S/‰$	误差$\delta/‰$
三角塘关山	TW009	方铅矿	19.061	0.014
	TW010	方铅矿	18.284	0.008
	TW011	方铅矿	28.37	0.002
	TW018	黄铁矿	28.982	0.021
	TW019	闪锌矿	31.688	0.014
	TW020	黄铁矿	29.455	0.003
那雍枝	TW037	方铅矿	20.099	0.006

表 4-3-4　大梁子、那雍枝炭同位素测量结果

矿点	样品编号	岩性	$\delta^{13}C_{PDB}/‰$	$\delta^{18}O_{PDB}/‰$	$\delta^{18}O_{SMOW}/‰$
大梁子	TW-18	白云石脉	−1.035	−11.886	18.61
	TW-18(围)	白云岩(围岩)	−0.628	−6.621	24.03
	TW-21	白云石脉	−1.064	−11.128	19.39
那雍枝	TW-35	白云石脉	−1.016	−11.096	19.42
	TW-35(围)	白云岩(围岩)	−0.214	−4.908	25.80
	TW-37	白云石脉	−0.258	−7.699	22.92
	TW-40	白云石脉	−0.436	−5.796	24.89

(3) $\sum$HREE 分别为 0.584×10^{-6}、0.818×10^{-6}、3.201×10^{-6}，是球粒陨石的 0.493 倍、0.690 倍和 2.902 倍，那雍枝铅锌矿床重稀土富集明显。

(4) $\sum$LREE/$\sum$HREE 分别为 7.177×10^{-6}、9.957×10^{-6}、6.575×10^{-6}，分别是球粒陨石的 4.033 倍、5.595 倍和 3.695 倍，反映轻稀土富集，分异明显；五指山那雍枝铅锌矿的矿化白云岩$\sum$LREE/$\sum$HREE 为 5.619，同样是轻稀土富集。

(5) δEu 分别为 0.576、0.387、1.452，前两者 Eu 亏损，为负异常，后者δEu 为正异常，有与岩浆有关的深源热流体加入；五指山那雍枝铅锌矿的矿化白云岩δEu 为 2.334，Eu 富集，有与岩浆有关的深源热流体加入。

(6) δCe 分别为 0.686、0.69、0.627，且$(La/Sm)_N$ 为 4.12、7.606、3.481，均大于 0.35，为δCe 负异常，反映氧化环境。

二、硫同位素地球化学特征

沿河三角塘关山及五指山那雍枝铅锌矿中的$\delta^{34}S_{CDT}$(‰)分别为 +18.284—31.688 和 +20.099，反映硫来自海水硫酸盐、蒸发硫酸盐和沉积物中的硫。

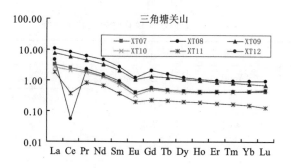

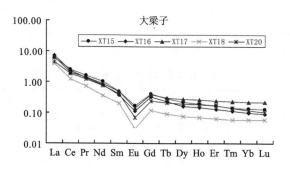

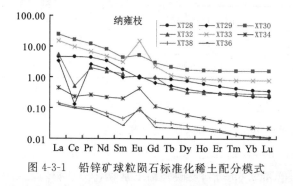

图 4-3-1 铅锌矿球粒陨石标准化稀土配分模式

三、碳、氧同位素地球化学特征

沿河、都匀牛角塘大梁子、那雍枝铅锌矿床矿石中白云石脉的 $\delta^{13}C$ 分别为 $-1.035\sim-1.064$ 和 $-0.258\sim-1.016$，$\delta^{13}C$ 来源于海相碳酸盐；$\delta^{18}O_{SMOW}‰$ 分别为 $18.61\sim19.39$、$19.42\sim24.89$，$\delta^{18}O_{SMOW}$ 来源于深部变质岩。白云石脉碳同位素值比围岩的稍低，与正常海相碳酸盐值一致，具有海洋碳酸盐碳同位素特征；白云石脉氧同位素值比围岩低。虽然白云石脉与其围岩的碳氧同位素值能分开，但都落在沉积碳酸盐附近（图 4-3-2）。说明大梁子矿床成矿流体在向上运移过程中与碳酸盐围岩或碳酸盐沉积物发生了水-岩反应，导致自身 $\delta^{13}C$、$\delta^{18}O$ 升高；白云石脉碳氧同位素组成与围岩相似，且其值均落在沉积碳酸盐范围内，同样说明了流体与围岩发生了水-岩反应。另外，根据表 4-3-5～表 4-3-7（王华云等，1996），认为贵州省铅锌矿铅的同位素组成落在正常铅的范围内,来源于上部大陆地壳,与密西西比洒谷型铅锌矿以 J 型铅为主的特点有明显区别。

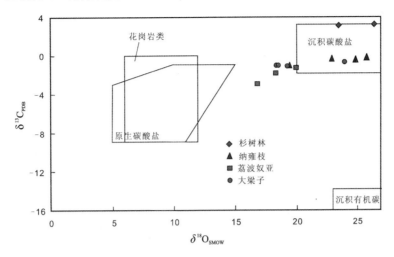

图 4-3-2　矿床中矿石白云石碳氧同位素图解

产于寒武系中的铅锌矿床,矿体产状与围岩产状一致,产于清虚洞组的特定层位,受同沉积断所控制的沉积盆地控制,矿石具同沉积构造特征,整体轻稀土富集,重稀土亏损,五指山那雍枝矿石及矿化白云岩$\delta Eu>1$,显示流体深源特征,所有矿床$\delta Ce<0$,显示矿床处浅层氧化环境,硫源来自于海水或硫酸盐,或蒸发硫酸盐,或沉积物,$\delta^{13}C$ 为海相碳酸盐中的 C,$\delta^{18}O_{SMOW}$来源于深部变质岩,总体特征反映矿床具有海底喷流沉积特点。

第四节　控矿条件及矿床成因

一、控矿条件

(一)龙王庙时期地质构造环境控制

Pt_3—O 时期,为 Rodinia 超大陆演化阶段,有裂解—裂崩隆起拉伸沉陷。寒武纪时期,扬子陆块属于稳定的地台,但由于受制于裂解—裂崩隆起拉伸沉陷的构造背景,仍有较大的活动性,以间歇性的断块活动为特征。贵州省的扬子陆块分布区,下寒武统牛蹄塘组覆盖全区,反映此期地台上的裂陷作用是较强烈的,与明心组地层一起组成海侵体系域和高水位体系域沉积,进入清虚洞沉积时期,龙门山及康滇隆起以西的广大地区上升为陆,受此影响,在扬子陆块上形成蒸发岩和碎屑岩混合沉积。此期在贵州的主要断块边界如下。

安顺-黄平断裂:牛首山隆起与北盘江盆地的边界断裂,寒武纪时期具较强的活动性,断裂北西侧上升为牛首山古陆。

康定-甘洛-紫云-河池断裂:地表为一组右行斜列的断裂带,是多个Ⅱ级构造单元的边界断裂,寒武纪时期是地层分区的小区边界。

表 4-3-5 贵州主要铅锌矿床(点)矿石硫同位素组成

序号	样品编号	取样地点	岩矿石名称	容矿层位	含硫矿物的 $\delta^{34}S$/‰			
					黄铁矿	闪锌矿	方铅矿	重晶石
1	KIS-2	织金新麦	浸染状闪锌矿石	$\in_2 q$	+10.00	+21.34		
2	KIS-9	都匀独牛1矿带		$\in_2 q$		+23.96		
3	KIS-10	丹寨摆泥	含铅细晶白云岩	$\in_3 s$ 下部			+28.46	
4	KIS-11	凯里叶巴洞		$\in_3 s$			+25.99	
5	KIS-12	凯里叶巴洞	团块状方铅矿	$\in_3 s$			+18.23	
6	KIS-13	凯里叶巴洞	浸染状铅锌矿	$\in_3 s$		+37.39	+31.85	
7	KIS-14	都匀东冲37所采石场		$\in_2 q$		+26.98	+27.20	+40.70
8	KIS-15	都匀马坡 M 矿带		$\in_2 q$		+27.69	+32.82	
9	KIS-16	都匀狮子洞矿段	灰岩断裂带铅锌矿	$\in_{3-4} s$		+23.53	+29.20	+45.50
10	KIS-18	三都牛场三纳		$\in_3 p$		+25.74	+20.33	
11	KIS-19	都匀马坡 PD-4M 矿		$\in_3 p$		+18.17		
12	KIS-24	沿河三角塘		$\in_3 p$		+10.87	+9.60	
13	KIS-25	沿河三角塘		$\in_3 p$				
14	KIS-26	沿河三角塘		$\in_2 q$				
15	KIS-30	松桃水源一代董剖面	含黄铁方铅闪锌矿细中晶晶洞云岩	$\in_2 q$	+22.74	+30.86	+18.90	
16	KIS-31	松桃水源一代董剖面	含黄铁闪锌方铅残余藻黏结灰岩	$\in_2 q$	+19.69	+19.69	+21.92	

第四章 寒武系中的铅锌矿床

表 4-3-6 贵州主要铅锌矿床（点）矿石铅同位素组成

编号	取样地点		容矿层位	铅同位素组成			φ 值年龄(Ma)	μ (铀铅比)	ω (钍铅比)	R.F.C. 模式年龄		R.F.C. 模式年龄	
				$^{206}Pb/^{204}Pb$	$^{207}Pb/^{204}Pb$	$^{208}Pb/^{204}Pb$				T_{206}	T_{208}	T_{206}	T_{208}
KIPB-24	水源	嗅脑矿田	$\epsilon_2 q$	18.196	15.782	38.561	531.90	9.853	41.601	347.37	262.48	368.83	139.35
KIPB-25	水源		$\epsilon_2 q$	18.150	15.740	38.441	516.80	9.775	40.908	373.09	320.46	399.94	208.95
A*	嗅脑		$\epsilon_2 q$	18.263	15.873	38.802	585.70	10.029	43.247	309.74	145.55	323.26	−1.17
B*	嗅脑		$\epsilon_2 q$	18.232	15.826	38.658	555.70	9.937	42.280	327.18	215.50	344.38	82.91
C**	角芽坪	渔塘矿田	$\epsilon_2 q$	18.212	15.761	38.446	497.60	9.808	40.750	338.41	318.05	357.98	206.05
D**	帮科寨		$\epsilon_2 q$	18.235	15.798	38.576	523.00	9.880	41.584	325.49	255.22	342.34	130.63
E**	耐子堡		$\epsilon_2 q$	18.150	15.720	38.222	494.30	9.734	39.702	373.09	425.83	399.94	335.36
F**	耐子堡		$\epsilon_2 q$	18.175	15.761	38.461	523.00	9.814	41.058	359.12	310.81	383.05	197.37
G**	马厂		$\epsilon_2 q$	18.179	15.687	38.226	436.60	9.664	39.200	356.89	423.91	380.34	338.05
KIPB-32	铜仁苍家坝		$\epsilon_2 q$	18.225	15.764	38.538	492.10	9.813	41.116	331.11	273.61	349.14	152.71
KIPB-5	马坡	牛角塘矿田	$\epsilon_3 s$	18.238	15.754	38.454	471.90	9.791	40.546	323.81	314.19	340.30	201.42
KIPB-10	东冲		$\epsilon_3 s$	18.182	15.715	38.214	466.50	9.720	39.414	355.21	429.67	378.32	339.96
KIPB-11	马坡		$\epsilon_3 s$	18.266	15.802	38.651	506.30	9.884	41.765	308.05	218.90	321.21	86.98
KIPB-14	马坡		$\epsilon_3 s$	18.207	15.740	38.410	477.50	9.767	40.399	341.21	335.41	361.37	226.89
KIPB-7	凯里叶巴洞		$\epsilon_3 s$	18.230	15.752	38.422	475.2	9.788	40.432	328.30	329.62	345.74	219.95
KIPB-8	凯里叶巴洞		$\epsilon_3 s$	18.197	15.747	38.387	492.3	9.782	40.432	346.81	346.49	368.15	240.19
KIPB-9	凯里叶巴洞		$\epsilon_3 s$	18.223	15.769	38.515	499.0	9.783	41.076	332.24	284.73	350.50	166.06
KIPB-13	三都牛场		$\epsilon_3 s$	18.006	15.584	37.945	439.1	9.480	37.963	452.92	558.31	496.36	494.10
KIPB-4	荔波古鲁		$\epsilon_3 s$	18.042	15.632	38.127	469.4	9.571	39.047	433.06	471.37	472.39	389.94
KIPB-18	沿河三角塘		$\epsilon_3 p$	18.195	15.725	38.321	468.8	9.738	42.174	347.93	136.30	369.51	−12.29

注：A. 深色闪锌岩；B. 浅色闪锌岩；C. 早期黄铁矿（早于闪锌矿）；D. 晚期黄铁矿（晚于闪锌矿）；* 数据来自《贵州省铅锌地质》1996，其中 * 数据系当地农民提供。

（据贵州省地质局地质科学研究所《贵州省铅锌地质》1996，其中 ** 数据来自胡从忠，** 数据来自湖南省地质矿产勘查开发局四〇五队）

表 4-3-7 贵州部分地层的岩石铅同位素组成

样品编号	取样部面	取样层位	岩性	铅同位素组成 $^{206}Pb/^{204}Pb$	$^{207}Pb/^{204}Pb$	$^{208}Pb/^{204}Pb$	φ值年龄 单阶段	两阶段	计算的 $u、w$ 值 单阶段模型 u	w	两阶段模型 u	w	实测 $u、w$ 值 u	w
KGC-1	松桃黄连	$\in_2 jm$	黑色碳质页岩	31.093	16.441	38.763							11.62	8.51
KGC-2	松桃黄连	$\in_2 b$	黑色页岩	20.025	15.814	39.256	−754.0	−577.7	9.76	34.0	10.31	34.2	11.92	16.64
KGC-3	松桃黄连	$\in_2 b$	砂岩	19.403	15.795	39.656	−308.4	−163.1	9.76	39.1	10.31	40.3	19.42	37.61
KGC-4	松桃黄连	$\in_2 p^1$	页岩	19.299	15.825	39.745	−191.9	−23.3	9.82	40.4	10.46	42.1	15.25	35.8
KGC-5	松桃黄连	$\in_2 p^2$	粉砂质页岩	19.335	15.826	40.429	−216.8	−46.8	9.82	42.8	10.46	45.3	14.16	55.3
KGC-6	普安兴中	$C_{1x}-j$	灰黑色碳质页岩、碳质泥岩	19.436	15.795	39.439	−332.9	−185.0	9.75	38.1	10.31	39.1	13.91	22.9
KGC-7	丹寨岩英	$\in_2 jm$		19.429	15.777	38.576	−352.4	−219.0	9.72	34.7	10.24	34.7	10.86	6.80
KGC-8	丹寨岩英	$\in_2 b$		19.903	15.863	39.973	−587.8	−375.6	9.85	38.4	10.52	39.9	13.12	51.3
KGC-9	丹寨岩英	$\in_2 w$	页岩	19.243	15.833	40.376	−140.8	32.7	9.84	43.3	10.51	45.9	16.17	59.9
KGC-	丹寨岩英	$\in_2 w$	灰岩	18.473	15.704	33.615	249.4	326.5	9.66	39.3	10.12	40.0		

(据贵州省地质局地质科学研究所《贵州省铅锌地质》,1996)

独山-凯里-玉屏-铜仁同沉积断裂,控制了台地边缘相带的分布,断裂北西为台地边缘相沉积,南东为台地边缘斜坡相沉积。从贵州省早寒武世龙王庙期的岩相古地理图上分析,同样性质的断裂可能还有安顺-册享断裂、织金-湄潭-务川断裂、赫章-毕节-习水断裂。因为这些断裂的存在,控制了台地边缘礁(滩)相地层的分布,控制了局限、半局限台地相沉积环境,为铅锌成矿提供了有利的初始沉积环境。

(二)沉积环境及层序

1. 沉积环境

据相关资料(地质矿产部成都地质矿产研究所、华东石油地质局地质研究大队,1990),龙王庙期沉积相带呈北东向展布,在松桃—镇远—凯里—独山一线北西广大地区为开阔台地相—局限台地相沉积,沿此线向南东依次发育台地边缘相、台地边缘斜坡相和深水滞流陆棚相。台地边缘相、台地边缘斜坡相分布较狭窄,宽度分别为 12~25km 和 32~42km。

局限台地相:由浅灰色、灰白、深灰色薄层、中厚层、块状层细晶白云岩、层纹状白云岩、泥晶白云岩、叠层石白云岩夹砂砾屑白云岩、鲕粒白云岩组成,构造以水平层理为主,另有斜层理、鸟眼、干裂等,生物少见。在赫章—安顺—册享以西发育白云岩组合,在赫章—安顺务川以北以含膏盐白云岩、灰岩组合为主,在务川—安顺—册享一线以东以白云岩、灰岩为主。

台地边缘相:主要发育藻丘和鲕粒—砂屑滩。

藻丘主要分布在松桃、铜仁、三穗、都匀,呈断续的狭长带状分布,上部为灰、深灰色厚层块状含藻及藻屑灰岩,中部由障积灰岩、黏结灰岩、生物粉砂屑灰岩组成,上部由纹层状藻黏结岩藻屑砂屑灰岩组成。藻类有附枝藻、隐藻、肾形藻等。藻丘高几十米到 200m,最长可达 8km。

鲕粒—砂屑滩分布于都匀、松桃、铜仁,由浅灰色厚层块状亮晶鲕粒白云岩、砂屑白云岩、砾砂屑灰岩、鲕粒灰岩、藻屑灰岩组成。

台地边缘斜坡相:主要由悬浮沉积物沉积形成的黏土岩、硅质岩、钙质黏土岩、泥晶灰岩组成,见滑塌、滑移和重力流沉积,以钙屑流和钙屑浊流沉积为主。

深水滞流陆棚相:为薄层碳质泥岩、硅质岩夹粉砂质泥岩。富含有机质、磷质和黄铁矿,具水平层理,生物罕见,反映闭塞、缺氧环境。

铅锌矿主要产于局限台地相(如五指山铅锌矿床)、藻丘相(叶巴洞铅锌矿床)、鲕粒—砂屑滩相(牛角塘铅锌矿床)控制。

2. 层序地层

根据第二章论述Ⅲ$_4$ 以金顶山组海侵体系域砂屑岩与Ⅲ$_3$ 分界,与清虚洞组之间为海侵面,其上为高水位体系,主要为碳酸盐岩。贵州省东部为台地边缘礁滩相,中西部为局限—半局限台地潮坪相,系铅锌矿的重要赋矿体系域。清虚洞组上部 R. nobilis 层为主要的控矿界面。

Ⅲ$_5$ 以海域体系域高台组下部白云岩与Ⅲ$_4$ 分界,其上含 Kaofania 的泥质岩为凝缩段,过渡到石冷水组高水位体系域膏盐白云岩。

铅锌的主要容矿层位为空隙度大且渗透率良好的浅灰色厚层、中厚层颗粒白云岩,其上部则为一套薄至中厚层渗透率不好的含碳质泥质藻纹层泥晶至细晶白云岩。容矿层高水位体系域的快速海退沉积体,是一个氧化环境的沉积体,利于硫还原菌生成,有利于铅锌成矿作用。

(三)古断裂

沿松桃—镇远—凯里—独山一线,北西广大地区为开阔台地相—局限台地相沉积,向南东依次发育台地边缘相、台地边缘斜坡相和深水滞流陆棚相。台地边缘相带其实与铜仁-三都古断裂及分支古断裂(如早楼断裂)大致重合,由于这些古断裂的作用,一方面由深部上升的成矿流体沿其构造带上升,为沉积盆地补充成矿物质,另一方面,在断裂抬升的一侧发育生物滩(丘),形成相对封闭的环境,形成盐度较高的卤水,与沿断裂上升的成矿流体混合,形成热卤水,在生物成矿作用的参与下,有利于铅锌成矿。

古断裂的作用是导致半封闭甚至封闭的环境形成,有利于铅锌成矿作用。由于上覆地层覆盖,许多地方不能直接观察清虚洞期断层的控相作用,但通过以后历次构造活动及沉积建造可以识别出来。如产于中寒武平井组中的沿河三角塘铅锌矿就位于区域性的官舟古断裂东侧,该古断裂控制了下奥陶统的沉积相分布,使同时异相地层湄潭组和大湾组分布于古断裂的两侧(贵州省地矿局一〇二地质队,1996),在寒武系平井组沉积期,并非无控相的可能,且官舟断裂旁侧分布的三角塘铅锌矿、板场铅锌矿的特征,与都匀牛角塘铅锌矿床类似,具有一定的找矿远景。

(四)有机质

牛角塘铅锌矿床矿石的一些晶洞构造中发现沥青,在五指山地区,铅锌矿体产于富含有机质粉砂质白云岩下部及附近,虽然成矿的机理尚不清楚,但生物的吸附作用及还原作用,是被大多数人认可的事实。

(五)背斜

从出露地表的清虚洞组中分布的铅锌矿床(点)可以看出,铅锌矿点几乎都分布于背斜构造上,特别是背斜近轴部。

(六)断裂构造带

断裂构造主要指切层断裂、层间断裂、层间破碎带等,如牛角塘铅锌矿床牛角寨矿段 F_1 次级分支断裂破碎带中有粗粒闪锌矿化,五指山铅锌矿田南西段于娄山关组地层中北西向断层破碎带中产出矿体,但对产于碳酸盐地层中的铅锌矿床而言,断裂构造的容矿作用是微不足道的,它指示存在成矿流体上升的通道或表现为成矿的后期改造特征。

二、矿床成因

根据上述分析,都匀牛角塘铅锌矿床和五指山铅锌矿床成矿模式见图 4-4-1、图 4-4-2。成因属"海底热卤水(喷流)成矿作用和后期构造作用、热液成矿作用弱改造的"叠加(复合/改造)矿床。

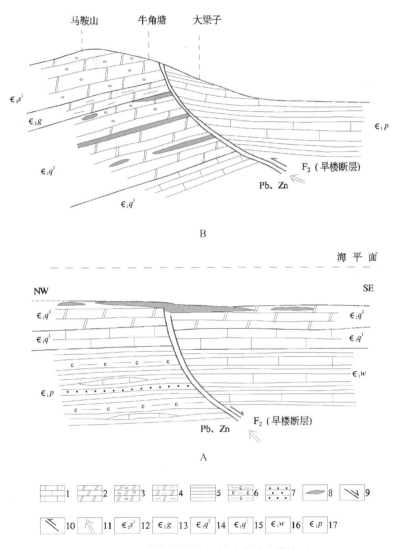

图 4-4-1 都匀牛角塘铅锌矿床成矿模式图

A.早期成矿模式;B.晚期成矿模式;1.灰岩;2.白云岩;3.豆(鲕)状白云岩;4.泥质白云岩;5.页岩;6.碳质页岩;7.砂岩;8.矿体;9.正断层;10.逆断层;11.热液及成矿组分运移方向;12.中寒武统石冷水组一段;13.中寒武统高台组;14.下寒武统清虚洞组一段;15.下寒武统清虚洞组二段;16.下寒武统杷榔组;17.下寒武统乌训组

(下寒武统杷榔组与乌训组为同时异相地层)

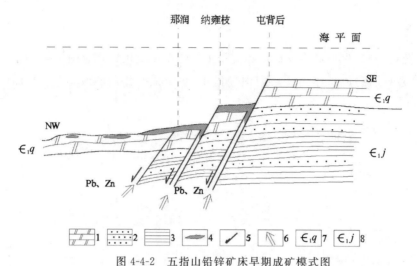

图 4-4-2 五指山铅锌矿床早期成矿模式图

1.白云岩;2.长石石英砂岩;3.页岩;4.矿体;5.正断层;6.热液及成矿物质运移方向;
7.下寒武统清虚洞组;8.下寒武统金顶山组

第五章　泥盆系地层中的铅锌矿床

第一节　地层与铅锌矿床(点)分布

由于早古生代末的广西运动,贵州东南部与扬子陆块拼合成统一的陆块,使贵州省的古环境由海洋逐渐向陆地转换,古地理的基本格局是南北分异,北部为古陆,南部为半活动性的深水沉积,各类重力流沉积发育,深水沉积和浅水沉积的界线受古断裂和同沉积断裂的控制十分明显。碳酸盐台边缘除了发育明显的生物滩外,生物礁十分发育。产于泥盆纪地层中的铅锌矿主要是分布于中泥盆统的独山组和上泥盆统的望城坡组/高坡场组,此时的古地理受紫云-垭都断裂、黔西-石阡断裂和安顺-黄平大断裂的影响,在赫章—安顺—贵阳—凯里—三都—荔波一线以北为上扬子古陆的一部分,铅锌矿床(点)分布区以南为沉积区(图5-1-1)。

从全省产于泥盆系地层中的铅锌矿床(点)分布来看,主要集中在黄平-贵阳-安顺断裂两侧(贵定半边街、竹林沟铅锌矿床)、三都断裂旁侧(荔波奴亚铅锌矿床)、弥勒-师踪断裂旁侧(盘县格老寨铅锌床)、门坎-银厂坡铅断裂旁侧(石门铅锌矿床)。分布与同沉积断层有密切的关系,产于受同沉积断层控制的局限盆地中。

产于泥盆系地层中的铅锌矿床,共有10个小型铅矿床,查明铅锌金属资源量储量$30.09×10^4$t,占全省的2.63%,其中锌$24.81×10^4$t,占比82.45%,铅$5.27×10^4$t,占比17.51%;保有铅锌资源储量$29.78×10^4$t,其中锌$24.56×10^4$t,铅$5.21×10^4$t。代表性的铅锌矿床有贵定半边街铅锌矿床、竹林沟锌矿床和盘县格老寨铅锌矿床。其他铅锌矿床分布见表5-1-1。

第二节　典型或代表性矿床——贵定半边街铅锌矿床

贵定半边街铅锌矿床,是以泥盆系地层为容矿岩石的代表矿床,可称为"半边街式"铅锌矿床,其矿床地质特征(贵州省地质调查院、贵州省地矿局一〇四地质大队,2003;陈国勇等,2006)总结如下。

半边街、竹林沟锌矿床两个矿床产出层位相当,构造位置相近,含矿岩性相似,其矿体产出特征及矿石特征也较相似;二者同属晚古生代沉积盆地边缘碳酸盐岩中的热卤水成因的铅锌矿床。

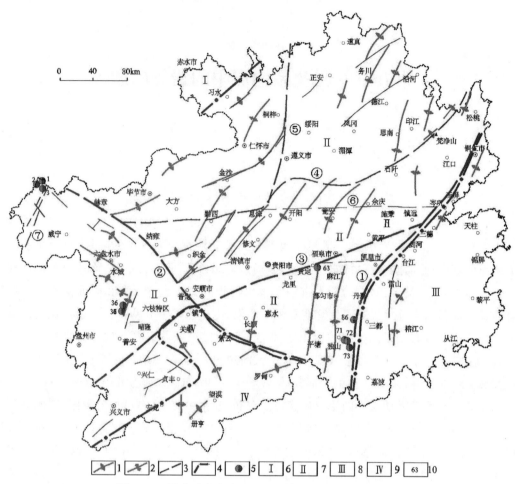

图 5-1-1 泥盆系容岩矿地层及铅锌矿床(点)分布示意图

1.背斜；2.向斜；3.断层；4.构造分区界线；5.小型矿床；6.赤水宽缓褶皱区；7.贵州侏罗山式褶皱带；8.黔东南断裂褶皱带；9.南盘江造山型褶皱带；10.矿点编号；①铜仁-三都断裂；②紫云-垭都断裂；③安顺-黄平断裂；④黔西-石阡断裂；⑤桐梓-息烽断裂；⑥瓮安-镇远断裂；⑦陈家屋基-新华断裂

一、地层

矿床出露地层自下而上依次为下奥陶统桐梓组、红花园组、大湾组（湄潭组）、下志留统高寨田组、中泥盆统蟒山组、上泥盆统、下石炭统祥摆组、摆佐组和下二叠统梁山组、栖霞组、茅口组，其间存在多个平行不整合。其中，上泥盆统为主要含矿层位，以区域黄丝断层（即 F_1）为界分为南、北两个相区：北部（半边街锌矿床）属凯里小区，出露高坡场组；南部（竹林沟锌矿床）属独山小区，出露望城坡组、尧梭组和者王组，者王组在区内观音阁附近尖灭。

上泥盆统岩性见表 5-2-1。

第五章 泥盆系地层中的铅锌矿床

表 5-1-1 产于泥盆系地层中的铅锌矿床一览表

单位：t

序号	矿产地名称	地理坐标 经度	地理坐标 纬度	成因类型	矿床规模	查明资源储量 锌	查明资源储量 铅	保有资源储量 锌	保有资源储量 铅	勘查程度	开发利用现状	容矿层位	含矿层位	矿床式
1	贵州省威宁县唐家坪子铅锌矿床	103°55′59″	27°23′56″	石灰岩容矿	小型	3 463.75	916.58	3 463.75	916.58	普查	停采	望城坡组	D_3w	
2	贵州省威宁县云炉河坝铅锌矿床	103°55′59″	27°23′56″	白云岩容矿	小型	52 228.33	15 559.53	50 127.59	14 982.29	普查	停采	望城坡组	D_3w	半边街式
3	贵州省威宁县苗寨铅锌矿床	103°58′00″	27°21′40″	白云岩容矿	小型	3088	4475	3088	4475	普查—详查	正在开采	望城坡组	D_3w	
36	贵州省水城县鹏政铅锌矿床	104°58′10″	26°04′42″	石灰岩容矿	小型	5397	922	5397	922	普查	未开采	火烘组	$D_{1-2}h$	
37	贵州省盘县格老寨铅锌矿床	104°57′00″	26°02′00″	白云岩容矿	小型	62 687	16 243	62 687	16 243	普查—详查	部分开采	火烘组	D_2h	
63	贵州省贵定县半边街铅锌矿床	107°17′16″	26°33′27″	石灰岩容矿	小型	48 885.5		48 478.5		普查	未开采	望城坡组	D_3w	半边街式
71	贵州省独山县万富山铅锌矿床	107°36′17″	25°48′20″	石灰岩容矿	小型	23 748.3		23 748.3		普查	未开采	独山组	D_2d	
72	贵州省独山县其山铅锌矿床	107°38′15″	25°47′45″	白云岩容矿	小型	17 575.28	2 265.9	17 575.28	2 265.9	普查	未开采	龙洞水组	D_2l	
73	贵州省独山县议寨铅锌矿床	107°39′54″	25°43′39″	石灰岩容矿	小型	10 608.35	12 337	10 608.35	12 337	普查	未开采	望城坡组和独山组	D_2d, D_3w	
86	贵州省三都县和平铅锌矿床	107°42′44″	26°00′59″	石灰岩容矿	小型	20 462.01		20 462.01		详查	未开采	独山组	D_2d	
合计						248 143.52	52 719.01	245 635.58	52 141.77					
						300 862.53		297 777.35						

表 5-2-1 上泥盆统岩性一览表

凯里地层小区			独山地层小区	
高坡场组 (D_3g)	三段	顶部常见灰、浅灰色中厚层白云质灰岩、泥晶灰岩；中部主体岩性为灰、深灰色中厚—细晶白云岩，局部见厚2～3m的含硅质结核白云岩；底部以厚1.5～3m的灰绿色泥质白云岩与下伏第二段分界。厚90～133m	者王组 (D_3z)	灰、浅灰色中—厚层泥晶介形虫灰岩。在岩头铺—观音阁站逐渐尖灭。厚0～30m
			尧梭组 (D_3y)	上部为浅灰、灰色中厚层细晶白云岩；中部为深灰色厚层细—中晶白云岩，偶含燧石团块或条带；下部为深灰色细—中晶含生物屑白云岩。厚100～161m
	二段	c层：灰色、深灰色中—厚层粉—中晶洞白云岩、含砂质白云岩。厚14.25～34.48m	望城坡组 (D_3w)	二段	灰、深灰色薄—中厚层泥晶生物屑灰岩，局部夹白云质灰岩、白云岩。走向上可渐变为白云质灰岩、白云岩。厚15～47m
		b层：暗灰—深灰色中厚层细晶白云岩、生物白云岩、层间常夹微细层泥质条带或薄层粉砂质黏土岩、泥质白云岩。底部泥质较富集。厚5.41～26.79m		一段	c层：灰、深灰色薄—中层含泥质白云岩夹深灰色中—厚层不等晶洞白云岩。底部可见厚1～2m的石英砂岩
		a层：灰、深灰色中厚层夹厚层细—粗晶晶洞白云岩、生物白云岩，生物白云岩中层孔虫常呈枝状或块状生长，构成岩石骨架。中上部常含燧石团块或条带，近顶部可见厚1～2m的硅质岩；中部常夹1～2层中—厚层石英砂岩透镜体，走向上可渐变为砂质白云岩。该层为矿床含矿层位之一，赋存2～4层闪锌矿体。厚21.35～33.49m			b层：深灰色中—厚层生物白云岩、晶洞白云岩，生物主要为层孔虫，常呈枝状或块状生长，构成岩石骨架。中、上部常含燧石条带；中部常夹中—厚层石英砂岩透镜体。该层为矿床含矿层位之一，赋存1～2层闪锌矿体。厚26～40.6m
	一段	顶部以一层厚0.2～0.5m的灰、灰绿色中厚层含泥质白云质粉砂岩与上覆地层分界；中部为灰、深灰色中—厚层细—中晶生物白云岩；底部为深灰—灰黑色泥质白云岩。厚5.9～10.87m			a层：灰、深灰色薄—中层生物白云岩。底部为薄—中层泥质白云岩。厚8.4～14.89m
蟒山组 (D_2m)		灰白色中—厚层粉砂岩—石英砂岩。厚2～70m	蟒山组 (D_2m)		为灰白色中—厚层中粒石英砂岩夹薄层黏土岩、砂质黏土岩，中部有土质砾屑层。厚300～450m

从表中可以看出,以黄丝断层为界,上泥盆统地层相变较大,并以此断层为界,北部为凯里地层小区,南部为独山地层小区。

含矿层岩相古地理特征为贵定县半边街、竹林沟锌矿床位于黔南—桂北晚古生代沉积盆地北缘,矿床北侧邻近古陆,南侧为陆表海。据前人对区域中泥盆世岩相地理的研究,在矿床东南谷硐—乐坪一带存在一个古岛屿,因而矿床附近是一个北西、南东两侧为陆地,陆源碎屑自南、北两个方向补给,海水自西南方向侵入的古海峡(贵州石油勘探指挥部,1983)。

由于近东西向黄丝正断层的同沉积活动,区内泥盆系在其两侧发生沉积相分异,分别沉积了北部的高坡场组和南部水体相对较深的望城坡组、尧梭组、者王组。但这种沉积分异在早期并不明显,两矿床含矿层岩性、沉积结构、构造、生物组合均存在相当的一致性,同属局限台地相带中近岸生物礁及潟湖环境的产物。

究其原因,可能是先期蟒山组碎屑岩快速填充,使断层两侧沉积基底高差不大,早期沉积环境相似所致。

根据岩石成分、结构、构造、生物组合及生态等特征,将区内晚泥盆世望城坡期早时中阶段局限台地碳酸盐岩细分为礁后潟湖、生物礁(滩)及半局限台地等几个相带。这些相带呈北东向展布,中部为开阔台地相带,两侧对称地依次分布生物礁(滩)相带和礁后潟湖相带(图 5-2-1)。

半局限台地相带:位于洞苗坝—半边街—二土地一线以南和大洞—中坝一线以北。沉积物以生物碎屑白云岩为主,生物种类主要见苔藓虫、球状层孔虫、腕足等,含量一般 $5\%\sim20\%$,常见燧石条带。岩层中夹 $1\sim2$ 层石英砂岩,可见砂、砾屑白云岩和含鲕白云岩。

生物礁(滩)相带:位于开阔台地相带两侧杨柳冲—瓦厂北—TC207 一带及史家屋基—笋子坡—青菜塘—蜂子岩一带。沉积物主要为生物白云岩、生物碎屑白云岩,常见燧石条带,并夹 $1\sim2$ 层石英砂岩。砂、砾屑白云岩(照片 5-2-1)或鲕状白云岩常见。生物种类以层孔虫、苔藓虫为主,层孔虫常呈板状,块状及枝状构成典型的格架岩、包黏岩、障积岩,生物含量一般 $30\%\sim70\%$,并常见藻纹层。

礁后潟湖相带:位于生物礁(滩)相带向陆一侧,沉积物以生物白云岩、生物碎屑白云岩为主,含大量灰黑色有机质,常见燧石条带,局部见硅质岩,部分地段见石英砂岩、白云质石英粉砂岩夹层。生物含量一般 $10\%\sim30\%$,亦可见 40% 以上者。生物种类主要见原地生长的枝状层孔虫、透镜状层孔虫,亦见苔藓虫、腕足等,多为碎屑,可能是从相邻相带被波浪打碎后搬运而来。半边街、竹林沟两锌矿床矿体均产出于该相带内。

二、构造

矿床处区域王司背斜轴部。黄丝背斜轴向近南北向纵贯工作区。核部在北段出露寒武系,南段则出露泥盆系地层,地层产状较平缓,倾角多小于 $10°$;两翼为上古生界,倾角 $20°\sim70°$。其核部发育一系列近东西向和北东向、北西向断层,形成了近南北向展布的地堑—地垒式构造。该背斜核部有铅锌、重晶石、硫铁矿等矿产分布,是本次工作的重点评价区之一。

区域断裂构造除发育近东西向的黄丝断层、江洲断层等外,还发育南北向燕山期逆冲推覆构造系,由于燕山期强烈的东西向挤压,区内形成了南北向强、弱应变带相间分布的构造格

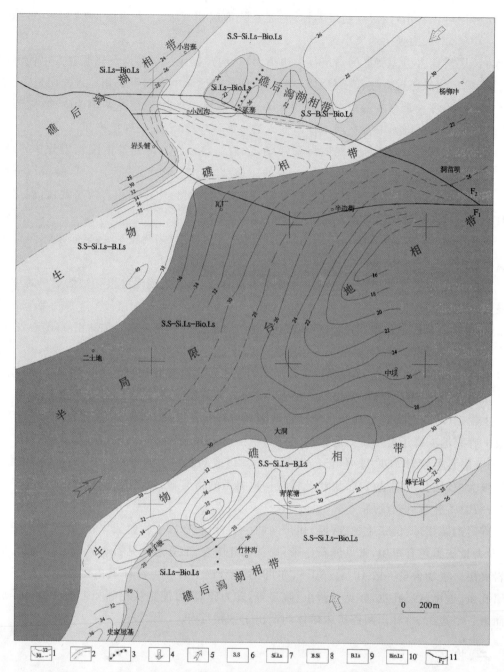

图 5-2-1 贵定半边街、竹林沟锌矿床晚泥盆世 $D_3 w^{1b}$ ($D_3 g^{2a}$) 时期岩相古地理图

(据贵州省地矿局一〇四地质大队,2003)

1.含矿层($D_3 g^{2a}$)等厚线;2.实、推测沉积相带界线;3.微相界线;4.陆源物质补给方向;
5.海进方向;6.砂岩;7.燧石灰岩;8.生物硅质岩;9.生物灰岩;10.生物屑灰岩;11.同沉积断层及编号

第五章 泥盆系地层中的铅锌矿床

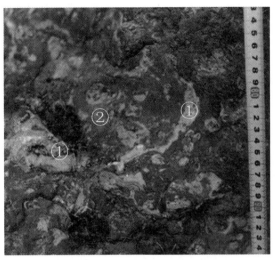

照片 5-2-1 块状层孔虫白云岩
半边街矿床:①层孔虫;②富含有机质的砂泥质白云岩

局。在侏罗山式褶皱的紧密向斜部位,由于应力集中,常形成密集的南北向逆冲推覆断裂带;而宽缓背斜处构造变形表现较弱,主要沿先期断裂形成一些走滑、斜冲或局部的张性断层。主要的断裂带有麻江-都匀逆冲断裂带和丹寨-三都逆冲断裂带以及北东向的拔毛寨走滑断层和蔓洞走滑-逆冲断层(图 5-2-2)。

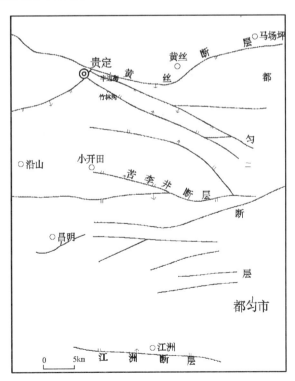

图 5-2-2 黄丝—江洲东西向构造略图(据贵州省地矿局一○四地质大队,2003)

矿床褶皱构造不发育，仅在断裂附近发育牵引褶曲；断裂构造以近东西向为主，其次为北西向，亦见北东向断层。

近东西向断层组包括 F_1、F_2、F_{204}、F_{205}、F_{216} 等。其中，F_1、F_2、F_{216} 组成的断裂带构成了矿床的主干构造，对矿床岩相古地理环境起着重要的控制作用，从而控制了矿床的形成与矿体的分布。

东西向断层以黄丝断层（F_1）为代表。沿半边街—黄丝—马场坪一线呈略向南凸起的弧形分布，西段呈北西向延出工作区外，东段呈北东向延伸，在马场坪以东被都匀断层截切，可能是沿早期北东向、北西向断层追踪形成。断层倾向南，倾角 40°～70°。西段断裂带较为复杂，宽达 1～1.5km，由许多透镜状或菱形条块状断块及其间相互交切、联结的次级破碎带组成，表现张性左行走滑特征；东段则伴有不同级次的逆断层，表现出南盘上冲的逆断层特征。破碎带宽 15 米至 100 余米，常见硅化、黄铁矿化、黏土化、方解石化、炭化等蚀变，普遍伴有断层角砾岩，角砾呈棱角状—次棱状，成分取决于两盘岩性，砾径几毫米到 3cm 不等，角砾间由炭泥质胶结，胶结物中普遍见星点状黄铁矿，断层倾向南，倾角 75°～80°。该断层两侧晚古生代地层差异明显，特别是志留系和泥盆系：南盘志留系广泛发育，厚 350～410m，而北盘厚度骤减，迅速尖灭；中泥盆统蟒山组变化亦如此。上泥盆统碳酸盐岩沉积两盘相变明显（表 5-1-1），石炭系、二叠系也不同程度存在差异。该断层东段，三叠系地层相变也大致在该断层带上发生。综上所述，黄丝断层位于作为黔北台隆和黔南台陷分界的滥坝-贵阳-三穗断裂之上，形成于加里东期末强烈的近东西向挤压环境下；在印支期以前，该断层表现为南盘下降的同沉积正断层，这种性质在海西期（泥盆纪—早二叠世）表现极为明显，对泥盆系沉积环境和古地貌起到重要的控制作用；印支期，由于区域上南北向的挤压，该断层表现为南盘上冲的逆断层；燕山期强烈的东西向挤压使该断层转化为张性左行走滑性质。该断层及其分支断层旁侧 Pb、Zn 等元素地球化学异常呈串珠状分布，在其两侧有准同生沉积型锌矿床产出。与其平行的还有苦李井断层、江洲断层等。

北西向断层组包括 F_{101}、F_{105}、F_{201}、F_{202}、F_{203}、F_{211} 等，走向延伸规模较大，常切错近东西向断层，但又不能切穿黄丝断层带。该组断层对矿体起着破坏的作用，常切割矿体并使矿体产生位错。

北西向断层以乐坪断层（F_{201}）为代表。沿罗坟塘—竹林沟—河边一线延伸近 4km，两端延出区外。在 D_3w 地层中，其破碎带宽数米至数十米，由断层角砾岩构成，角砾呈棱角状，砾径数厘米到数十厘米；延入 D_2m 中后由于浮土掩盖，破碎带特征不明。断层倾向南西，倾角 80°左右。D_3w^{1b} 含矿层被该断层切割处产出竹林沟锌矿床，且矿体分布与该断层似有一定关系：邻近断层部位矿体厚度较大，且产出两层矿体；远离断层矿体减为一层，并逐渐尖灭。

北东向断层：其形成较晚，规模较小，分布常受前两组断层限制，多具后期节理的性质。

三、矿体特征

(一)矿体或矿化带的产位

半边街锌矿床：含矿层为高坡场组二段 a 层（D_3g^{2a}），厚度 21.35～33.49m。东段含矿层厚约 28m，有 2 个（层）矿体产出。其中，I_1 矿体赋存于 D_3g^{2a} 含矿层底部（图 5-2-3、图 5-2-4），矿体底板即为含矿层的底板，距蟒山组顶界 5.9m；II_2 矿体位于含矿层中下部，底板距蟒山组顶界 16.4m。

II_1 矿体为矿床的主矿体，赋存于含矿层中部—中上部，含矿岩性主要为生物白云岩、纹层状粉砂质白云岩，底板距蟒山组顶界 20～27.8m，局部矿体膨大至含矿层下部砂质白云岩中，底板距蟒山组顶界 14m。

西段含有 3 个矿体，产于含矿层中部—上部，底板距蟒山组顶界 14.15～32.3m。

中段含矿层相对较薄，矿体在含矿层中的赋存部位有一定的变化，且自东向西含矿部位有逐渐抬高的趋势，但在矿床的不同部位中、上部均有矿体产出（图 5-2-4）。

竹林沟锌矿床：含矿层为望城坡组一段 b 层（D_3w^{1b}），厚 26～40.6m。共产出 2 个矿体，A1 矿体位于含矿层下部，含矿岩性主要为生物白云岩、纹层状粉砂质白云岩，底板距蟒山组顶界 16.9～24.23m，分布较为稳定。B1 矿体位于矿床西段含矿层上部燧石条带白云岩中，底板距蟒山组顶界 22.8～24.6m。

(二)矿体产状、形态及规模

II_1 矿体：赋存于 D_3g^{2a} 含矿层中上部（图 5-2-3、图 5-2-4），是半边街锌矿床主矿体。矿体呈层状、似层状产出，产状与围岩基本一致，倾向 276°～326°，倾角 5°～31°，一般 5°～18°。矿体沿视倾向长 742m，宽 60～132m；矿体真厚度 5.88～13.20m，西段相对较小（5.88～6.78m），东段较大（8.34～13.20m），平均 8.55m；矿体锌品位 2.48%～5.30%，西段较低（2.48%～4.44%），东段较高（5.03%～5.30%），平均 4.51%；平均镓品位 0.0057%，锗品位 0.014%，富锌矿体分布于矿体中、下部，在矿体中呈透镜状、串珠状断续产出，富锌矿体真厚度 0.24～1.46m。估算锌资源量（333+334_1）80 188.48t，概算伴生镓金属储量 99.41t；锗金属储量 244.14t。

A1 矿体：赋存于 D_3w^{1b} 含矿层中下部，是竹林沟锌矿床主矿体，矿体呈似层状、透镜状产出，产状与围岩基本一致（图 5-2-4），倾向 296°～337°，倾角 18°～28°。矿体走向长 946m，宽 56～230m；矿体西段较厚（1.34～5.59m，平均 4.04m），东段较薄（1.41～2.80m，平均 2.11m），矿体真厚度 1.34～5.59m，平均 3.27m；矿体锌品位 2.40%～15.75%，西段较富（6.82～15.75m），东段较贫（2.40%～2.91%），平均 8.79%；平均镓品位 0.0014%，平均锗品位 0.015%。估算锌资源量（334_1）111 146.45t，伴生镓金属储量 12.32t，锗金属储量 132.02t。西段亦见 Zn 品位大于 8% 的富锌矿体呈透镜状、串珠状断续产出，主要分布于矿体的中部，距矿体顶板 0～1.98m，距底板 0～1.15m，真厚度 0.29～3.21m。

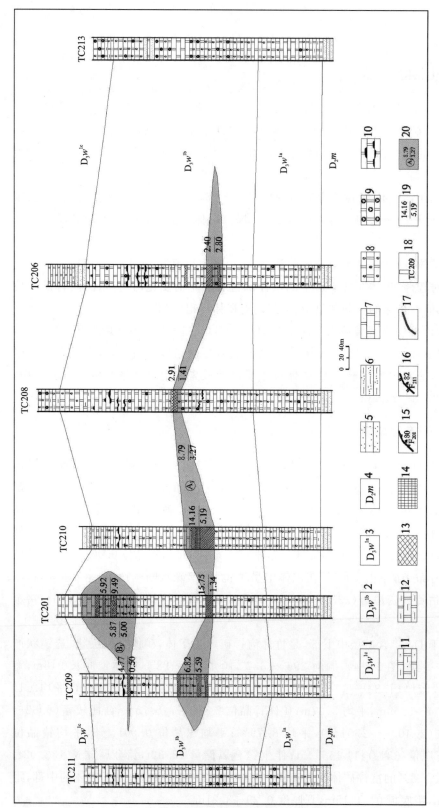

图5-2-3 半边街铅锌矿床含矿层(D_3w^{1b})矿体柱状对比图

(据贵州省地矿局一〇四地质大队,2003)

1.上泥盆统望城坡组一段1c层; 2.上泥盆统望城坡组一段1b层; 3.上泥盆统望城坡组一段1a层; 4.中泥盆统蟒山组; 5.石英砂岩; 6.泥质粉砂岩; 7.白云岩; 8.生物白云岩; 9.晶洞白云岩; 10.砾石团块(条带)白云岩; 11.砂泥质白云岩; 12.泥质白云岩; 13.褐铁矿; 14.闪锌矿; 15.实测正断层及编号; 16.实测逆断层及编号; 17.矿体露头线; 18.工程及编号; 19.工程矿体、平均品位、平均真厚度(m); 20.矿体编号、平均品位(%)\平均真厚度(m)

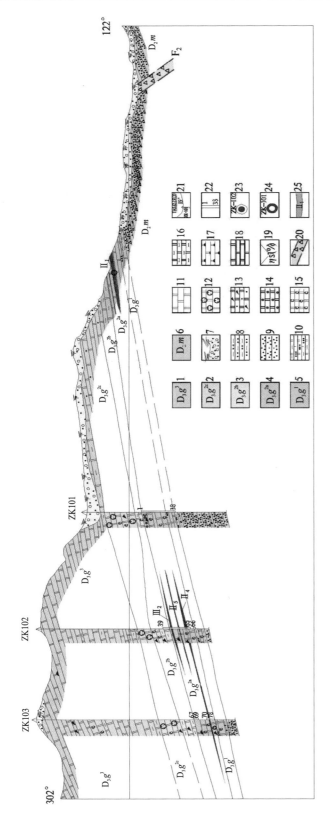

图5-2-4 半边街铅锌矿床1—1′勘探线剖面图
(据贵州省地矿局一〇四地质大队,2003)

1.上泥盆统高坡场组三段;2.上泥盆统高坡场组二段c层;3.上泥盆统高坡场组二段b层;4.上泥盆统高坡场组二段a层;5.上泥盆统高坡场组一段;6.中泥盆统蟒山组;7.浮土;8.黏土质粉砂岩;9.石英砂岩;10.泥质云质粉砂岩;11.白云岩;12.晶洞白云岩;13.含砂砾屑白云岩;14.矿化白云岩;15.生物白云岩;16.泥质白云岩;17.燧石白云岩;18.硅质白云岩;19.视极化率曲线;20.断层破碎带;21.钻孔位置及编号[孔口标高(m)及终孔深度(m)/终孔倾角(°)];22.取样位置及编号;23.见矿位置及顺序号;24.矿化钻孔及编号;25.锌矿体及编号

(三)矿体围岩、夹石及围岩蚀变

除I_1矿体底板和III_2矿体顶板为含泥质白云岩、泥质白云岩外,其余矿体围岩及夹石均为白云岩。围岩蚀变弱,特别是矿体上盘围岩或者含矿层上盘岩石,基本未见蚀变现象(照片5-2-2~照片5-2-5),主要蚀变有黄铁矿化、白云石化,蚀变范围略宽于矿体,远离矿体逐渐消失,蚀变特征如下。

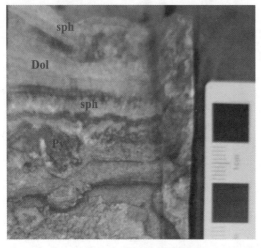

照片 5-2-2 贵定半边街铅锌矿床 ZK502 孔 b 矿体顺层闪锌矿层纹
Dol. 白云岩;Py. 黄铁矿;sph. 闪锌矿

照片 5-2-3 贵定半边街铅锌矿床 LD2 中矿体与顶板接触关系
Dol. 白云岩;sph. 闪锌矿

照片 5-2-4 贵定半边街铅锌矿床竹林沟顺层锌矿体
Dol. 白云岩;Py. 黄铁矿;sph. 闪锌矿

照片 5-2-5 贵定半边街铅锌矿床竹林沟顺层锌矿体
Dol. 白云岩;Py. 黄铁矿;sph. 闪锌矿

黄铁矿化：分布较为普遍，黄铁矿呈粉—粗晶集合体或粉末状分布，常与闪锌矿组成各种矿石类型（浸染状、纹层状、块状）。

白云石化：白云石呈细小晶粒状胶结矿物质及碎屑物质。

硅化：微弱，石英晶粒呈溶蚀状，形态不规则，不均匀分布。

闪白铁矿化：偶见，常呈自形晶粒环绕闪锌矿呈马牙状分布。

重晶石化：偶见，呈团块状、细脉状沿近矿围岩不均匀分布。

四、矿石特征

（一）矿石组成

矿石化学组分简单。有用组分主要为 Zn，矿体中含 Zn 2.33%～12.45%，矿床平均 4.00%（半边街）和 8.51%（竹林沟），单件样品含锌含量可高达 52.94%。伴生有益组分为 Pb、Ga、Ge，平均含量 Pb 0.04%～0.72%，一般 0.11%～0.50%，个别达 1.38%；Ga 0.001%～0.005%，一般 0.001%～0.0014%；Ge 0.001%～0.015%，一般 0.001%～0.005%。

矿石矿物主要为闪锌矿、铁闪锌矿、菱锌矿，另见黄铁矿、白铁矿等；脉石矿物主要见白云石，另有少量的石英、方解石、重晶石等。

（二）矿石结构构造

矿石常见碎屑结构、细粒结晶结构、交代结构。

细粒结晶结构：闪锌矿、黄铁矿细小晶粒不均匀分布于矿石中。

碎屑结构：闪锌矿（闪锌矿—黄铁矿）细小晶粒聚集呈碎屑状（草莓状）产出（照片 5-2-6、照片 5-2-7）。

交代结构：石英晶粒交代闪锌矿（Ⅰ）、（Ⅱ）、闪锌矿（Ⅱ）交代碎屑物质及黄铁矿（Ⅱ）交代闪锌矿（Ⅰ）（照片 5-2-10）。

矿石矿物：主要为黄铁矿，少量闪锌矿；脉石矿物方解石和石英呈细粒粒状结构，黄铁矿包括粗粒和细粒两种。

矿石构造：主要见块状构造、纹层状构造、浸染状构造、胶状构造。

纹层状构造：有两种形式，其一是碎屑状（或草莓状）黄铁矿—闪锌矿（或闪锌矿）集合体顺层偏集形成纹层；其二，闪锌矿细小晶粒顺层偏集形成纹层（照片 5-2-7～照片 5-2-11。纹层具塑性形变特征，具滑塌构造（照片 5-2-9）。

浸染状构造：闪锌矿细小晶粒不均匀分布于碎屑物质之间，并轻微交代碎屑物质。

胶状构造：黄铁矿—闪锌矿细小晶粒呈胶状围绕白云石晶粒（或集合体）外呈环状产出。

块状构造：矿石中闪锌矿（或黄铁矿—闪锌矿）含量较高，呈均匀分布。

另外，矿石氧化后，常具许多孔洞，形态大小不一，分布无规律；隔壁由难溶矿物构成骨架，具蜂窝状构造。

同生沉积阶段：碎屑状闪锌矿（或黄铁矿—闪锌矿）与碎屑物质共同沉积，形成纹层状、块状矿石，为矿床主要成矿期。

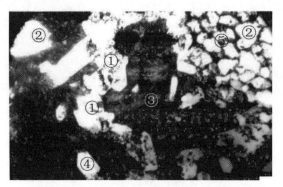

照片 5-2-6　碎屑状闪锌矿、粉砂、黄铁矿、
自形石英之间的关系

半边街矿床，×200，单偏光：①闪锌矿（Ⅱ）；
②闪锌矿（Ⅰ）；③黄铁矿；④自形石英；⑤粉砂物质

照片 5-2-7　草莓状结构

目镜 10×物镜 4×薄片　单偏光产地：半边街

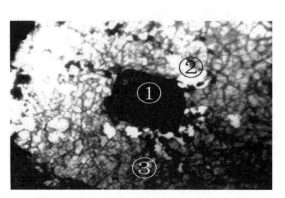

照片 5-2-8　黄铁矿交代闪锌矿

半边街矿床，×100，单偏光
①黄铁矿；②闪锌矿；③粉砂物质

照片 5-2-9　纹层状锌矿石

半边街矿床，PD-101，闪锌矿（Sph）、黄铁矿
（Py）、白云石（Dol）与碎屑物质偏集形成纹层，
可见明显的准同生滑塌褶皱

照片 5-2-10　层纹状闪锌矿（单偏光 10×20）

产地：半边街，薄片，自然光，×100，单偏光
Sph：闪锌矿；Sph+Q：闪锌矿与石英粉砂组成的
纹层；Sph+Dol：闪锌矿与白云石组成的纹层

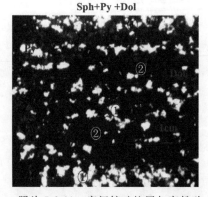

照片 5-2-11　富闪锌矿纹层与富粉砂
纹层相间产出

单偏光 10×20，产地：半边街，薄片，自然光，×100

地下水热液改造阶段:细粒闪锌矿、黄铁矿及白云石交代先期形成的闪锌矿、黄铁矿、白云石及碎屑物质,使矿体富集。另外,在成矿期后,出现石英交代先期矿物的现象。矿物形成的大致顺序是:碎屑物质—闪锌矿(Ⅰ)、黄铁矿(Ⅰ)—闪锌矿(Ⅱ)、黄铁矿(Ⅱ)—石英。

矿石类型:产于砂质白云岩中的层状铅锌矿床。

成矿模式见图5-4-2。

以泥盆系容矿的其他矿床:产于白云石化灰岩中的铅锌矿床主要有独山凉亭铅锌矿、荔波奴亚锌矿;以灰岩水容矿的有中泥盆统盆地相火烘组中的格老寨铅锌矿床。

第三节 元素地球化学与流体包裹体特征

一、元素地球化学

本次研究在泥盆系地层中采集铅锌矿稀土分析样11件,碳同位素样3件,铅同位素样5件(表5-3-1~表5-3-6)。其元素地球化学特征如下。

产于泥盆系中的铅锌矿,稀土含量高低不一。威宁石门坎铅锌矿石稀土元素富集程度最低,半边街铅锌矿稀土元素富集程度最高,稀土配分模式图曲线右倾(图5-3-1),轻稀土富集,分异程度大,矿石与围岩的稀土含量差别大,显示矿石和围岩稀土来源不同。

威宁石门坎闪锌矿石ΣREE总量低,仅为球粒陨石的0.062倍,LREE富集,δEu<1,Eu重度亏损;δCe为负异常,且$(La/Sm)_N$>0.35,反映成矿为氧化环境,$\delta^{34}S_{CDT}$(‰)来源复杂,反映成矿物质来源于深部,在水体浅的氧化环境和碳酸盐沉积环境中成矿。

荔波奴亚铅锌矿石,ΣREE总量接近于球粒陨石,LREE富集,δEu>1,Eu富集,有深源成矿流体加入成矿;δCe为负异常,且$(La/Sm)_N$>0.35,反映成矿为氧化环境,$\delta^{34}S_{CDT}$(‰)来源复杂,δ^{13}C偏向于地幔来源,$\delta^{18}O_{SMOW}$‰为+16.89~+20.06,来源于变质岩,或大气降水经深循环加热。白云石δ^{13}C、δ^{18}O同位素图解值均落在沉积碳酸盐附近(图5-3-2)。反映该矿床成矿物质来源于深部,在水体浅的氧化环境和碳酸盐沉积环境中成矿。

贵定半边街铅锌矿床铅锌矿石,ΣREE总量与球粒陨石相比,富集程度高,LREE富集,δEu>1,Eu富集,有深源成矿流体加入成矿;δCe为负异常,且$(La/Sm)_N$>0.35,反映成矿为氧化环境,$\delta^{34}S_{CDT}$(‰)来源复杂。反映该矿床成矿物质来源于深部,在水体浅的氧化环境和碳酸盐沉积环境中成矿。

石门坎矿床$^{206}Pb/^{204}Pb$为18.4930~18.5396,$^{207}Pb/^{204}Pb$为15.7471~15.8042,$^{208}Pb/^{204}Pb$为38.9832~39.1788,$^{206}Pb/^{207}Pb$的比值均小于1.2。说明铅属于正常铅的范畴。比较均一的铅同位素组成指示铅来源于相似的物源区或同一来源。数据落在地幔铅和上部大陆地壳铅的范围内,而且排列成为一条直线(图5-3-2)。铅同位素表明物质可能来自地壳深部某一岩浆源区。

表 5-3-1 稀土元素分析结果表

单位：$\times 10^{-6}$

矿点	样品编号	样品岩性	La	Ce	Pr	Nd	Sm	Eu	Gd	Tb	Dy	Ho	Er	Tm	Yb	Lu
威宁石门坎	XT-05	闪锌矿石	0.07	0.116	0.014	0.051	0.013	0.001	0.011	0.002	0.010	0.002	0.006	0.001	0.007	0.001
	XT-06	闪锌矿石	0.02	0.026	0.004	0.019	0.008	0.001	0.006	0.001	0.006	0.001	0.004	0.001	0.004	0.001
荔波奴亚	XT-21-1	闪锌矿石	0.58	0.974	0.110	0.481	0.116	0.114	0.135	0.021	0.122	0.025	0.064	0.008	0.045	0.006
	XT-21-2	方铅矿石	0.32	0.115	0.049	0.191	0.053	0.358	0.054	0.007	0.037	0.007	0.020	0.003	0.015	0.002
	XT-21-3	方铅矿石	1.13	1.887	0.248	0.838	0.204	0.110	0.169	0.027	0.176	0.036	0.095	0.013	0.078	0.011
	XT-22	硫铁矿石	5.53	5.734	1.163	4.110	0.595	0.230	0.483	0.054	0.278	0.059	0.172	0.027	0.178	0.028
	XT-23	硫铁矿石	4.08	2.312	0.500	1.641	0.328	0.113	0.345	0.054	0.347	0.078	0.265	0.048	0.359	0.064
	XT-24	矿化白云石	12.19	15.225	2.295	8.207	1.460	0.250	1.418	0.229	1.413	0.293	0.829	0.126	0.834	0.129
贵定半边街	XT-25	矿化白云石	4.57	3.483	0.765	2.540	0.470	0.065	0.395	0.067	0.462	0.110	0.382	0.073	0.574	0.103
	XT-26	硫铁矿石	0.49	0.110	0.058	0.174	0.034	0.274	0.037	0.005	0.031	0.008	0.026	0.005	0.035	0.006
	XT-27	白云石（围岩）	2.36	1.399	0.270	0.762	0.171	0.053	0.169	0.032	0.237	0.061	0.206	0.038	0.302	0.055

第五章 泥盆系地层中的铅锌矿床

表 5-3-2 稀土元素计算结果表

矿点	样品编号	样品岩性	∑REE (×10⁻⁶)	∑LREE (×10⁻⁶)	∑HREE (×10⁻⁶)	∑LREE/∑HREE	Ce/Ce*	Eu/Eu*	(La/Yb)$_N$	(La/Sm)$_N$	(Sm/Lu)$_N$	(Gd/Yb)$_N$
威宁石门坎	XT-05	闪锌矿石	0.304	0.264	0.040	6.627	0.851	0.267	6.705	3.254	2.041	1.248
	XT-06	闪锌矿石	0.103	0.080	0.022	3.621	0.663	0.492	4.098	1.624	2.491	1.369
	平均		0.204	0.172	0.031	5.124	0.757	0.38	5.401	2.439	2.266	1.308
荔波奴亚	XT-21-1	闪锌矿石	2.800	2.375	0.425	5.587	0.874	2.760	8.838	3.131	3.063	2.447
	XT-21-2	方铅矿石	1.229	1.084	0.145	7.479	0.201	20.335	14.194	3.756	5.485	2.853
	XT-21-3	方铅矿石	5.019	4.413	0.606	7.282	0.829	1.749	9.781	3.448	2.978	1.746
	平均		3.016	2.624	0.392	6.783	0.635	8.281	10.938	3.445	3.842	2.349
贵定半边街	XT-22	硫铁矿石	18.640	17.362	1.277	13.592	0.521	1.265	21.157	5.803	3.580	2.201
	XT-23	硫铁矿石	10.530	8.970	1.561	5.747	0.334	1.015	7.709	7.760	0.852	0.777
	XT-26	硫铁矿石	1.291	1.138	0.152	7.473	0.133	23.175	9.418	8.859	1.021	0.861
	平均		10.154	9.157	0.997	8.937	0.329	8.152	12.761	7.474	1.818	1.28
	XT-24	矿化白云石	44.899	39.630	5.270	7.521	0.652	0.522	9.936	5.215	1.888	1.376
	XT-25	矿化白云石	14.056	11.890	2.165	5.491	0.413	0.446	5.410	6.075	0.756	0.557
	平均		29.478	25.76	3.718	6.506	0.532	0.484	7.673	5.645	1.322	0.966
	XT-27	白云石	6.121	5.019	1.102	4.555	0.354	0.935	5.312	8.626	0.516	0.452

表 5-3-3 成矿物铅锌矿床硫化物硫同位素特征

样品地点	样品编号	样品描述	$\delta^{34}S$/‰	误差σ/‰
石门坎	TW001	方铅矿	−3.109	0.05
石门坎	TW002	方铅矿	−4.533	0.02
石门坎	TW005	黄铁矿	−2.525	0.008
荔波奴亚	TW023	黄铁矿	18.711	0.017
荔波奴亚	TW024	黄铁矿	−1.447	0.018
荔波奴亚	TW025	黄铁矿	0.476	0.016
荔波奴亚	TW026	黄铁矿	−0.502	0.011
半边街	TW031	方铅矿	−3.599	0.008
半边街	TW034	方铅矿	−4.295	0.002

表 5-3-4 铅锌矿床中白云石碳、氧同位素组成

矿点	样品编号	岩性	$\delta^{13}C_{PDB}$/‰	$\delta^{18}O_{PDB}$/‰	$\delta^{18}O_{SMOW}$/‰
荔波奴亚	TW-26	白云石脉	−1.807	−12.101	18.39
荔波奴亚	TW-27	白云石脉	−2.917	−13.55	16.89
荔波奴亚	TW-28	白云石脉	−1.285	−10.48	20.06

表 5-3-5 铅锌矿中闪锌矿铅同位素组成

矿点	样品号	$^{206}Pb/^{204}Pb$	2SE/%	$^{207}Pb/^{204}Pb$	2SE/%	$^{208}Pb/^{204}Pb$	2SE/%	模式年龄/Ma
石门坎	TW02	18.539 6	0.02	15.804 2	0.02	39.178 8	0.03	321
石门坎	TW03	18.500 7	0.01	15.758 0	0.01	39.017 4	0.01	294
石门坎	TW04	18.493 0	0.01	15.747 1	0.01	38.983 2	0.01	287
石门坎	TW05	18.510 8	0.01	15.770 1	0.01	39.058 7	0.01	301
石门坎	TW06	18.510 1	0.01	15.768 1	0.01	39.048 6	0.01	300

注：质量分馏 0.11%（每质量单位），2SE/% 为测量误差。

第五章 泥盆系地层中的铅锌矿床

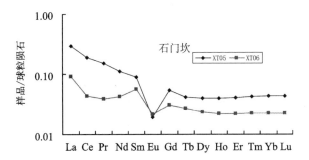

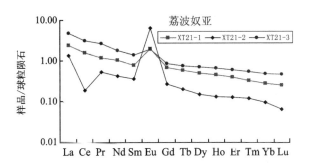

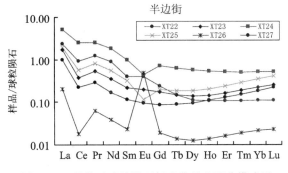

图 5-3-1　铅锌矿球粒陨石标准化稀土配分模式图

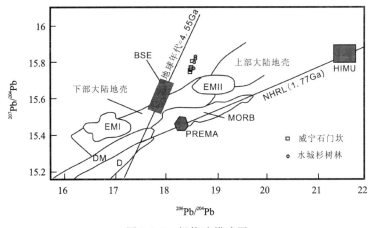

图 5-3-2　铅构造模式图

假定矿石、矿物或全岩的铅均为正常铅,可以用 Holems-Houtermans 模式计算每个样品的模式铅年龄。采用 Doe 和 Stacey(1974)参数计算,所获得的年龄在石门坎矿床为 321~287Ma,成矿年代为晚古生代晚石炭世—早二叠世。$^{207}Pb/^{204}Pb$ 对 $^{206}Pb/^{204}Pb$ 同位素相关图解,表示北半球参照线(NHRL)的位置,其斜率对应的年龄为 1.77Ga;地球年龄线(Geochron)年龄为 4.55Ga。DM—亏损地幔,BSE—全地球,EMI 和 EMII—富集地幔,MORB—洋中脊玄武岩,HIMU—具有高 U/Pb 比值的地幔,PREMA—经常观测到的普通地幔成分,EMII 也和远洋沉积岩一致。

另外,收集到的其他铅锌矿床(点)矿石硫同位素组成资料(王华云,1996;表 5-3-6、表 5-3-7)反映产于泥盆系中的铅锌矿,硫的来源也比较复杂。

表 5-3-6　贵州主要铅锌矿床(点)矿石硫同位素组成

序号	样品编号	取样地点	岩矿石名称	容矿层位	含硫矿物的 $\delta^{34}S/‰$			
					黄铁矿	闪锌矿	方铅矿	重晶石
4	KIS-5	独山下铃当		D_3w		−5.86(A) −3.69(B)		
5	KIS-6	独山下铃当	方铅矿石	D_3w			+5.41	
28	KIS-32	威宁云贵桥打厂湾	含方铅矿白云岩	D_2d	+8.9			
34	KIS-38	普安厂上		D_3d		+11.91	+4.94	

注:A.深色闪锌矿;B.浅色闪锌矿;C.早期黄铁矿(早于闪锌矿);D.晚期黄铁矿(晚于闪锌矿);*.样品系当地农民提供(资料来源:贵州铅锌矿成矿规律研究及找矿靶区研究,1996)。

与贵州省荔波奴亚总的来看多数数据相对稳定,变化小,但部分数据仍有明显的变化,方铅矿与黄铁矿及闪锌矿微量铅的同位素组成变化基本一致,仅黄铁矿稍富放射性成因铅,但差别不大。准同生—成岩白云岩阶段和后期改造富集的方铅矿或闪锌矿和黄铁矿,具有显著不同的铅同位素,如早期方铅矿很细,晚期黄铁矿粗,呈球粒状,方铅矿的三对比值分别是 $^{206}Pb/Pb^{204}$ 为 18.448、$^{207}Pb/^{204}Pb$ 为 15.667、$^{208}Pb/^{204}Pb$ 为 38.546,后者为放射性成因铅。

表 5-3-7　北山硫化物中铅同位素组成变化范围对比表

矿物名称	样品数	$^{206}Pb/^{204}Pb$	$^{207}Pb/^{204}Pb$	$^{208}Pb/^{204}Pb$
方铅矿	20	17.884~18.279	15.429~15.771	37.825~38.642
闪锌矿	11	17.957~18.214	15.575~15.802	38.016~38.645
黄铁矿	18	17.884~18.448	15.354~15.760	37.937~38.840
总计	49	17.844~18.448	15.354~15.802	37.825~38.840

表 5-3-8　贵州主要铅锌矿床(点)矿石铅同位素组成

编号	取样地点	容矿层位	铅同位素组成			φ值年龄	μ	ω	R.P.C.模式年龄		R.S.F.模式年龄	
			$^{206}Pb/^{204}Pb$	$^{207}Pb/^{204}Pb$	$^{208}Pb/^{204}Pb$				T^{206}	T^{208}	T^{206}	T^{208}
KIPB-31	普安厂上	D8d	18.324	15.748	38.784	405.7	9.767	41.411	275.29	154.30	281.48	9.36
KIPB-3	独山下令当	D3w	18.224	15.676	38.413	392.3	9.636	39.641	331.67	333.96	349.82	225.16
8110	威宁云贵桥	D2	18.3938	15.6713	38.7194	272						

注：*数据来自李忠发，**数据来自湖南四〇五队。

模式年龄的大部分数据落在 550～450Ma 期间，反映铅主要是壳源来的，来自寒武系或更老的地质体；部分来自泥盆系个别更年轻的铅。

源区特征值分析反映，北山矿床的 μ 值在 9.0～9.9 之间，多数为 9.4～9.7，峰值为 9.5～9.6；ω 值在 35.3～42.3 之间，多数在 35.6～39.0 之间；κ 值在 3.80～4.4 之间，多数为 3.8～4.2，并在 3.0～4.2 之间有一明显的极大峰值。μ 值变化大，表明来自上地壳，个别 μ 值较低，可能来自下地壳或上地幔(表 5-3-8)。

方铅矿和黄铁矿有两个明显的 μ 值范围，高 μ 值来自上地壳，低 μ 值来自下地壳或上地幔，北山矿床的 μ 值变化大，多数数据大于 37，说明来自上地壳，少数小于 36.5，可能来自下地壳或上地幔。

μ 值、ω 值、κ 值显著的特征是正相关变化，即同一样品 μ 值高时、ω 值和 κ 值也高。

铅的来源反映来自古老的地壳或地幔。

含矿围岩的铅模式年龄为 432～418Ma，与地层时代大致相当，源区特征参数变化小，是壳、幔源铅经过充分混合的结果。

二、包裹体特征

石门坎矿床成矿流体为高盐度、低温特征，说明地表(浅部)流体的影响明显，这也许与围岩的特征(如含蒸发岩类)有关；格老寨矿床形成于低盐度、低温流体中，与矿床产于盆地相沉积环境吻合(表 5-3-9)。

表 5-3-9　矿床流体包裹体测温结果

样品编号	矿物	组号	包裹体个数	大小/μm	气液比/%	均一温度/℃	冰点温度/℃	盐度/wt%
BG006 石门坎	石英(与闪锌矿共生)	1组	3	2	15%	115	－20.85	22.95
				2	10%	166	－26.71	26.63
				3	10%	85	－24.86	25.49
BG014 格老寨	石英脉	1组	2	3	15%	131	－0.60	1.05

与荔波奴亚毗邻的广西环江北山铅锌矿床黄铁矿、闪锌矿、方铅矿的爆裂测温结果见表5-3-10(广西壮族自治区地质矿产局,1986),成矿温度偏高,可能是向南与深部岩体距离近的原因。

表 5-3-10 北山铅锌矿床爆裂测温结果统计表

矿物名称	测定样数	测定结果/℃		采样地点
		最小~最大	平均值	
黄铁矿	9	217~507	364	北山铅锌矿床
闪锌矿	6	317~362	338	
方铅矿	1	313	313	

第四节 成矿控制条件及矿床成因

一、成矿控制条件

(一)受地质构造环境的控制

如前所述,加里东造山形成的陆块,自泥盆纪开始进入陆内裂陷、走滑及拉分演化阶段,直至中二叠世,形成台-盆(沟)相间分布的格局,为Pb、Zn等元素在海盆的初始沉积提供了有利的环境和介质条件。

进入泥盆纪后,对贵州省的沉积作用和成矿作用产生深刻影响的铜仁-三都断裂的影响已经很弱,但紫云-垭都断裂、黔西-石阡断裂继续存在,同时产生了与之平行的一系列断层,控制了贵州省的沉积和成矿作用,特别是控制了黔南拗陷的发生和发展。安顺-贵阳-黄平深大断裂其北缺失泥盆纪沉积,但南侧较发育。垭都-紫云-罗甸深大断裂在中泥盆世对沉积作用的控制尤为明显,使海盆作南东—北西的展伸。推断平行于垭都-紫云-罗甸深大断裂的北侧有一条同生断裂——王佑断裂的存在(图5-4-1),延伸方向大至为普定—王佑附近,沿此线北东为高重力值,地表出露泥盆系,南西侧为三叠系分布区;两侧地表构造线方向存在明显的差异,北东多为近南北向,南西为东西向或北西向、北东向;北东侧为台地相区,由浅色碎屑岩、碳酸盐岩组成,产腕足类、珊瑚、层孔虫等底固着生物,南西为盆地相区,由深色碎屑黏土岩、碳酸盐岩及硅质岩组成,产竹节石类、三叶虫、菊石等游泳、漂浮生物(贵州省地质矿产局区域地质调查大队,1992)。

安顺-黄平大断裂和块择河断裂在泥盆纪时也是有影响的断裂。块择河断裂东侧盘县珠东、普安罐子窑,水城欧场,中泥盆世晚期末为盆地相沉积;断裂西侧的杨梅山、白水一带同时期的沉积物则为台地相沉积,为含珊瑚、腕足、苔藓虫的碳酸盐岩;在昭通、赫章菜园子一带,属台地相沉积,赫章菜园子因靠近上扬子古陆,有陆源碎屑参与(贵州石油勘探指挥部,1983)。

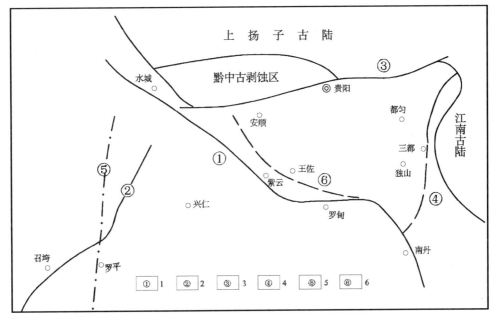

图 5-4-1　主要断裂分布示意图(引自于尚彦,张慧等,2005)
1.垭都-紫云-罗甸断裂;2.安顺-黄平断裂;3.贵阳-黄平断裂;
4.三都断裂;5.块择河断裂;6.王佐同生断裂

此期构造的另一特点是发生区域性隆起。在赫章—安顺—福泉至瓮安—雷山—三都—荔波佳荣一线以北、以东地区上升为古陆,成为区域性的隆起,遭受不同程度的风化、剥蚀和夷平;在黔南、黔西广大地区与滇东、桂北相连,形成海域广阔之陆表海,沉积厚度北薄南厚。

古断裂为深部成矿流体上通道,从而控制铅锌矿的分布。

(二)受沉积环境的控制

中晚泥盆系独山组鸡泡段和鸡窝寨段,分布于荔波、独山、赫章—威宁云贵桥,目前尚未发现成形的矿床;产于上泥盆统高坡场组/望城坡组中的铅锌矿床,主要分布于都匀江洲—贵定半边街、水城、赫章—威宁云贵桥,受局限台地相控制;台缘斜坡相,目前仅发现盘县格老寨铅锌矿床。

直接容矿的岩性为局限台地相的潟湖相沉积,这些封闭或半封闭的环境,多为台地边缘生物礁、滩障壁作用所形成。这些生物与震旦纪、寒武纪时期的藻类生物不同,生物个体更大,如珊瑚、腕足类、层孔虫、三叶虫、苔藓、有孔虫等,虽然对参与成矿的作用及机理尚未清楚,但生物建隆所形成的封闭和半封闭环境,对铅锌成矿是非常重要的。

早古生代末加里东运动后,华南地区大部分上升为陆地,贵州境内北部有"黔中古隆起",与川鄂陆地连为一片,即"上扬子古陆";东面为"雪峰古陆",即"江南古陆"。且大部分地区上升遭受不同程度的风化、剥蚀和夷平。当时黔南、黔西广大地区与滇东、桂林相接为广阔的陆表海。海水自南而北侵入。由于受古陆、古剥蚀区以及古断裂的影响(如垭都-紫云-罗甸断裂、贵阳-黄平断裂、三都断裂等），海盆为南东-北西向延伸，北西向断裂活跃，伴随其他各组古断裂活动，在其北、东侧形成了黔南古生代断陷。

古陆边缘，陆源物质供给充分。在中泥盆世的不同时期，海水进退频繁，必然导致海岸的变动，影响到陆地和海域的陆源物资供给和水动力状况。因此，中泥盆世沉积时岩相变化较大。在不同期、时皆有陆源物质参与沉积。

(三)受层序地层控制

如前所述，泥盆系地层可划分为3个层序。

III_1 以舒家坪组灰岩及泥灰岩与下伏丹林组顶部含砾砂岩为分界，其上为海侵体系域，其上龙洞水组上部薄层灰岩为凝缩段，过渡邦寨组高水位体系域滨海相砂岩。

III_2 从独山组下部灰岩海侵体系域开始，向上至鸡窝寨组生物碎屑灰岩组成的高水位体系域。本层序赋存有铅锌矿。

III_3 望城坡组微细晶灰岩为海侵体系域，向上是泥质灰岩组成的凝缩段，逐渐过渡到尧梭组具暴露标志的白云岩代表的高水位体系域。此层序侧向上大致对应高坡场组，为贵州省铅锌矿的又一重要赋矿层序。

(四)受古断裂的控制

泥盆纪时对铅锌成矿作用控制的主断裂主要为北西向和东西向，受古陆边缘古断裂的控制。

东西向的黄丝断裂是一条同沉积断层，断层两侧的泥盆系蟒山组/马宗岭组、高坡场组/望城坡组，厚度、沉积相均有显著的差异，铅锌矿就产于断层两侧的上泥盆统生物白云岩、粉砂质白云岩中。

同期古断裂主要还有紫云-水城断裂、安顺-黄平断裂、贵阳-黄平断裂、松桃-三都断裂、块择河断裂、王佑断裂、垭都断裂等，铅锌矿分布于这些古断裂的旁侧，如三都断裂东侧有荔波奴亚铅锌矿、块择河断裂东侧分布有盘县格老寨铅锌矿、垭都断裂南西侧分布有蟒洞铅锌矿、簸箕湾铅锌矿、白矿山铅锌矿、八宝硐铅锌矿、洋角厂铅锌矿、石门坎铅锌矿等。

这些断裂是成矿流体喷流时的同沉积断层。

其他构造是指矿田或矿床尺度上的褶皱和断裂。虽然贵定半边街、竹林沟铅锌矿床、独山郁家寨铅锌矿床都位于区域性的黄丝复背斜、王司复背斜上，但作为矿田或矿床尺度上的褶皱，控制作用是不明显的，在荔波奴亚、盘县格老寨、垭都—蟒洞带上，其控矿作用也不明显。在已知泥盆系分布区，也没有见到明显的含矿断层。这些现象说明矿床的后生特征不明显，矿床形成后也没有经过明显的成矿改造作用。

二、矿床成因

成矿模式见图 5-4-2,矿床成因属"海底热卤水(喷流)成矿作用和后期构造作用、热液成矿作用弱改造的"叠加(复合/改造)矿床。

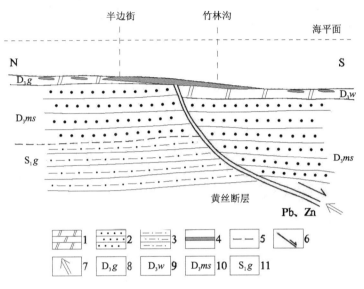

图 5-4-2 贵定半边街锌矿床成矿模式图

1.白云岩;2.石英砂岩;3.粉砂质泥岩;4.矿体;5.假整合接触;6.正断层;
7.热液及成矿物质运移方向;8.上泥盆统高坡场组;9.上泥盆统望城坡组;
10.中泥盆统蟒山组;11.下志留统高寨田组

第六章　石炭系中的铅锌矿床

第一节　铅锌矿床分布

以石炭系为容矿岩石的铅锌矿床,主要分布于毕节市威宁和赫章、六盘水市、黔西南州普安和晴隆地区,受垭都-蟒洞、紫云-水城、银厂坡、布坑底、安顺-黄平等断裂的控制。具中型及以上规模的矿床主要呈似层状产出,矿体受某一特定层位岩性或岩性组合的控制;沿断裂带产出的矿床,点多面广,但矿床规模小,矿体变化大,倾斜长度往往大于走向长度;容矿层位多,从台盆相到台地边缘相均有分布,但主要分布于台地边缘相地层中(图 6-1-1);铅锌矿石化学组分较复杂,伴生 Cd、Ge、Ga、In、Ag 等稀有和贵金属元素;同位素测年数据比较分散,矿床成因认识分歧大。

产于石炭系中的铅锌矿床,计有 26 个矿床,其中中型矿床 3 个、小型矿床 23 个。查明铅锌金属资源量储量 138.82×10^4t,占全省的 12.12%,其中锌 93.56×10^4t,占比 67.40%,铅 45.26×10^4t,占比 32.60%;保有铅锌资源储量 83.27×10^4t,其中锌 56.29×10^4t,铅 26.98×10^4t。代表性矿床为威宁银厂坡铅锌矿床和水城杉树林铅锌矿床,其他矿床特征见表 6-1-1。

第二节　典型(代表)矿床——水城杉树林铅锌矿床

杉树林铅锌矿床,是以石炭系地层为容矿岩石的代表,可称为"杉树林式"铅锌矿床。

矿床所处黔北台隆六盘水断陷威宁北西向构造变形区,紧靠北西向紫云-水城深大断裂的南西侧(图 6-2-1)。区内构造主要为北东向和北西向,其次为南北向和东西向。北西向构造长约 400 余千米,宽 50~150km,是由一系列平行、斜列的线型褶曲和断裂所组成,重要构造有水杉背斜、滥坝断层、观邓断层。区内发育泥盆系、石炭系和二叠系,主要含矿地层为石炭系。岩浆岩主要为峨眉山玄武岩,辉绿岩呈零散分布、规模小,多呈岩株产出。

矿床特征(贵州有色地质二队资料,1984)如下。

一、地层

与铅锌成矿有关的地层主要是摆佐组(C_1b)和黄龙组(C_2hl)。

摆佐组(C_1b):下部为深灰色中厚层泥晶灰岩及泥晶团粒灰岩,局部夹细晶白云岩,水槽子 1 号矿体赋存于泥晶灰岩上部,观音山南露天菱铁矿也产于此部位。

第六章 石炭系中的铅锌矿床

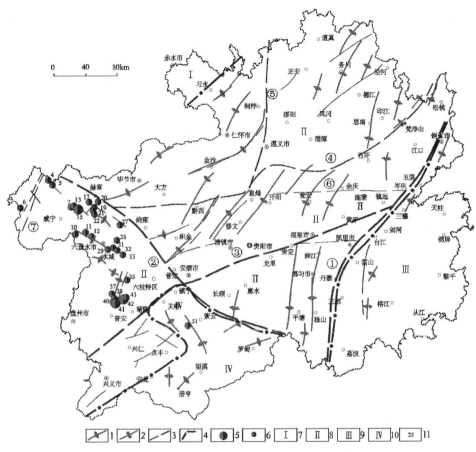

图 6-1-1 石炭系容矿地层铅锌矿床(点)分布示意图

1.背斜;2.向斜;3.断层;4.构造分区界线;5.中型矿床;6.小型矿床;7.赤水宽缓褶皱区;
8.贵州侏罗山式褶皱带;9.黔东南断裂褶皱带;10.南盘江造山型褶皱带;11.矿点编号;
①铜仁-三都断裂;②紫云-垭都断裂;③安顺-黄平断裂;④黔西-石阡断裂;⑤桐梓-息
烽断裂;⑥瓮安-镇远断裂;⑦陈家屋基-新华断裂

上部以白云岩为主,其顶部为泥晶灰岩,含云质灰岩,常夹硅质条带和结核。厚度变化较大,在银矿包矿段厚度达 163m,上部有铅锌矿化产出,矿化长 600 余米,厚数米至 10 余米,在水槽子矿段岩层厚度变薄至 57~81m,最薄 7.6m,有铅锌矿化体产出。

黄龙组(C_2hl):下部为深灰色中厚层泥晶灰岩,在杉树林矿段白云岩化强烈,在 2 号勘探线以南白云岩厚度大,常夹泥晶灰岩透镜体及砂质条带和结核,有黄铁矿化,在银矿包矿段白云岩底部见少量铅锌矿充填于白云岩破裂带中。

上部由下至上大致可分三层:

第一层:深灰色中厚层粉晶—细晶白云岩,夹泥晶灰岩,岩层中夹硅质条带或结核,尤以上部密集,方解石脉发育,厚 15~25m。

第二层:深灰色泥晶灰岩夹数层混杂角砾岩,是矿床的主要含矿层位。混杂角砾岩的角砾大小不一,直径一般为 0.01~1m,最大者断面为 4.6×2m²,多为浑圆或微棱角状,大砾石

表 6-1-1 产于石炭系中的铅锌矿床一览表

单位：t

序号	矿产地名称	地理坐标 经度	地理坐标 纬度	成因类型	矿床规模	查明资源储量 锌	查明资源储量 铅	保有资源储量 锌	保有资源储量 铅	勘查程度	开发利用现状	容矿层位	容矿层位	矿床式
4	贵州省威宁县高家营铅锌矿床	104°07′00″	27°17′30″	石灰岩溶矿	小型	610	1182	610	1182	普查	未开采	旧司组	$C_1 j$	
5	贵州省威宁县牛棚铅锌矿床	104°10′23″	27°14′15″	白云岩溶矿	小型	63 475	24 527	63 475	24 527	普查	未开采	摆佐组	$C_{1-2} b$	
6	贵州省威宁县长坪子铅锌矿床	103°46′00″	26°58′30″	白云岩溶矿	小型	1814	976	1814	976	普查	未开采	摆佐组	$C_{1-2} b$	
7	贵州省威宁县银厂坡铅锌矿床	104°24′42″	26°59′44″	白云岩溶矿	小型	28 300.95	56 390.63	23 282.12	39 115.9	普查	停采	黄龙组、摆佐组	$C_{1-2} b$、$C_2 h$	杉树林式
10	贵州省威宁县大箐脚铅锌矿床	104°28′15″	26°41′30″	石灰岩溶矿	小型	970	510	970	510	普查	未开采	摆佐组和黄龙组	$C_{1-2} b$、$C_2 h$	
11	贵州省威宁县大营铅锌矿床	104°36′00″	26°43′00″	石灰岩溶矿	小型	1554	682	1554	682	普查	未开采	摆佐组和黄龙组	$C_{1-2} b$、$C_2 h$	
12	贵州省赫章县五里坪铅锌矿床	104°40′43″	26°40′17″	石灰岩溶矿	小型	71 279.25	36 874.3	71 279.25	36 874.3	普查	未开采	摆佐组和旧司组	$C_{1-2} b$、$C_1 j$	
13	贵州省赫章县福来里铅锌矿床	104°26′46″	27°00′38″	石灰岩溶矿	小型	8 487.51	2 847.49	8 487.51	2 847.49	详查	未开采	黄龙组和马平组	$C_2 h$、$C_2 m$	
15	贵州省赫章县天桥铅锌矿床	104°30′05″	26°58′14″	石灰岩溶矿	中型	102 007.72	42 086.49	18 151.49	6 015.29	详查	停采	融县组、上司组和黄龙组	$D_3 r$、$C_2 s$、$C_2 h$	
19	贵州省赫章县独山铅锌矿床	104°42′24″	26°59′46″	白云岩溶矿	小型	37 371.41	7 052.47	37 371.41	7 052.47	详查	部分开采	摆佐组	$C_{1-2} b$	

第六章 石炭系中的铅锌矿床

续表 6-1-1

序号	矿产地名称	地理坐标 经度	地理坐标 纬度	成因类型	矿床规模	查明资源储量 锌	查明资源储量 铅	保有资源储量 锌	保有资源储量 铅	勘查程度	开发利用现状	容矿层位	容矿层位	矿床式
20	贵州省赫章县福集石板河铅锌矿床	104°45′23″	27°03′37″	白云岩容矿	小型	31 941	14 328	31 941	14 328	详查	未开采	摆佐组	$C_{1-2}b$	
21	贵州省赫章县张口硐铅锌矿床	104°41′32″	26°57′28″	石灰岩容矿	小型	9692	3527	9692	3527	详查	未开采	马平组、黄龙组、摆佐组	C_2h、C_2m、$C_{1-2}b$	
22	贵州省赫章县福宇铅锌矿床	104°42′36″	26°55′08″	石灰岩容矿	小型	1993	1792	1993	1792	普查	未开采	马平组、黄龙组、摆佐组	C_2h、C_2m、$C_{1-2}b$	
27	贵州省水城县玉兰铅锌矿床	105°02′36″	26°48′15″	石灰岩容矿	小型	4100	1600	4100	1600	详查	正在开采	摆佐组	$C_{1-2}b$	
28	贵州省水城县银山锌矿床	105°00′16″	26°38′00″	石灰岩容矿	小型	735		735	0	普查	未开采	黄龙组和马平组	C_2h、C_2m	
29	贵州省水城县横塘铅锌矿床	104°53′22″	26°31′38″	石灰岩容矿	小型	92 987	38 654	92 814	38 490	详查	未开采	摆佐组和马平组	$C_{1-2}b$、C_2m	
31	贵州省水城县双水井铅锌矿床	104°57′33″	26°32′55″	石灰岩容矿	小型	64 204.72	38 305.78	1020	390	勘探	停采	黄龙组、马平组和摆佐组	C_2h、C_2m、$C_{1-2}b$	
32	贵州省水城县银山锌铅矿床	105°00′41″	26°31′12″	石灰岩容矿	小型	5 636.07	2 975.04	5 636.07	2 975.04	普查	未开采	摆佐组	$C_{1-2}b$	
33	贵州省水城县杉树林铅锌矿床	105°05′01″	26°28′13″	石灰岩容矿	小型	80 425.78	20 270.04	50 531.78	14 136.53	勘探	正在开采	摆佐组和黄龙组	$C_{1-2}b$、C_2h	杉树林式
35	贵州省西拉堡-六枝铅锌矿床	105°08′30″	26°11′22″	石灰岩容矿	小型	29 881	6311	28 945	5803	普查	未开采	马平组	C_2m	

续表 6-1-1

序号	矿产地名称	地理坐标 经度	地理坐标 纬度	成因类型	矿床规模	查明资源储量 锌	查明资源储量 铅	保有资源储量 锌	保有资源储量 铅	勘查程度	开发利用现状	容矿层位		矿床式
39	贵州省普安县凉水井铅锌矿床	104°59′03″	25°58′58″	白云岩容矿	小型	5163	14 510	3571	10 414	普查、勘探	部分开采	威宁组	CP_1w	
40	贵州省普安县野牛窝铅锌矿床	104°57′45″	25°56′30″	白云岩容矿	小型	2553	624	2553	624	普查	未开采	威宁组	CP_1w	
41	贵州省普安县绿卯坪铅锌矿床	104°59′54″	25°55′35″	石灰岩容矿	中型	122 492.75	60 251.11	67 660.15	48 346.31	普查	未开采	摆佐组	$C_{1-2}b$	
42	贵州省晴隆县顶头山铅锌矿床	105°05′58″	25°58′25″	石灰岩容矿	中型	158 693	75 562.62	25 531.6	6 831.02	普查—详查	正在开采	马平组	C_2m	
43	贵州省晴隆县九重箐—大坝河铅锌矿床	105°08′00″	25°59′45″	石灰岩容矿	小型	9 196.25	789.1	9 196.25	789.1	普查	未开采	马平组	C_2m	
51	贵州省镇宁县顶红铅锌矿床	105°55′18″	25°41′07″	石灰岩容矿	小型	22 365.6	2 200.46	22 083.6	2 200.46	普查	部分开采	马平组	C_2m	
合计						935 563.41	452 628.07	562 914.63	269 828.45					
						1 388 191.48		832 734.08						

第六章 石炭系中的铅锌矿床

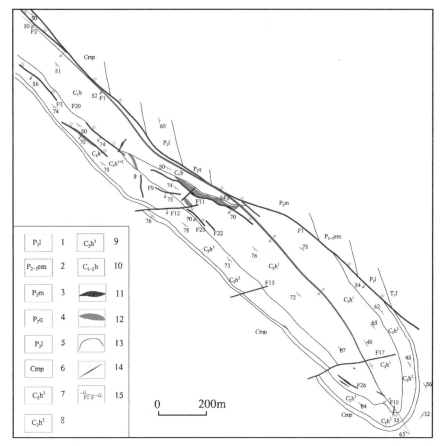

图 6-2-1 威宁-水城构造成矿带地质略图(据贵州省有色地质二队,1984)

1.龙潭组;2.峨眉山玄武岩组;3.二叠系茅口组;4.二叠系栖霞组;5.二叠系梁山组;6.石炭系马坪组;7.石炭系黄龙组第三段;8.石炭系黄龙组第二段;9.石炭系黄龙组第一段;10.石炭系摆佐组;11.矿体;12.矿化体;13.地层界线;14.背斜;15.断裂

往往集中于底部,较细砾石长轴多平行层理分布,组分以浅色泥晶至亮晶骨屑、藻屑灰岩砾石组成,混杂深灰色泥晶灰岩、硅质岩、生物屑泥质岩、黄铁矿等,局部见次棱角石英砂,胶结物为深灰—黑灰色泥质(1‰～5‰),有机碳、黄铁矿(1％～2％)、硅质、泥晶方解石等,本层所含混杂角砾岩层数有1～9层,厚薄不均,一般数米,最厚39.76m,最薄0.06m。根据角砾岩特征,推断为同生角砾岩。

杉树林矿段白云岩化发育,长1800m,厚80～120m,其中见长70～280m、厚10～20m残留泥晶灰岩透镜体,向北西白云岩化强度变弱。

第三层:深灰色薄层至中厚层泥晶灰岩,中夹泥质泥晶灰岩、泥炭质薄层及燧石条带,并混杂有灰岩角砾,厚78m,杉树林9号、22号矿体产于其中。厚78m。

二、构造

水杉背斜:长25km,呈北西向展布,由于断裂破坏,背斜形态在不同地段特征不一。北段从放马坝至上石桥轴部为下石炭统,轴向300°～310°,南西翼倾角60°～70°,北东翼倾角40°～

50°；中段在白泥滥坝被区域性北西向断层切割背斜轴部，水平断距约300m。南段倾没于牛头山，倾伏角一般15°～28°。背斜紧密，不对称，轴部地层倾角均在80°左右，倾向和走向均显呈波状起伏变化，向翼部逐渐变缓，一般50°～70°，轴面倾向北东。局部轴面倒转，主背斜在南西翼变为复式。

区内断裂构造较发育，主要断裂有北西向观邓断层，走向310°，倾向南西，倾角76°～85°，属平移—左型逆断层，破碎带宽5～10m，由细小的灰岩、白云岩角砾及其岩粉组成，可见黄铁矿化，具多组擦痕，次级断裂极为发育。

三、矿体特征

杉树林矿段由6个矿化带所组成，略成等距离的雁行排列，主要矿化带间距一般80～200m。矿化带长2200余米。3号矿化带由4、9、16、19、20、21、22号矿体组成，是矿段主要的矿化带，其中产出的4号矿体最大、最富，占矿段探明储量的85%，分布在标高1360～1860m，长600余米，延深大于400m，宽90～120m，厚度变化大，矿体产状与岩层产状近几乎一致，呈似层状、透镜状产出(图6-2-2)。矿体厚度沿走向和倾向变化较大，平均1.82m，常具膨胀收缩、尖灭再现和分支复合现象(图6-2-3)，如12+60勘探线1720m中段厚10.20m，延深1660m中段厚43.60m，至1600m中段时变薄，仅有4.22m。矿体中铅、锌含量分布不均一，沿走向、倾向品位变化均较大，铅品位0.15%～10.17%，平均2.07%；锌品位0.02%～26.64%，平均6.63%。

四、矿石质量

(一)矿石化学组分

矿石矿物中主要有用元素为Pb、Zn、S。块状富矿石中Zn含量一般10%～20%，Pb含量0.5%～1.5%，一般为0.8%。Pb：Zn为1：3～1：5。伴生稀散元素主要有Cd、Ge、Ga、In和Ag，呈分散状态赋存于不同的有用矿物中。Ge、Ga、In主要赋存于闪锌矿中，Cd、Ge与Zn呈正相关关系，Ag赋存于方铅矿中，在块状矿石中一般为30～120g/t，浸染状矿石中一般为5～40g/t。

矿石以硫化矿石为主，按构造分为致密块状和浸染状两种。块状矿石，黄铁矿一般占30%～40%，个别高达70%～90%，闪锌矿占15%～35%，方铅矿占5%～15%。浸染状矿石；闪锌矿占2%～6%，方铅矿占0.4%～3%，黄铁矿微量，其余均为方解石和白云岩。

(二)矿石结构构造

矿石结构有半自形—自形结构、环带状结构、他形结构、压碎结构、自形晶粒状结构和聚片双晶结构。

矿石构造有同生角砾状构造、块状构造、条带状构造、浸染状构造、网脉状构造和土状构造等，后者为氧化矿石构造。

块状闪锌矿石：粗粒闪锌矿均匀分布，其中有团块状方解石镶嵌其中，粗粒闪锌矿边部为

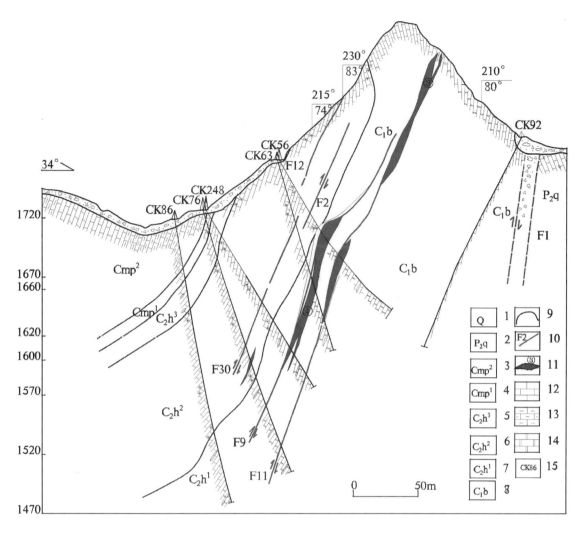

图 6-2-2 杉树林铅锌矿 12 号勘探线剖面图(据贵州省有色地质二队,1984)
1.第四系;2.二叠系栖霞组;3.石炭系马坪组第二段;4.石炭系马坪组第一段;5.石炭系黄龙组第三段;6.石炭系黄龙组第二段;7.石炭系黄龙组第一段;9.地层界线;10.断层;11.矿体;12.灰岩;13.泥灰岩;14.白云岩;15.钻孔代号

较细粒闪锌矿。粗粒闪锌矿为后期改造的产物(图 6-2-3)。

同生角砾状构造:角砾由大小不等(2～12mm)呈椭球状的白云岩或灰岩、粗粒闪锌矿组成,被黄铁矿所胶结,且见粗晶闪锌矿角砾。不等晶结构,角砾结构,细脉状构造:主要由黄铁矿、闪锌矿、方铅矿、硅质组成,后期有方解石脉灌入,闪锌矿呈半自形粒状,粒度 0.1～7mm 以上不等,多大于 2mm,多呈被黄铁矿(二期)穿插,也见分布于硅质角砾中者,见闪锌矿包含粒状黄铁矿(一期);黄铁矿呈半自形—自形粒状,粒度 0.02～0.4mm 不等,有被闪锌矿包裹者(一期),有聚集为团块状穿插闪锌矿者。方铅矿为他形粒状,粒度 0.05～4mm 以上不等,聚集为不规则团块伴随黄铁矿分布,穿插闪锌矿。石英、玉髓,呈他形粒状(少量为纤维状),粒度在 0.03～0.1mm 之间,多为角砾状被闪锌矿包裹,角砾粒度 5～14mm 以上不等。见石

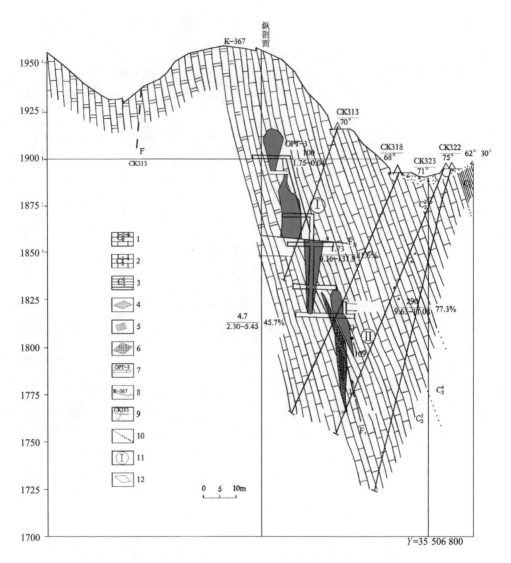

图 6-2-3 水城杉树林-法都铅锌矿区银厂包Ⅳ—Ⅳ′勘探线剖面图(贵州有色二队,1984)
1.石灰岩;2.白云石化灰岩;3.页岩;4.铅矿体;5.锌矿体;6.铅锌矿体;7.穿脉及编号;8.探槽及编号;9.钻孔及编号;10.蚀变界线;11.地层界线;12 矿体编号;13.铅锌矿化带

英中包裹碳酸盐岩包裹体(粒度 0.001mm 左右),推测原岩为碳酸盐岩;方解石或呈他形粒状分布于石英粒间,或为脉状穿插岩石,脉宽 0.02~3mm 以上不等;矿物生成顺序:石英、一期黄铁矿→闪锌矿→二期黄铁矿、方铅矿→方解石(照片 6-2-1~照片 6-2-6)。

条带状构造:硫化物条带主要由细粒(<0.1mm)黄铁矿组成,其间有大致平行条带的较粗粒闪锌矿和方解石,黄铁矿含量由条带向围岩逐渐变少(照片 6-2-7、照片 6-2-8),黄铁矿呈半自形—自形粒状,粒度 0.01~0.3mm 不等,多在 0.15mm 以下,多不均匀星散分布其中,局部富集成层。

照片 6-2-1　块状闪锌矿石
Sph:闪锌矿；Cal:方解石

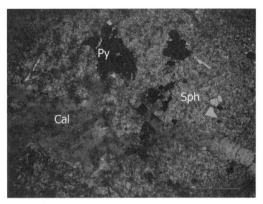

照片 6-2-2　杉树林铅锌矿床块状构造显微照片(B28)
11YK517(B28)　透射光(—)10×5 染色薄片黄铁矿
(Py)分布于闪锌矿(Sph)中,方解石脉(Cal)穿插其中

照片 6-2-3　杉树林铅锌矿床同生角砾构造(B29)
Gal:方铅矿；Sph:闪锌矿晶体角砾；Py:黄铁矿；
Lim:灰岩角砾

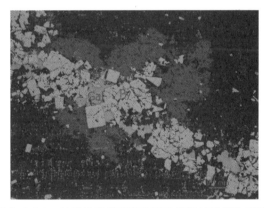

照片 6-2-4　杉树林铅锌矿床角砾状构造显微照片(B29)
11YK518(B29)　反射光(-)10×10；方铅矿
(Gal)伴随黄铁矿(Py)呈条带状穿插闪锌矿(Sph)

照片 6-2-5　杉树林铅锌矿床同生角砾构造(B26)
Gal:方铅矿；Py+Sph:黄铁矿＋闪锌矿；
Lim:同生灰岩角砾；Cal:方解石

照片 6-2-6　杉树林铅锌矿床同生角砾构造显微片
11YK515(B26)　透射光(—)10×5 染色薄片；黄
铁　矿(Py)包裹闪锌矿(Sph),Cal 为方解石

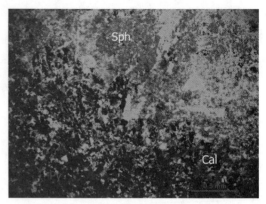

照片 6-2-7　杉树林铅锌矿床条带状矿石(B23)
Cal:方解石;Py:黄铁矿;Lim:含星点状黄铁矿灰岩

照片 6-2-8　杉树林铅锌矿床条带状构造显微照片(B23)
11YK512(B23)　透射光(—)10×5 染色薄片;
Py 黄铁矿;Cal 方解石;Sph 闪锌矿

闪锌矿局部偶见,与黄铁矿共生,粒度 0.01～0.03mm,星散分布。有粒度较大的半自形粒状闪锌矿,粒度 0.1～0.8mm 分布于富黄铁矿层中。方解石呈他形粒状,粒度 0.01mm 左右。石英为自生石英,呈半自形自形粒状,粒度 0.02～0.05mm。在富黄铁矿层中,常见石英、黏土质分布于黄铁矿粒间。岩石后期又发生方解石化,有方解石脉灌入,脉宽 0.1～1mm 不等。见石英中包裹碳酸盐岩包裹体(粒度 0.002mm 左右),推测原岩为碳酸盐岩。

细粒(<0.2mm)闪锌矿呈黄绿色,条带状,细粒条带上下均为粗粒闪锌矿(0.2～2mm),并有团块状的方解石不均匀分布;矿石为不等晶结构,层状构造,主要由闪锌矿、黄铁矿、方铅矿组成。闪锌矿分两种,一种粒度较小,粒度 0.02～0.3mm 不等,且黄铁矿、石英混杂分布于闪锌矿粒间,聚集成层,为一期闪锌矿;另一种粒度较大,0.04～4mm 以上不等,聚集成层,怀疑为二期闪锌矿,偶含黄铁矿包体,并有方铅矿穿插该层中。黄铁矿呈半自形—自形粒状,粒度 0.01～0.06mm 不等,多不均匀星散分布闪锌矿粒间。方铅矿为他形粒状,粒度 0.02～5mm 以上不等,聚集为条带、不规则团块穿插粒度较大闪锌矿,顺层分布(照片 6-2-9、照片 6-2-10)。

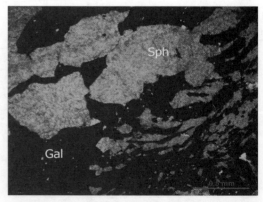

照片 6-2-9　杉树林铅锌矿床条带状矿石(B24)
Sph-1:黄褐色粗粒闪锌矿;Sph-2:黄绿色细粒闪锌矿;
Sph-3:褐黑色粗粒闪锌矿;Cal:方解石;Py:黄铁矿

照片 6-2-10　杉树林铅锌矿床条带状构造显微照片
(B24)11YK513(B24)　透射光(—)10×5;方铅矿
(Gal)　Sph.闪锌矿

矿物生成顺序方解石、白云石→黄铁矿、闪锌矿→方解石(照片6-2-8)。

手标本中见方解石呈不规则团块、短脉状顺层分布,脉(团块)宽1～4mm不等。矿物生成顺序:方解石、白云石(一期)闪锌矿→石英、黄铁矿→(二期)闪锌矿→方铅矿。

脉石矿物主要有方解石、白云石,次要的有重晶石、萤石,微量矿物有石英。

五、矿体围岩、夹石及围岩蚀变

矿体中的夹石及其顶、底板的岩石为白云岩,其次为混杂角砾岩,灰岩和硅质岩。其特征如下。

(1)在白云岩、灰岩中常见有机碳、泥质、黄铁矿等组成层纹状构造,在混杂角砾岩中泥质含量较多。

(2)岩石中生物化石少,在局部地段骨针、微骨屑呈定向排列,尚有棘屑、腕足、有孔虫、介形虫、苔藓虫、蜓化石组分。粉晶白云岩中多见棘屑、腕足、骨针及其他碎屑残留。

(3)有机碳含量较多,一般为0.5%～2%,它呈点状集合体,有时与黄铁矿共生,分布于白云石晶粒间,或与泥质混合产在白云石晶粒间,或赋存于钙质骨针中,或与泥质、黄铁矿组成层纹状构造。

围岩蚀变主要有白云岩化、方解石化、黄铁矿化,次为铁锰碳酸盐化(铁方解石、铁白云石)、硅化等。

第三节 元素地球化学及流体包裹体特征

一、元素地球化学特征

产于石炭系中的杉树林铅锌矿床,其矿石与围岩的ΣREE、$\Sigma LREE$、$\Sigma HREE$、$\Sigma LREE/\Sigma HREE$、δEu、δCe、$(La/Sm)_N$、$\delta^{34}S(‰)$、$\delta^{34}S_{CDT}(‰)$、$\delta^{13}C$ 和 $\delta^{18}O_{SMOW}‰$见表6-3-1～表6-3-3。

与球粒陨石相比较,ΣREE总量低,仅为其球粒陨石的0.352倍,$\Sigma LREE/\Sigma HREE$ 为4.906,轻稀土富集,稀土元素的配分曲线图为右倾的配分模式(图6-3-1、图6-3-2),说明轻重稀土元素之间发生明显的分馏作用。

δEu 为4.194,为正异常,来源于深部的高热流体,代表硫化矿床形成于相对高温的热液流体中。δCe 为0.56,为负异常,且$(La/Sm)_N>0$,为氧化环境。$\delta^{34}S_{CDT}(‰)$来源不同时期海水硫酸盐、蒸发硫酸盐。$\delta^{13}C$、$\delta^{18}O$ 同位素图解(图6-3-3)值均落在沉积碳酸盐附近,$\delta^{18}O_{SMOW}(‰)$,来源于变质岩,或大气降水经深循环加热的水。

$^{207}Pb/^{204}Pb$ 对 $^{206}Pb/^{204}Pb$ 同位素相关图解,表示北半球参照线(NHRL)的位置,其斜率对应的年龄为1.77Ga;地球年龄线(Geochron)年龄为4.55Ga。DM—亏损地幔,BSE—全地球,EMI和EMII—富集地幔,MORB—洋中脊玄武岩,HIMU—具有高U/Pb比值的地幔,PREMA—经常观测到的普通地幔成分,EMII也和远洋沉积岩一致。

表 6-3-1　铅锌矿床硫化物硫同位素特征

样品地点	样品编号	样品描述	$\delta^{34}S/‰$	误差$\sigma/‰$
杉树林	TW057	闪锌矿	20.267	0.002

注：引自张启厚，1998。

表 6-3-2　铅锌矿床中白云石碳、氧同位素组成

矿点	样品编号	岩性	$\delta^{13}C_{PDB}/‰$	$\delta^{18}O_{PDB}/‰$	$\delta^{18}O_{SMOW}/‰$
杉树林	TW-58	与闪锌矿共生的白云石	3.268	−4.256	26.47
杉树林	TW-61	与闪锌矿共生的白云石	3.152	−7.075	23.57

注：引自张启厚，1998。

表 6-3-3　铅锌矿中闪锌矿铅同位素组成

矿点	样品号	$^{206}Pb/^{204}Pb$	2SE/%	$^{207}Pb/^{204}Pb$	2SE/%	$^{208}Pb/^{204}Pb$	2SE/%	模式年龄/Ma
杉树林	TW56	18.610 3	0.03	15.833 4	0.03	39.418 1	0.04	306
杉树林	TW57	18.582 5	0.02	15.800 6	0.02	39.304 8	0.03	287
杉树林	TW59	18.601 6	0.02	15.820 0	0.02	39.373 8	0.03	297
杉树林	TW60	18.564 3	0.01	15.766 2	0.01	39.205 9	0.01	259.4

注：质量分馏 0.11%（每质量单位），2SE/% 为测量误差。（引自张启厚，1998）。

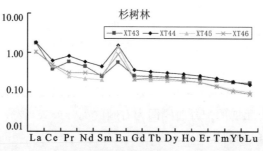

图 6-3-1　铅锌矿球粒陨石标准化稀土配分模式图

闪锌矿铅同位素分析结果数据变化较小。杉树林矿床 $^{206}Pb/^{204}Pb$ 18.564 3~18.610 3，$^{207}Pb/^{204}Pb$ 15.766 2~15.833 4，$^{208}Pb/^{204}Pb$ 39.205 9~39.418 1，$^{206}Pb/^{207}Pb$ 的比值小于 1.2，属于正常铅的范畴。比较均一的铅同位素组成指示铅来源于相似的物源区或同一来源。数据落在地幔铅和上部大陆地壳铅的范围内，而且排列成为一条直线（图 6-3-4）。表明成矿物质可能来自地壳深部某一岩浆源区。

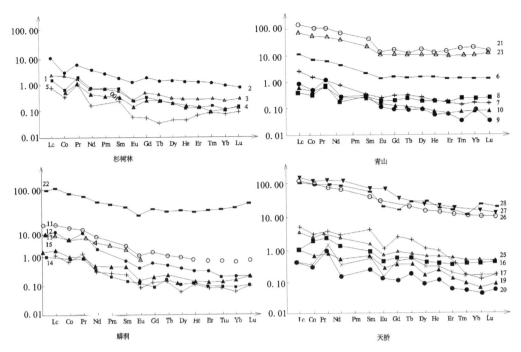

图 6-3-2　杉树林、青山、蟒洞、天桥铅锌矿床稀土配分模式(引自张启厚,1998)

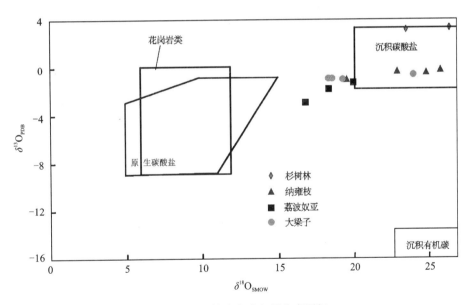

图 6-3-3　铅锌矿床碳氧同位素图解

但产于石炭系中的铅锌矿,不少学者做过取样分析研究。张启厚(1998)认为,水城赫章地区从近矿围岩到远矿围岩,Pb、Zn 元素逐渐降低至背景值,其间未出现低谷区,表明含矿层并非锌矿源层,但可提供部分铅源;研究区容矿地层的 Pb、Zn 背景值(表 6-3-4)低于地壳的克拉克值(12×10^{-6} 和 94×10^{-6}),与容矿地层比较,成矿物质是外来物质。

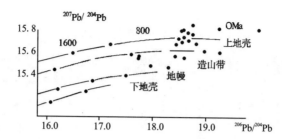

图 6-3-4 $^{207}Pb/^{204}Pb$—$^{206}Pb/^{204}Pb$ 坐标图（引自张启厚，1998）

表 6-3-4 黔西北各赋矿地层成矿元素的背景值（单位×10^{-6}）

层位 元素	P_1q-Pm	P_2l	C_2mp	C_2hn	C_1b	C_1d^2	C_1d^2	D_3w	D_3y	D_2d	D_2b	S
Zn	15.78	10.75	9.89	14.35	13.66	12.72	66.83	24.76	14.75	38.84	17.43	25.00
Pb	31.90	12.01	29.93	32.10	27.69	23.31	30.42	14.35	10.33	24.26	15.71	23.25

注：根据有色地质勘探二总队 1986 年资料。

水城、赫章地区各矿区的赋矿层位、近矿围岩、矿石和单矿物的稀土元素配分模式证明，各类矿物的稀土元素配分模式与沉积岩有相似的特征，而与玄武岩、辉绿岩区别较大；铅锌矿床（点）基本产于峨眉山玄武岩以下的层位，主要是石炭系摆佐组、黄龙组、马平组及二叠系栖霞组、茅口组。玄武岩及上覆地层提供成矿物源的可能性小。这一特点与水城断陷的晚期全面封闭密切相关。

水城、赫章地区成矿元素铅主要为壳源铅，少数为造山带铅，个别为幔源铅。幔源铅是加里东期深部物质沿裂谷上升所致，造山运动使本区不同来源的铅混合，并提供了部分成矿铅源。区内各地层单元一般铅含量高，可能提供成矿过程中的另一部分铅源。

王华云（1996）认为，$\delta^{34}S/‰$ 为 +3.08～22.92，反映硫来自海水硫酸盐、蒸发硫酸盐或沉积物中硫化物（表 6-3-5、表 6-3-6）。铅同位素组成在卡农三角图上落在下常铅的范围，与密西西比河谷地区铅锌矿以 J 型铅为主的特点有显著区别，另外，贵州省铅锌矿没有一个统一的铅源，以壳源铅为主，壳幔混合（表 6-3-7）。

表 6-3-5 贵州石炭系中的主要铅锌矿床（点）矿石硫同位素组成

序号	样品编号	取样地点	岩矿石名称	容矿层位	含硫矿物的$\delta^{34}S/‰$		
					黄铁矿	闪锌矿	方铅矿
17	KIS-21	赫章天桥 M6 矿体	含方解石黄铁矿 铅锌矿石	C_1b	+22.60	+12.96	+12.36
18	KIS-22	赫章天桥 M7 矿体	条带状黄铁矿块状 闪锌矿石	C_1b	22.67C 18.02D	+14.79	+13.21
19	KIS-23	赫章天桥 M7 矿体	含方铅矿黄铁矿块状 闪锌矿石	C_1b	+16.04	22.92	+20.29

第六章 石炭系中的铅锌矿床

续表 6-3-5

序号	样品编号	取样地点	岩矿石名称	容矿层位	含硫矿物的$\delta^{34}S$/‰		
					黄铁矿	闪锌矿	方铅矿
24	KIS-28	威宁银厂坡4号硐	块状粗晶方铅矿石	C_1b			+3.08
31	KIS-35	水城青山	胶状方铅闪锌黄铁矿石含方解石块	C_2mp	+16.91	+18.47	+14.84
32	KIS-36	赫章玉里坪	角砾状铅锌矿	$C_1s\text{-}j$	+9.85	+8.67	+6.32
33	KIS-37	普安罗坑田	铅锌矿石	C_1j	+4.39	+8.12	+5.32

(引自张启厚,1998)。

表 6-3-6 黔西北地区铅锌矿硫同位素组成

矿床名称	样品编号	矿物名称	采样位置	硫同位素/‰	资料来源
杉树林	78-59(杉)	闪锌矿	4号矿体	16.30	陈世杰
	78-79(杉)	方铅矿		13.40	
	78-80(杉)	闪锌矿		16.10	
	78-64(杉)	方铅矿		13.40	
	硫同3(杉)	闪锌矿		17.01	
	硫同12(杉)	闪锌矿		18.26	
	硫同11(杉)	方铅矿		13.64	
	78-66(杉)	闪锌矿		15.90	
	A1159杉4	方铅矿		13.70	
青山	1800A4-S1	方铅矿	15号矿体1800中段	15.94	实测
	1800A4-S2	闪锌矿		17.58	
	1816B4-S1	闪锌矿	15号矿体1816中段	18.51	
	1816B4-S2	方铅矿		17.18	
	QSC-3S1	闪锌矿	15号矿体平硐	18.39	
	QSC-3S2	方铅矿		15.83	
	QSC-4S	黄铁矿		18.34	
横塘	HT-12S1	方铅矿	横塘大岩洞	14.44	
	HT-12S2	闪锌矿		16.06	
天桥	HTQ-T1S1	闪锌矿	银盘上矿段17号矿体	11.54	
	HTQ-T1S2	方铅矿		11.05	
	HTQ-T2S1	方铅矿		12.55	
	HTQ-T2S2	闪锌矿		14.23	
	HTQ-3TS1	闪锌矿		12.38	

续表 6-3-6

矿床名称	样品编号	矿物名称	采样位置	硫同位素/‰	资料来源
天桥	HTQ-3TS2	方铅矿	银盘上矿段 17 号矿体	10.74	实测
	HTQ-5TS	方铅矿		10.95	
	HTQ-6TS1	闪锌矿		11.58	
	HTQ-T4S1	闪锌矿		11.51	
	HTQ-6TS2	方铅矿		11.42	
	HTQ-T4S2	方铅矿		11.88	
	HTQ-T7S	黄铁矿		13.44	
蟒洞	HMD-4S	闪锌矿	断裂带中角砾状矿石（俗称"花矿"）	13.37	
	HMD-6S1	方铅矿		11.52	
	HMD-6S2	闪锌矿		13.74	
	HMD-7S1	方铅矿		12.84	
	HMD-7S2	闪锌矿		11.34	
	HMD-8S1	方铅矿		12.13	
	HMD-8S2	闪锌矿		10.90	
	HMD-9S	闪锌矿		11.50	
	HMD-S	黄铁矿		13.08	

注：据王华云等，1996。

表 6-3-7 贵州省主要铅锌矿床（点）矿石铅同位素组成

编号	取样地点		容矿层位	铅铜位素组成			φ 值年龄	μ	ω	R.P.C 模式年龄		R.S.F 模式年龄	
				$^{206}Pb/^{204}Pb$	$^{207}Pb/^{204}Pb$	$^{208}Pb/^{204}Pb$				T^{206}	T^{208}	T^{206}	T^{208}
KIPB-29	普安罗坑田		$C_1 y$	18.330	15.716	38.685	364.5	9.702	40.595	271.89	202.40	277.36	67.17
KIPB-15	赫章天桥	M-6 矿体	$C_1 b$	18.538	15.766	39.103	277.5	9.777	41.635	152.96	−1.47	132.78	−178.07
KIPB-16		M-7 矿体	$C_1 b$	18.546	15.772	39.152	279.0	9.788	41.860	148.35	−25.51	127.16	−207.02
KIPB-17		M-7 矿体	$C_1 b$	18.565	15.761	39.051	252.6	9.764	41.188	137.36	24.01	113.78	−147.40
KIPB-27	赫章五里平		$C_1 s \cdot j$	18.676	15.804	39.389	226.0	9.837	42.399	72.84	−142.17	35.06	−347.62
KIPB-28	水城膏山		$C_2 m p$	18.667	15.802	39.480	229.9	9.834	42.824	78.10	−187.15	41.47	−401.87
KIPB-20	威宁银厂坡		$C_1 b$	18.526	15.783	39.164	305.8	9.812	42.158	159.88	−31.40	141.21	−214.12
KIPB-33	水城杉树林		$C_2 hn$	18.554	15.755	39.225	253.2	9.753	41.942	143.72	−61.37	121.52	−250.22
No:002	水城杉树林		C_2	18.543 6	17.716 1	39.264 2	220						
81033	水城杉树林		C_2	18.471 0	18.471 0	38.923 9	400						

注：据王华云等《贵州省铅锌成矿规律及找矿靶区研究》测试数据，1996。

顾尚义(2007)研究认为,黔西北地区内铅锌矿中硫主体既不是来源于单一的膏盐层,也不是主要来源于含矿围岩本身,而是有可能来源于其他层位的膏盐层。假定矿石、矿物或全岩的铅均为正常铅,可以用 Holems-Houtermans 模式计算每个样品的模式铅年龄。采用 Doe 和 Stacey(1974)参数计算的模式铅年龄列于表 6-3-9 中。所获得的年龄在石门坎矿床为 321～287Ma,成矿年代为晚古生代晚石炭世—早二叠世。杉树林矿床为 306～259.4Ma,成矿年代为石炭纪末期至中二叠世,比石门坎矿床稍晚些,可能与峨眉山玄武岩喷发引起的热液活动有关。

二、流体包裹体特征

本次科研取样,产于石炭系中的铅锌矿,没有满足测试要求的流体包裹体样品。

根据毛德明(2000)研究,由近矿围岩与远矿围岩的 $\delta^{18}O$ 和 $\delta^{13}C$,计算岩石形成的介质湿度、盐度,远矿白云岩平均盐度 27.44%,温度 49.21℃,蚀变白云岩的盐度平均 24.26%,温度 97.3℃,$\delta^{18}O$ 随温度升高,盐度降低而减少,赫章天桥铅锌矿远矿围岩的成因类型为准同生白云岩,近矿围岩的白云石化是原岩孔隙中的超咸水与较低盐度的成矿溶液混合形成,两种岩石的形成,即有正常的沉积来源,亦有深源富 $\delta^{12}C$ 的 CO_2、CH_4 流体混入(表 6-3-8)。

表 6-3-8 围岩氧、碳同位素和盐度、温度

岩石类型		顺序	$\delta^{18}O_{SMOW}$	$\delta^{18}O_{PDB}$	$\delta^{14}C_{PDB}$	S/‰	$t/℃$
远矿白云岩	HTQ-围	1	23.08	-7.55	-0.8	27.20	50
	5件样平均	2	23.57	-7.08	-1.82	27.67	48
蚀变白云岩	HTQ-蚀围	3	20.63	-9.92	-3.03	24.83	63
	白云石化	4	18.56	-11.94	-0.68	22.81	74
	重晶石化	5	20.56	-10.00	-2.33	24.75	63

注:引自毛德明,2000。

根据周家喜(2009)研究,通常闪锌矿中的微量元素及其比值具有标型意义,分散元素作为一类特殊的微量元素,其 Ga/In、Cd、Zn/Cd 等的值具有一定的指示意义。不同类型的铅锌矿床具有不同的 Ga/In、Zn/Cd 值,统计资料显示沉积改造层控型 Ga/In>1,天桥铅锌矿床闪锌矿中 Ga/In>10,暗示天桥铅锌矿床属于层控型铅锌矿床,涂光炽院士将本区铅锌矿床归为浅成低温热液层控型,Zhang 的研究结果佐证了该矿床的成因类型。闪锌矿的 Zn/Cd 可以用作测温,Zn/Cd>500,指示高温,天桥铅锌矿床中少数闪锌矿 Zn/Cd<500,多数闪锌矿中 Zn/Cd>500,暗示成矿温度达到中高温,这与 Cd 在方铅矿和闪锌矿之间的分配系数计算出来的温度一致,与顾尚义所测硫同位素平衡温度也相近,硫同位素平衡计算出的温度和方解石流体包裹体测温结果高。同时闪锌矿 Ge 含量具有一定的暗示作用,Ge 含量小于 $5×10^{-6}$ 被认为有热液作用,天桥铅锌矿床闪锌矿中 Ge 含量普遍低(小于 $1×10^{-6}$,暗示矿床成因与热液有关。根据闪锌矿分散元素反映的信息,天桥铅锌矿床的成因可能属于热液-沉积-改造。

根据张振亮等(2005)研究云南会泽麒麟厂和矿山厂流体包裹体认为它主要由3种流体混合而成：第一种为低温(80~200℃)低压低盐度的地层循环卤水；第二种为高温(>300℃)高压高盐度的玄武岩浆水，主要由玄武岩浆的去气作用而生成；第三种为高温(300~400℃)的基底循环水，成矿流体也是多来源的。该矿床的形成与中低温热液及中高温热液的混合有关；成矿流体的H、O同位素组成在不同矿体中没有明显的差别，流体形成前曾存在流体的均一化作用；成矿流体的形成是地层循环水与变质水、岩浆水在流体储库中充分混合的结果。因此，成矿流体具有多源性。

三、成矿时代

云南会泽麒麟厂和矿山厂铅锌矿与贵州银厂坡铅锌矿仅一江之隔，矿床的产出特征有相似之处，会泽麒麟厂和矿山厂的成矿年龄可作为银厂坡铅锌矿床的参考，根据李文博等(2006)利用方解石的Sm、Nd等时线获得会泽超大型铅锌矿田的两个矿床的成矿时代，麒麟厂矿床为(226±15)Ma，矿山厂矿床为(225±8)Ma，但是，这个年龄数据有待检验。本次研究认为，最早一期成矿与容矿围岩形成的时代相同。

四、铅、锌的物质来源

张铖等(2008)认为成矿金属是来自多方面的，它不仅来源于从震旦系到二叠系碳酸盐岩地层，而且来源于基底岩石(如昆阳群)和峨眉山玄武岩。因此，成矿物质具有多源性。

张振亮等(2005)认为成矿流体为均一流体，是不同性质流体的混合产物，具有多源性。流体在上升到断裂带后压力的剧降，导致了沸腾作用的发生。在混合作用和沸腾作用的双重影响下，受狭窄断裂带控制的成矿流体高度浓缩，金属矿物得以大规模地从流体中沉淀出来，形成品位极高的铅锌矿石。

李家盛等(2005)研究认为，云南会泽铅锌矿床围岩中含量较高的Pb、Zn、Ge、Cd、Co、As、Sb、Hg、Fe、Mn等，找矿指示元素间的相关关系为：Pb、Zn含量增高，Fe、Mn、Cd的含量相应增高；Cu与Pb、Zn含量呈负消长关系。从Co、Ni含量来看，无论其增高或降低，Co/Ni比值均小于1，显示元素来源于沉积层。

李文博等(2006)研究结果如下：

(1)铅同位素研究结果显示，会泽铅锌矿田矿石硫化物铅同位素组成与围岩碳酸盐岩相近，且与分布围岩中的浸染状黄铁矿一致，矿石铅同位素在$(^{207}Pb/^{204}Pb)-(^{206}Pb/^{204})$具明显线性相关趋势，表明成矿金属具有多源特征，主要来源于铅同位素组成相近的围岩碳酸盐地层。

(2)矿石$\delta^{34}S$值的变化范围为10.9‰~17.40‰。多数集中于13‰~17‰。$\delta^{34}S$值：方铅矿<闪锌矿<黄铁矿，表明硫同位素组成均一，且同硫同位素达到平衡，还原硫主要源于地层中海相硫酸盐的还原，还原方式为热化学还原(ther mochemical sualfate reduction, TSR)，在还原过程中，下伏页岩、碎屑岩和泥质岩地层中的有机质发挥了重要作用。

(3)碳氧同位素研究结果表明，成矿流体流经或者起源于下伏页岩、碎屑岩和泥质岩地层，具有较低的碳同位素组成，在上升过程中与围岩地层发生了同位素交换。

(4)脉石矿物方解石流体包裹体氢氧同位素研究表明,成矿流体为变质流体,具有较低的 δD 值。

(5)锶同位素研究结果显示成矿流体为从深部上升的流体,具有高的锶同位素比值,流体上升过程中与围岩地层进行了同位素交换,使得蚀变围岩的 $^{87}Sr/^{86}Sr$ 升高,流体中沉淀出来的矿石具有比围岩高的 $^{87}Sr/^{86}Sr$ 值(表6-3-9)。

根据顾尚义等(1997)研究,闪锌矿包体锶同位素是由两种具不同的锶同位素比值的热液混合而成的,而这又涉及本区铅锌矿的成因问题。在含矿围岩附近非但不存在一个成矿元素的低值区,反而是成矿元素的高值区,这证明成矿元素主要是异地热液带来的。另一方面,古生代海洋成因碳酸盐岩的 $^{86}Sr/^{87}Sr$ 相当完好地保持在接近于0.708的值(Faure,1986),明显比闪锌矿包体少放射成因的锶,这也支持成矿物质主要不来源于含矿围岩的观点。区域上铅锌矿的分布层位以及稀土测试结果显示,Pb、Zn来源于峨眉山玄武岩及更新地层的可能性也不大。因此,成矿金属元素最可能来源于较古老的地层。

脉石矿物方解石中包裹体成分测试结果也表明成矿涉及了两种不同性质热液的混合作用,一种为Na-Cl型的深部热卤水,另一种为 $Ca-HCO_3$ 型的浅部地层水。

现已证实,成矿热液的简单冷却与稀释作用不可能使含矿热液所携带的Pb、Zn沉淀下来形成矿床(Sicree & Barnes,1996),这可以通过导矿断裂内部并未发现铅锌矿化及较大规模的热液蚀变而得到证实。由此,我们有理由相信在到达成矿地点之前富含Pb、Zn,贫S的热液与其所流经的围岩未进行较大规模的水/岩交换反应,从而可以忽略从矿源层到含矿地层之间的地层对热液中锶同位素的混染。

笔者认为本区铅锌矿是由下部富含成矿物质Pb、Zn而贫 H_2S 的热液到达含矿层位后与其中富 H_2S 而贫Pb、Zn的热液混合而形成的。富含Pb、Zn的热液具有富放射 ^{87}Sr,而含矿层位中的热液有较少放射成因的 ^{87}Sr (表6-3-9)。

表6-3-9 青山铅锌矿床闪锌矿包体铷锶同位素测试结果表($\times 10^{-6}$)

矿床名称	样品编号	Rb	Sr	$^{87}Rb/^{86}Sr$	$^{86}Sr/^{87}Sr$
青山	1800A4-RS1	0.3862	1.2554	0.84612	0.71271±0.00008
	1800A4-RS2	0.3146	2.0790	0.43655	0.71174±0.00002
	1800A4-RS3	0.3165	1.1403	0.80070	0.71357±0.00001
	1800A4-RS4	0.3439	1.5280	0.65925	0.71218±0.00008
	1800A4-RS5	0.8530	8.8337	0.27758	0.71073±0.00006

注:引自顾尚义等,1997。分析单位:中国地质科学院同位素研究与测试中心(宜昌)。

第四节 成矿控制条件及矿床成因

一、成矿控制条件

(一)构造环境条件

紫云-垭都断裂、垭都断裂、安顺-黄平断裂对晚石炭世的沉积环境和铅锌成矿作用具有明显的控制作用。

泥盆纪末的紫云运动，海水向南退出，早石炭世早期，海水北侵，至德坞(摆佐)和晚石炭(黄龙)世时，达到了石炭纪海侵的高峰。石炭纪形成的海岸线，大致继承了泥盆纪时期的海陆分布格局，海岸线沿奕良—镇雄—毕节—修文—贵定—大都—榕江—黎平—锦屏一线大致呈东西向分布，形成一条略近东西向的海陆分界线，其北为黔中古陆，缺失石炭纪沉积，其南则为广阔的浅海，沉积盆地分布在此线以南，早(德坞期)晚石炭世地层也主要分布在此线以南地区。由于在加里东早期形成的北西向垭都断裂、紫云-垭都断裂、布坑底断裂、独山-佳荣断裂的继续活动，形成了与古断裂有关的断陷盆地，造成沉积相带呈北西向展布，同时也控制了中晚石炭世时期铅锌矿的成矿作用和铅锌矿床(点)的分布，铅锌矿集中分布于北西向带(垭都、紫云-水城、布坑底带)和近南北向带(石门-银厂坡、罐子窑-猴子场带)上(图6-4-1)。

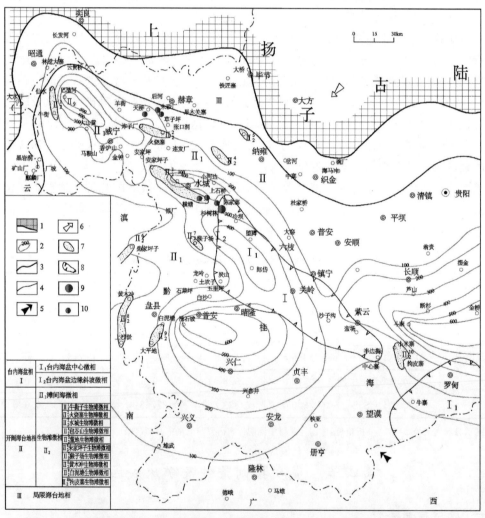

图 6-4-1 贵州省西部中石炭世沉积相古地理图 (据贵州省地质矿产局地质科学研究所，1989)

1.古陆；2.沉积等厚线；3.相区界线；4.微相界线；5.海侵方向；6.沉积物质来源方向；
7.生物滩；8.台内海盆；9.中型铅锌矿床；10.小型铅锌矿床

(二)沉积环境条件

根据陈士杰等(1985)的研究,石炭纪德坞期—晚石炭时期的沉积相划分为局限台地相、开阔台地相、台盆相3个相带(图6-4-1)。

1. 局限台地相

此相带包括潮坪微相、台沟微相、潮下潟湖微相,与铅锌矿产出有关的是台沟微相和潮下潟湖微相。

台沟微相:是沿同生断裂发展起来的小型断陷盆地,是海底地形相对坳陷的部分。处于平均低潮面以下,波浪作用微弱,水动力弱,为还原环境。蒸发作用强,海水盐度高,出现少量的膏盐矿物,白云岩化强烈。常见底栖型的生物碎屑,岩层中普遍含星散状的黄铁矿,局部地段富集呈稠密状,是铅锌矿产出的重要微相。威宁的银石坡、云南会泽的矿山石、麒麟厂等铅锌矿床产于这一微相沉积的摆佐组地层中,与同生断层和封闭或半封闭的沉积环境有关。

潮下潟湖微相:被海底高地或生物滩与广海所隔,波浪作用微弱,海水滞流,处平均低潮面以下,海底处于缺氧和高盐度的还原环境,沉积的岩石以灰或深灰色中厚层夹薄层的泥晶灰岩、泥晶生屑灰岩(云化)为主,间夹泥炭质薄层,普遍含较稠密的星散状黄铁矿,泥质夹层具水平层理,白云石化强烈,变成浅色中晶白云岩,其中偶见灰岩残体。这一微相也是铅锌矿产出的层位,如滇东北奕良长发洞铅锌矿床就产于潮下潟湖微相形成的摆佐组中。晚石炭世时,海水退缩变浅,摆佐时期的潟湖环境改变,由潟湖变为碳酸盐潮坪,成矿条件明显改变,对成矿不利,未发现大型矿床。

2. 开阔台地相

开阔台地相位于局限台地相与台地边缘相之间,分布面积大,在海底地形高处,底栖生物发育,死亡后堆积成滩,此相带包括生物滩微相、滩间海微相。

3. 台盆相

台盆相平行于紫云-水城古断裂分布,与俗称的石灰系"黑相区"相一致,是断陷盆地深水沉积区,以关岭和罗甸为中心,呈北西向展布,是紫云-水城古断裂长期活动控制的结果。此环境水体深,处缺氧的还原环境,底栖生物不发育,仅沉积海百合茎的碎屑和少量的螳、有孔虫,岩石类型以深灰、灰黑色薄夹中层的泥晶灰岩为主,间夹泥晶生物屑灰岩、硅质条带和泥岩质薄层,具水平纹层和星散状黄铁矿。

台盆边缘斜坡微相:分布于台盆边缘的斜坡地带,此相带不发育,仅在水城杉树林一带、丁头山见及,发育灰泥、生物屑塌积角砾沉积。丁头山铅锌矿产于此相带内。

台盆中心微相:中心位于紫云沙子沟—关岭—六枝郎岱一线,水体深,处还原环境,岩石类型单调,颜色深暗,普遍见星散状的黄铁矿,仅见微弱铅锌矿化。

铅锌矿主要与台沟相、潟湖相和台盆边缘斜坡相有关,这些位置可能发育同积断层。铅锌矿床(点)主要分布于云贵桥—银厂坡、垭都—蟒洞、水城杉树林—安家坪子,普安丁头山—

罐子窑。

(三)赋矿层位条件

据郑传仑等(1992)研究:杉树林矿的赋矿层黄龙组二段下亚段,为台盆斜坡相黑色碳质含黄铁矿泥晶灰岩容矿,有黄铁矿沉积层;青山矿床主要赋矿层是上石炭统马平组,为台地边缘滩相,容矿岩石为砂屑生物屑灰岩;天桥矿床主要赋矿层为石炭统摆佐组,容矿岩石为半闭塞台地相潮坪微相亮晶鲕状灰岩;朱砂厂矿床赋矿层,属半闭塞台地相亮晶生物屑灰岩;草子坪矿床赋矿层是石炭系大塘组,为开阔台地相沉积,主要容矿岩为亮晶生物屑灰岩;银厂坡矿床赋矿层是中石炭统黄龙组,属半闭塞台地相滩沟过渡微相,容矿岩石为亮晶生物屑灰岩。

(四)高水位体系域条件

摆佐组、黄龙组高水位体系域,形成暴露面并遭受大气降水的淋滤,其中一些易于溶解的物质被带走,为后期构造热液改造成矿提供空间。

(五)沉积间断面和古岩溶条件

从晚泥盆纪到石炭纪,海平面升降频繁,碳酸盐沉积(固结的或未固结的)多次暴露地表,形成沉积间断,在二氧化碳、大气降水和地表水的作用下,形成了古岩溶构造体系,古岩溶系统为后期构造热液改造成矿提供了空间。

(六)裂陷槽边界断裂条件

如前所述,紫云-垭都断裂为水城裂陷槽的边界断裂。该区的岩浆活动、地球物理、地球化学、沉积相带、铅锌成矿带都呈北西向展布,以紫云-垭都断裂为界,产于石炭纪及以后的铅锌矿体分布于南西盘,北西盘几乎不再有铅锌矿产出,形成上古生代贵州省铅锌成矿的边界。紫云-垭都断裂和水城断裂控制了水城裂陷槽的发生和发展,也控制了紫云-垭都断裂隙南西盘铅锌成矿作用的发生和发展。

(七)背斜构造条件

与产于贵州省其他层位中的铅锌矿一样,产于石炭系中的铅锌矿同样受背斜构造的控制,如杉树林铅锌矿产于水杉背斜转折倾没端的陡翼,矿体呈层状和透镜体顺层分布;天桥铅锌矿产于背斜两翼,矿体顺层产出和透镜状产出;蟒洞铅锌矿床产于背斜轴部及南西翼,矿体有顺层产出的透镜状矿体和穿层脉状矿体,银厂坡铅锌矿产于背斜翼部纵断层上盘,呈层状、透镜串珠状顺层分布。

(八)断层构造条件

产于石炭系中的铅锌矿有两种类型顺层产出的矿体和沿断层产出的脉状矿体,许多顺层产出的矿体都位于切层断层和顺层断层旁侧,如杉树林铅锌矿床、银石坡铅锌矿床中的矿体虽然顺层产出,但矿体的顶、底板或附近发育顺层断层;有的产于断层破碎带中,如猫猫厂铅锌矿床、长坪子铅锌矿床,切层脉状矿体大部分是顺层产出矿体的底盘脉状矿体,少部分为后期改造充填形成的矿体。

二、矿床成因

矿床成因属海底喷流成矿作用和后期构造、热液成矿作用有关的强改造叠加(复合/改造)铅锌矿床,成矿模式见图 6-4-2。

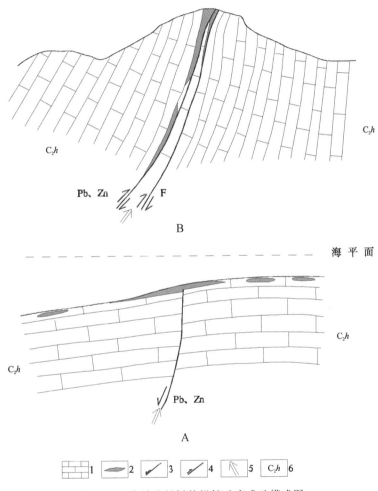

图 6-4-2 水城县杉树林铅锌矿床成矿模式图

A.早期成矿模式;B.晚期成矿模式;1.灰岩;2.铅锌矿体;3.正断层;

4.逆断层;5.热液及成矿物质运移方向;6.中石炭统黄龙组

第七章　二叠系中的铅锌矿床

第一节　铅锌矿床分布

以二叠系为容矿岩石的铅锌矿床主要分布于紫云-垭都断裂的南西盘威宁-赫章和六盘水地区,黔西南地区偶有分布。矿床主要呈似层状产出,容矿层位多,从台盆相到台地边缘相均有分布,但主要分布于台地边缘相区,近年发现了赫章县猪拱塘超大型铅锌矿床,对区域铅锌找矿具有重要意义,此矿床矿石化学组分较复杂,伴生 Cd、Ge、Ga、In、Ag 等稀有和贵金属元素(图 7-1-1)。

产于二叠系中的铅锌矿床,共计有 11 个矿床,其中超大型矿床 1 个、中型矿床 1 个、小型矿床 9 个。查明铅锌金属资源量储量 339.22×10^{4}t,占全省的 29.63%,其中锌 255.04×10^{4}t,占比 75.18%,铅 84.17×10^{4}t,占比 25.82%;保有铅锌资源储量 325.94×10^{4}t,其中锌 246.61×10^{4}t,铅 79.33×10^{4}t。代表性矿床为赫章县猪拱塘铅锌矿床,其他矿床特征见表 7-1-1。

第二节　典型矿床——赫章县猪拱塘铅锌矿床

赫章猪拱塘铅锌矿床是以二叠系为容矿岩石的代表性矿床,可称为"猪拱式"铅锌矿床。其特征如下(贵州省地矿局 113 地质大队,2018,2019)。

猪拱塘铅锌矿床位于贵州省赫章县城南西约 15km 处,地理坐标:东经 104°35′27″—104°40′27″,北纬 27°02′15″—27°05′30″,属赫章县水塘乡管辖。20 世纪 90 年代贵州省地质局 113 队开展 1∶5 万区调发现,历经 20 余年勘查,特别是 2014—2018 年,通过找矿科技攻关,突破了区域成矿理论、矿床类型、成矿时代认识和成矿空间认识,总结了成矿规律,建立了成矿模式,指导了深部铅锌找矿,累计查明铅锌资源量(332+333)2 758 163.53t,实现了贵州省超大型铅锌矿床零的突破。

猪拱塘铅锌矿位于紫云-垭都断裂北带北西段,处于断裂带的北东边界断层垭都-蟒洞断层的南西侧(图 7-1-1),以此为主断裂,其上盘发育一系列次级逆冲推覆断层。区域出露志留系—二叠系,岩性为碳酸盐岩与碎屑岩。晚二叠世地幔柱活动形成大规模基性岩浆喷发,形成厚度大和分布面广的峨眉山玄武岩,并有同源岩浆侵入形成小规模的辉绿岩侵入体。容矿的层位及岩石主要为中二叠统栖霞组灰岩,其次为上泥盆统望城坡组—尧梭组、石炭系摆佐组—黄龙组白云质灰岩和白云岩,中二叠统茅口组灰岩。"逆冲断层+有利岩性"控制了矿体的产出。

第七章 二叠系中的铅锌矿床

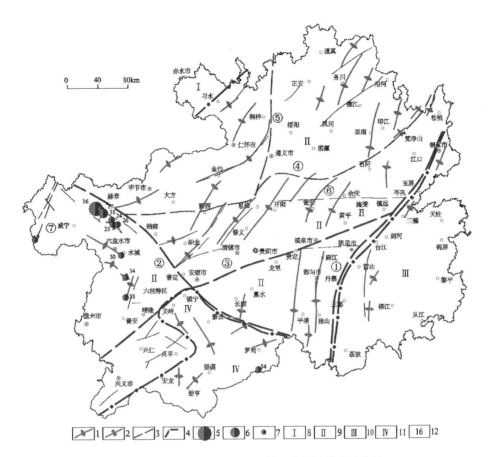

图 7-1-1 二叠系容矿地层铅锌矿床(点)分布示意图

1.背斜;2.向斜;3.断层;4.构造分区界线;5.超大型矿床;6.中型矿床;7.小型矿床;8.赤水宽缓褶皱区;9.贵州侏罗山式褶皱带;10.黔东南断裂褶皱带;11.南盘江造山型褶皱带;12.矿床序号;①铜仁-三都断裂;②紫云-垭都断裂;③安顺-黄平断裂;④黔西-石阡断裂;⑤桐梓-息烽断裂;⑥瓮安-镇远断裂;⑦陈家屋基-新华断裂

一、地层

矿区内出露地层由老至新有志留系韩家店组(S_1h),泥盆系望城坡组(D_3w)、尧梭组(D_3y),石炭系祥摆组(C_1x)、旧司组(C_1j)、上司组(C_1s)、摆佐组(C_1b)、黄龙组(C_2h)以及马平组(C_2m),二叠系梁山组(P_2l)、栖霞组(P_2q)、茅口组(P_2m)、龙潭组(P_3l),另见零星分布的第四系(Q)(图 7-2-1)。其中,泥盆系和石炭系由南西向北东由于近陆缘变薄直至尖灭,形成自台地内部向陆依次超覆,随着海平面上升向陆退积形成的穿时地层体。铅锌矿容矿层位主要为二叠系栖霞组和茅口组,其次为泥盆系望城坡组、尧梭组、石炭系摆佐组、黄龙组。各容矿层位岩性描述如下。

望城坡组(D_3w):为浅灰—深灰色中厚层细晶白云岩与同色中厚层白云质灰岩不等厚互层,层间常夹黄灰色、灰绿色泥质条带,岩石中方解石脉发育,溶蚀现象明显,厚30~60m。是铅锌矿床容矿层位之一。

表 7-1-1 产于二叠系中的铅锌矿床一览表

单位：t

序号	矿产地名称	地理坐标 经度	地理坐标 纬度	成因类型	矿床规模	查明资源储量 锌	查明资源储量 铅	保有资源储量 锌	保有资源储量 铅	勘查程度	开发利用现状	容矿层位	备注
9	贵州省威宁县银沟铅锌矿床	103°46′00″	26°41′14″	石灰岩容矿	小型	113.76		113.76	0	普查	未开采	P_2m	
16	贵州省赫章县猪拱塘铅锌矿床	104°33′53″	27°03′44″	石灰岩容矿	超大型	2 149 710.16	682 897.83	2 147 460.16	681 997.83	详查	停采	P_2q、P_2m	
17	贵州省赫章县草子坪铅锌矿床	104°38′12″	27°03′19″	石灰岩容矿	小型	683 32.84	30 357.39	52 029.94	20 551.69	详查	未开采	$C_{1-2}b$、P_2q、P_2m	
18	贵州省赫章县垭都铅锌矿床	104°40′03″	27°00′42″	石灰岩容矿	中型	148 702.05	53 827.07	95 870.41	21 989.96	普查—详查	部分开采	P_2q、P_2m	
24	贵州省赫章县蟒洞铅锌矿床	104°46′51″	26°56′02″	石灰岩容矿	小型	79 818	27 256	68 062	24 035	普查	未开采	P_2q、P_2m	
25	贵州省赫章县白泥厂铅锌矿床	104°47′53″	26°52′55″	石灰岩容矿	小型	649.31	368.84	649.31	368.84	普查	未开采	P_2q	
26	贵州省赫章县兔岩-窝弓铅锌矿床	104°51′45″	26°53′00″	石灰岩容矿	小型	29 900	12 700	29 300	12 400	详查	正在开采	P_2m	
30	贵州省水城县黄家大山铅锌矿床	104°54′48″	26°31′22″	石灰岩容矿	小型	16 729.18	17 097.5	16 117	14 810	勘探	停采	P_2q、P_2m	
34	贵州省水城县高石坎锌矿床	104°58′30″	26°16′00″	石灰岩容矿	小型	378		378		普查	未开采	P_2q、P_2m	
38	贵州省普安县龙吟铅锌矿床	104°58′40″	26°02′00″	石灰岩容矿	小型	55 723.01	16 536.33	55 723.01	16 536.33	详查	未开采	P_2q、P_2m	
54	贵州省罗甸县交贵中苏铅锌矿床	106°44′22″	25°12′00″	石灰岩容矿	小型	382	674	382	674	详查	未开采	$P_{2-3}lh$	猪拱塘式
合计						2 550 438	841 715	2 466 086	793 363.7				
						3 392 153		3 259 449.7					

第七章 二叠系中的铅锌矿床

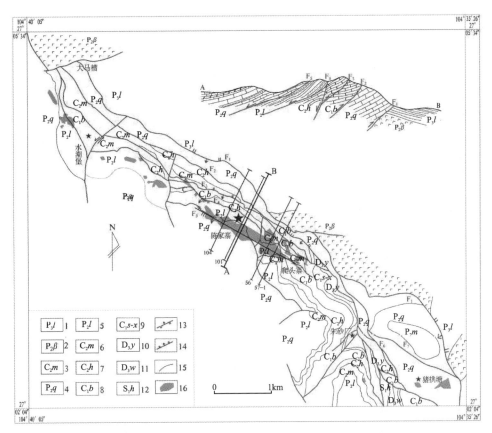

图 7-2-1 猪拱塘铅锌矿区地质简图(据贵州省地矿局——三地质大队,2019)
1.龙潭组;2.峨眉山玄武岩;3.茅口组;4.栖霞组;5.梁山组;6.马平组;7.黄龙组;
8.摆佐组;9.上司—祥摆组;10.尧梭组;11.望城坡组;12.韩家店组;13.逆断层;
14.正断层;15.地质界线;16.矿体投影范围

尧梭组(D_3y):为灰—灰白色薄—中层白云质条带灰岩,局部夹细晶白云岩、泥晶灰岩。底部岩石溶蚀现象明显,中上部白云岩中局部见晶洞,沿晶洞发育方解石晶体。下部见灰绿色泥质条带,底部为厚约 0.5~2m 灰绿色薄层泥岩,作为与下伏地层望城坡组(D_3w)分层标志,厚 35~75m。是铅锌矿床容矿层位之一。

摆佐组(C_1b):为浅灰、灰色厚层块状中—粗晶白云岩夹灰岩,底部见约 0.5~1m 灰绿色薄层泥岩,可作为与下伏地层分层标志,厚 90~110m。是铅锌矿床容矿层位之一。

黄龙组(C_2h):矿区大面积出露,下部为浅灰色厚层状灰岩、白云质灰岩夹细—中晶白云岩及灰绿色泥岩薄层;中上部为浅灰色厚层块状泥—亮晶灰岩、生物屑灰岩,偶见白云质化,厚约 50~80m。是铅锌矿床容矿层位之一。

栖霞组(P_2q):是铅锌主要的容矿层位。根据岩性特征分为 3 个岩性段,一段为深灰至灰黑色中厚层至块状泥晶灰岩、生物屑灰岩夹灰黑色薄层碳质泥岩,厚 100~130m;第二段为灰—浅灰色中厚层至块状泥晶灰岩、生物屑灰岩夹白云质灰岩、灰质白云岩、白云岩团块,局部夹燧石结核及团块,底为灰白色泥晶灰岩或白云岩、白云质灰岩出现作为与第一段分层标志,段厚 90～120m;第三段为灰—深灰色厚层至块状泥晶灰岩、生物屑灰岩,局部夹深灰色薄层泥岩及燧石结核,厚 180～210m。

茅口组(P_2m):为一套浅灰、深灰色中厚层至块状生物屑灰岩、白云质灰岩及燧石灰岩夹硅质岩组合,底部为一套深灰—灰黑色薄层状燧石层,是矿床铅锌容矿层位之一,厚 220m～330m。

二、构造

矿床处于垭都-蟒洞断裂带北西段,区内褶皱构造不发育,但断裂构造十分发育。断裂构造以北西向为主,北东向及近东西向断层次之。北西向断裂在早期存在的阶梯状正断层基础上生成与发展,在地表多形成高角度逆冲断层,其上盘未形成褶皱,整体为单斜,多以挠曲组成断夹块,为一强烈挤压变形的构造带,断层走向和倾向上呈波状起伏或略有相交,在剖面上组成一叠瓦扇,在北西大马槽由前缘逆冲断层和飞来峰组合特征最为明显(图 7-2-2),地表发育有 F_1、F_2、F_3、F_4 及深部隐伏 F_{20}、F_{30} 断层,整体显示出由南西向北东向逆冲的前展式叠瓦状构造;北东向断层 F_{10}、F_{11}、F_{12} 错断北西向叠瓦状构造,与东西向断层(F_9、F_{13})均为后期构造应力的产物,为成矿后期构造,与区内铅锌矿成矿作用并无关系,对矿体具有一定破坏作用。

F_1 逆冲断层:总体走向 315°,倾向南东,倾角 45°～70°,走向长大于 10km,为垭都-蟒洞断裂带北西段最前缘构造。其形成继承了早期阶梯状正断层,走向和倾向上呈波状起伏,在地表多形成高角度逆冲断层,深部渐缓。上盘地层为二叠系栖霞组,下盘地层为二叠系龙潭组、峨眉山玄武岩、栖霞组、茅口组。断层断距大于 400m,断层破碎带宽 0.5～25m,由断层角砾岩、碎裂岩及灰岩透镜体组成,带内挤压构造片理发育,表明其具有较长的活动历史。浅部具白云石化、方解石化,深部具白云石化、硅化、铅锌矿化,该断层控制了区内 Ⅰ-1～Ⅰ-5 号矿体的产出,是区内主要控矿断层。

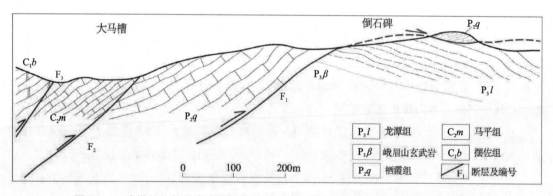

图 7-2-2 猪拱塘铅锌矿床大马槽构造剖面图(据贵州省地矿局——三地质大队,2009)

F_2 逆冲断层:大致与 F_1 断层平行,呈南东-北西向展布,走向长 9.8km,倾向南西,倾角 40°～75°,断面倾角陡缓起伏。上盘地层为志留系韩家店组、泥盆系望城坡组、尧梭组、石炭系祥摆组、旧司组、上司组、摆佐组、黄龙组,下盘地层为二叠系栖霞组、茅口组、峨眉山玄武岩、龙潭组。该断层由南东向北西,垂直断距逐渐变小,由 2000m 变为 300m,断层破碎带宽 1～60m,以断层角砾、断层泥、碎裂岩及灰岩透镜体组成,角砾成分为灰岩、白云岩、石英砂岩等,呈棱角—次棱角—次圆状,胶结物为泥质、钙质、方解石。破碎带中褐铁矿化、方解石化、硅化、白云石化特别发育。该断层控制Ⅱ-1～Ⅱ-10等矿体,是区内主要控矿断层。

三、岩浆岩

矿床出露岩浆岩为峨眉山玄武岩($P_3\beta$),分布于F_1断层北东侧,呈南东-北西向展布,岩性为拉斑玄武岩及气孔杏仁状玄武岩,外观多呈墨绿、黑绿色致密块状,柱状节理发育,自下而上沉凝灰岩逐渐增多,整体岩石蚀变风化强烈,并具铁染及硅化现象,厚500～600m。与下伏茅口组为不整合接触。

四、矿体特征

矿体主要赋存于北西向F_1、F_2及隐伏F_{20}、F_{30}断裂破碎带及次级断裂破碎带中。共圈定铅锌矿体69个,其中Ⅰ、Ⅱ、Ⅲ、Ⅳ类编号的矿体受叠瓦状构造F_1、F_2及隐伏F_{20}、F_{30}断裂控制,其余为F_1、F_2、F_4、F_6断裂旁侧层间铅锌矿体。

Ⅰ-1矿体为主矿体,矿体虽然受断层破碎带的控制,在纵剖面上,矿层有顺层间展布的趋势(图7-2-3),在剖面图上,在含矿段断层产状几乎与岩层产状平行,在断层切层地段,一般无铅锌矿体产出(图7-2-4),显示顺层矿与断层之间的耦合关系。

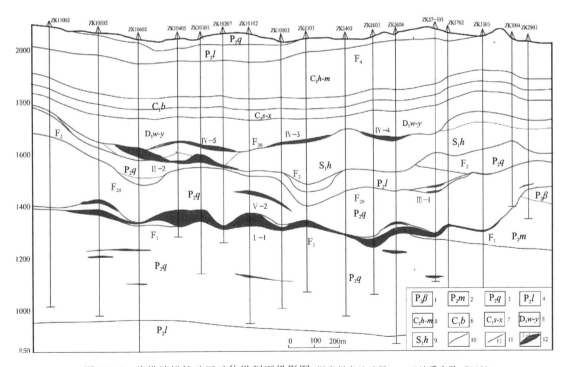

图 7-2-3 猪拱塘铅锌矿区矿体纵剖面投影图(据贵州省地矿局一一三地质大队,2009)
1.峨眉山玄武岩;2.茅口组;3.栖霞组;4.梁山组;5.黄龙-马平组;6.摆佐组;7.上司-祥摆组;
8.望城坡组-尧梭组;9.韩家店组;10.地质界线;11.断层;12.铅锌矿体

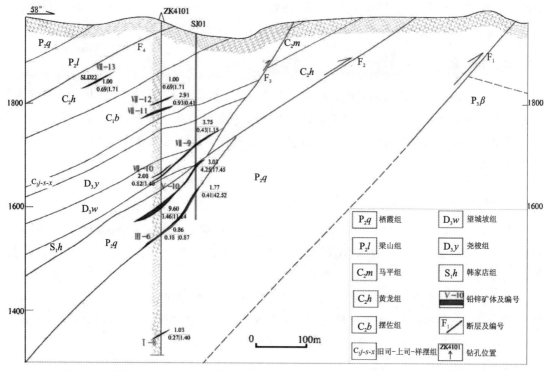

图 7-2-4　猪拱塘铅锌矿 41—41′勘探线地质剖面图(据贵州省地矿局——三地质大队,2018)

Ⅰ-1 矿体:走向 300°,倾向南西,倾角 31°～52°,走向长 1640m,矿体呈脉状、透镜状分布于 F_1 断层破碎带中,受控于断层破碎带,具舒缓波状起伏、膨大收缩、分支复合现象。含矿围岩为中二叠统栖霞组(P_2q)泥灰岩、灰岩,围岩蚀变较弱,主要表现为黄铁矿化、方解石化、白云石化。矿体厚 0.95～67.01m,平均 11.01m,厚度变化系数 124%。主要组分为 Pb、Zn、S,铅品位一般 0.12%～10.14%,平均 2.81%,锌品位一般 0.09%～37.01%,平均 8.71%,S 品位一般 0.27%～47.86%,平均 31.60%。在纵向上铅、锌、银品位具正相关关系,且锌品位大于铅品位。该矿体估算铅+锌金属资源量 181.92×10^4t(Pb 44.34×10^4t,Zn 137.58×10^4t),占总资源量的 65.96%。

产于 F_1 和 F_4 断层旁侧次级断层旁侧中的顺层矿体,容矿岩石为泥灰岩、灰岩,矿体产状与地层产状基本一致,产出层位有泥盆系、石炭系和二叠系,其特点是矿体富,几乎见不到破碎和围岩蚀变。如道坑控制的Ⅳ-2 铅锌矿体(图 7-2-5),产于小逆冲小断层上盘的尧梭组白云岩中,呈层状、透镜状,矿体走向 305°,倾向 215°,倾角 25°,矿体长 174m,倾向延深 160m,矿体厚 1.03～3.22m,平均 2.34m;铅品位 0.50%～6.64%,平均 5.21%,锌品位 2.28%～16.93%,平均 14.26%,分布标高 1 787.00～1 825.40m。估算铅锌金属资源量 1.18×10^4t。其他由钻孔控制的产于石炭系摆佐组粗晶白云岩中的Ⅶ-12 和Ⅶ-13 矿体、泥盆系望城坡组白云质灰岩中Ⅶ-10、二叠系栖霞组灰岩中Ⅲ-6 矿体等,均为顺层产出的矿体,特征与Ⅳ-2 矿体相似。其特征反映控制矿体的因素,不仅是断层,断层控矿可能是后期改造的结果。

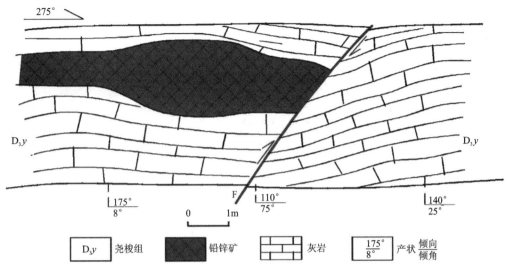

图 7-2-5　Ⅳ-2 号矿体素描图（据贵州省地矿局一一三地质大队，2018）

五、矿石特征

(一)化学组成

矿石中主要有益组分为 Pb、Zn，共生组分有硫(S)，伴生有益组分主要有银(Ag)、镉(Cd)、锗(Ge)、硒(Se)，Au 能达铅锌矿伴生有益元素综合利用指标。

(二)矿物组成

金属矿物主要为方铅矿、闪锌矿、黄铁矿，次为黝铜矿、赤铁矿、褐铁矿、细硫砷铅矿，偶见白铅矿、菱锌矿沿其硫化物边缘分布。脉石矿物有白云石、方解石，石英、高岭石、重晶石次之。

闪锌矿：浅黄色—棕褐色—黑色，为粒状集合体，呈自形—半自形—他形粒状，与黄铁矿、方铅矿等呈致密块状、团状产出，粒径小于 10mm；以不规则粒状呈浸染状产出在脉石中，闪锌矿粒径在 0.01～0.02mm 之间。

方铅矿：呈铅灰色、银灰色，呈自形—半自形—他形粒状。铅矿交代闪锌矿及黄铁矿，使黄铁矿粒径细化，或在方铅矿的集合体中包含小颗粒的黄铁矿，或本身呈细小颗粒状交代，黄铁矿粒度多数在 20μm 以下。

黄铁矿：黄铁矿呈浅黄色，粉末绿黑色。①大多呈粗晶状、碎裂状、晶粒状密集分布在脉石间；②少量黄铁矿呈现出自环带结构零星分布于脉石中；③黄铁矿与闪锌矿、方铅矿填充粒状集合体，稀疏或密集分布，方铅矿呈脉状、浸染状交代黄铁矿，使黄铁矿边缘粒径细化。

(三)结构构造

矿石结构有自形—半自形—他形粒状结构、他形粒状结构、交代残余结构、包含结构、柱状结构、乳滴状结构,其中见闪锌矿交代鲕状黄铁矿。矿石构造有块状构造、浸染状构造、脉状构造、条带状构造和角砾状构造,角砾状构造中可见早期深色闪锌矿角砾被后期细粒黄铁矿胶结(图7-2-6、图7-2-7)。

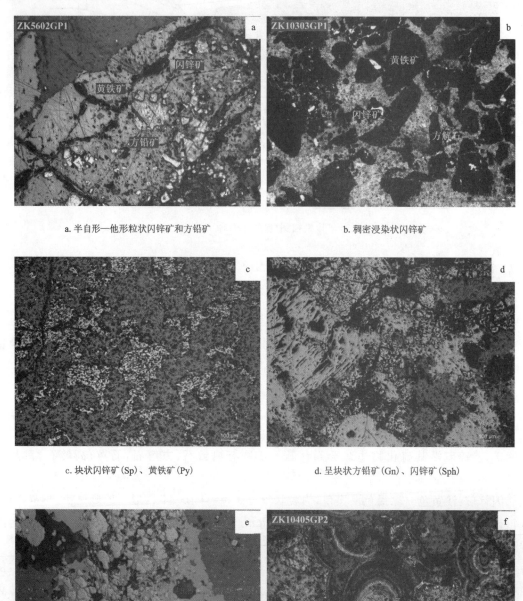

a. 半自形—他形粒状闪锌矿和方铅矿　　b. 稠密浸染状闪锌矿

c. 块状闪锌矿(Sp)、黄铁矿(Py)　　d. 呈块状方铅矿(Gn)、闪锌矿(Sph)

e. 方铅矿(Gn)交代黄铁矿(Py)　　f. 方闪锌矿交代鲕状黄铁矿

图7-2-6　主要矿物嵌布特征(据贵州省地矿局——三地质大队,2018)

a. 致密块状构造(ZK10102, 733.38~733.44m)　　b. 条带状构造(ZK10102, 737.34~737.44m)

Sph：闪锌矿；Py：黄铁矿　　　　　　　　Sph：闪锌矿；Py：黄铁矿

c. 角砾状构造　　　　　　　　　　　　d. 锌矿体下盘的细脉状构造

Sph：闪锌矿；Py：黄铁矿；Cal：方解石　　　Sph：闪锌矿；Py：黄铁矿；Lim：灰岩

图 7-2-7　矿石结构构造

(四)矿石类型

矿石类型有氧化矿石、混合矿石和硫化矿石，以硫化矿石为主。

六、围岩及蚀变

围岩为泥盆系—石炭系灰岩、泥灰岩、白云质灰岩和白云岩。蚀变有白云石化、方解石化、硅化、铅锌矿化，其次有铁锰碳酸盐化、黄铁矿化、重晶石化、褐铁矿化等。围岩蚀变作用主要发生在构造破碎带及受断层控制的矿体上、下盘围岩中，蚀变带宽度可达数十米。

第三节　元素地球化学及流体包裹体特征

一、微量元素特征

Pb、Zn、Ag 与 As、Sb、Cd 具明显的正相关关系，以 Pb、Zn 与 As、Sb 更为密切。Ag 主要赋存于方铅矿中，Cd 主要赋存于闪锌矿中，显示在成矿作用过程中成矿元素 Pb、Zn、Ag 与伴生 As、Sb、Cd 共同迁移富集。

二、稀土元素

尚缺稀土分析资料。

三、硫同位素

硫同位素分析见表 7-3-1。$\delta^{34}S/‰$ 为 14.41‰～16.9‰，分布较为集中，反映硫可能来源于海相蒸发岩、沉积岩硫化物或变质岩。

表 7-3-1　猪拱塘铅锌矿床 S 同位素分析结果表

样品编号	测试对象	$\delta^{34}S/‰$
4101	闪锌矿	15.89
4403	方铅矿	14.41
5602	闪锌矿	15.06
5603	闪锌矿	15.47
57-103	方铅矿	15.46
6805	方铅矿	16.32
10102-1	闪锌矿	15.82
10102-2	黄铁矿	14.27
10303	闪锌矿	16.0
10304	闪锌矿	15.17
10405-1	闪锌矿	15.57
10405-2	黄铁矿	16.9
10805	闪锌矿	15.76
11903	方铅矿	16.6
12403	黄铁矿	16.33

四、铅同位素

铅锌矿石铅同位素分析结果见表 7-3-2。

猪拱塘矿床中的矿物同位素：$^{208}Pb/^{204}Pb$ 为 39.205～39.379，极差 0.174；$^{207}Pb/^{204}Pb$ 为 15.767～15.776，极差 0.009；$^{206}Pb/^{204}Pb$ 为 18.624～18.749，极差 0.125。铅的模式年龄可分为两组：①219.5～170.4Ma，平均 195.43Ma；②160.7～138.5Ma，平均 152.5Ma，反映研究区铅主要为两期成因；③Pb 铅主要为造山带的铅，部分来自于地壳，明显反映成矿流体中铅源的多源性。

第七章 二叠系中的铅锌矿床

表 7-3-2 猪拱塘铅锌矿床矿石 Pb 同位素分析结果表

样品编号	测定对象	$^{208}Pb/^{204}Pb$	误差	$^{207}Pb/^{204}Pb$	误差	$^{206}Pb/^{204}Pb$	误差	模式年龄/Ma	μ	ω	κ	$\Delta\beta$	$\Delta\gamma$
ZK4101	闪锌矿	39.232	0.000 12	15.77	0.000 017	18.651	0.002	202.9	9.77	40.05	3.97	29.3	55.97
ZK5602	闪锌矿	39.35	0.000 09	15.773	0.000 023	18.716	0.002	160.7	9.77	40.18	3.98	29.3	57.25
ZK5603	闪锌矿	39.205	0.000 03	15.768	0.000 017	18.624	0.002	219.5	9.77	40.07	3.97	29.24	55.98
ZK10102-1	闪锌矿	39.299	0.000 04	15.771	0.000 008	18.682	0.003	182.3	9.77	40.15	3.98	29.27	56.85
ZK10303	闪锌矿	39.367	0.000 08	15.774	0.000 035	18.724	0.002	156.2	9.77	40.22	3.98	29.35	57.51
ZK10304	闪锌矿	39.339	0.000 02	15.774	0.000 032	18.704	0.002	170.4	9.77	40.22	3.98	29.41	57.39
ZK10405-1	闪锌矿	39.24	0.000 01	15.769	0.000 018	18.646	0.002	205.3	9.77	40.1	3.97	29.24	56.29
ZK10805	闪锌矿	39.247	0.000 16	15.77	0.000 073	18.651	0.002	202.9	9.77	40.11	3.97	29.3	56.37
ZK4101-1	方铅矿	39.234	0.000 18	15.771	0.000 014	18.652	0.003	203.4	9.77	40.06	3.97	29.36	56.04
ZK4403	方铅矿	39.275	0.000 12	15.769	0.000 017	18.671	0.002	187.6	9.77	40.1	3.97	29.16	56.44
ZK57-103	方铅矿	39.356	0.000 05	15.772	0.000 03	18.722	0.002	155.2	9.77	40.16	3.98	29.21	57.17
ZK6805	方铅矿	39.322	0.000 02	15.771	0.000 018	18.692	0.002	175.2	9.77	40.19	3.98	29.24	57.15
ZK11903	方铅矿	39.222	0.000 03	15.767	0.000 009	18.638	0.002	208.5	9.77	40.05	3.97	29.13	55.95
ZK10102-2	黄铁矿	39.235	0.000 14	15.767	0.000 026	18.644	0.002	204.3	9.77	40.07	3.97	29.11	56.11
ZK10304-1	黄铁矿	39.344	0	15.776	0.000 006	18.706	0.003	171.4	9.78	40.25	3.98	29.54	57.57
ZK10405-2	黄铁矿	39.228	0.000 02	15.768	0.000 024	18.642	0.003	206.9	9.77	40.06	3.97	29.18	56.04
ZK12403	黄铁矿	39.379	0.000 06	15.774	0.000 007	18.749	0.002	138.5	9.77	40.12	3.97	29.27	57.04

第四节 控矿条件及矿床成因

一、控矿条件

(一)受裂陷边界的控制

受水城裂陷槽的边界断裂紫云-垭都断裂的控制。紫云-垭都断裂控制了裂陷槽的发生和发展,在裂陷过程中,由于同沉积断层的导矿作用,形成了 Pb、Zn 有用组分在泥盆系、石炭系和二叠系中的初始富集或成矿。

(二)区域构造对铅锌矿的控制

猪拱塘铅锌矿床位于垭都-蟒洞断裂带北西段,矿区主要由 4 条大致平行北西向的主干压性、张性复合断裂组成。在正断层中矿体一般富集在断层陡倾斜的部位,缓倾斜部位矿体较差甚至无矿体产出;逆断层中矿体一般富集在断层的缓倾斜部位,陡倾斜部位矿体较差或无矿产出。

(三)受地史时期沿同沉断层上升热液活动的控制

同沉积断层的活动时间较长,不是在同沉积断层活动的所有时间都有成矿作用发生,只有当成矿热液活动时,在同沉积断层两侧沉积的地层才有成矿作用发生,对应于特定的含矿层位。黔西北地区,与容矿矿石相似的岩性很多,但为什么只有几个特定的层位含矿,这与地史时期沿同沉断层上升热液活动有关。

(四)受高 Pb、Zn 背景含量地层的控制

黔西北成矿区铅锌矿床(点)常伴生的重晶化或形成的重晶石矿体及地层中,Ba 亲碎屑岩[含量$(500\sim1000)\times10^{-6}$],而在碳酸盐($<30\times10^{-6}$)贫化特性,以及寒武系地层 Pb、Zn 丰度远高于其他新地层特征表明,寒武系及下伏地层应为矿源层;郑传仑依据杉树林、青山典型铅锌矿床矿石 Pb/Zn 比值分析,Pb/Zn 平均值 0.32,与下寒武统的平均值一致,也证明 Pb、Zn 主要来自下古生界及下伏地层。黔西北地区铅锌矿成矿物质来源具有多源特征,成矿物质来源于赋矿地层及其下伏地层。

(五)受褶皱、断裂构造的控制

受褶皱、断裂构造的控制主要表现在后期成矿改造上。复背斜轴部、倾没端及两翼的褶皱构造最为发育,产生构造虚脱空间,有利于晚期含矿热液进入充填和交代成矿。矿体受正断层由缓变陡部位的控制,受逆断层由陡变缓部位的控制。这些有利构造部位与早期形成的矿体或矿化体耦合时,最有利成矿。

二、矿床成因

成因属"底热卤水(喷流)成矿作用和后期构造作用、热液成矿作用用强改造的"叠加(复合/改造)矿床。成矿模式见图 8-5-2。

以上第三章～第七章介绍了震旦系、寒武系、泥盆系、石炭系、二叠系碳酸盐岩地层容矿的铅锌矿床,还有一些产于其他碳酸盐层位中的铅锌矿床没有介绍,如产于奥陶系红花园组地层中的铅锌矿床,主要分布于贵定黄丝背斜轴部东西向断层旁侧,还分布于沿河北东向断层旁侧。计有小型矿床 5 个,查明铅锌金属资源量储量 15.37×10^4 t,占全省的 1.34%,其中锌 12.32×10^4 t,占比 80.16%,铅 3.06×10^4 t,占比 19.91%;保有铅锌资源储量 14.79×10^4 t,其中锌 11.74×10^4 t,铅 3.06×10^4 t(表 7-4-1)。

以上是产于碳酸盐型的铅锌矿床。对于产于非碳酸盐型的铅锌矿床,主要分布情况:①与岩浆成矿作用有关的铅锌矿床主要分布在黔桂交界的九万大山摩天岭花岗岩体周缘,有从江地虎、九星等 10 余个多金属矿床;分布在梵净山花岗岩体周缘的有标水岩和小黑湾等 5 个多金属矿点;②分布于铜仁-三都断层旁侧,产于青白口系浅变质岩中有脚皋、乌寿、新华等数十个断裂型铅锌矿床(点)。

与岩浆成矿作用有关的典型矿床有从江地虎铜铅锌多金属矿床,与变质成矿作用有关的典型矿床有台江南省铅锌矿床和镇远县下高跃铅锌矿床,与风化成矿作用有关的铅锌矿床有赫章榨子厂铅锌矿床(残坡积、冲积矿床)、赫章白腊厂铅锌矿床(淋积型铅锌矿床),与风化、搬运、沉积作用有关的铅锌矿床有中侏罗统砂溪庙组砂页岩中的小石厂铅锌矿床。其他矿床本书不再赘述,分布见图 7-4-1。

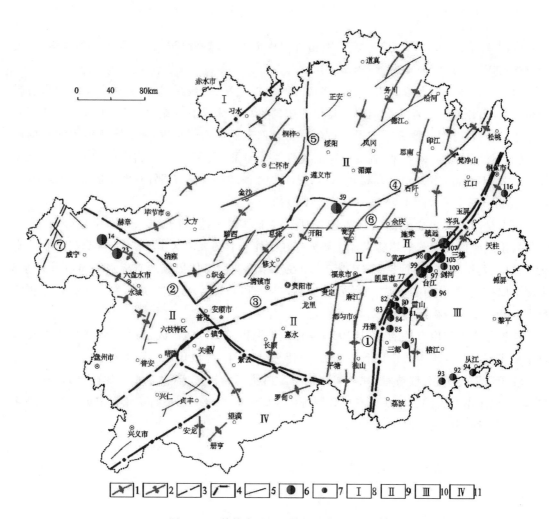

图 7-4-1 其他容矿地层铅锌矿床(点)分布图

1.背斜;2.向斜;3.断层;4.构造分区界线;5.沉积相边界;6.中型矿床;7.小型矿床;8.赤水宽缓褶皱区;9.贵州侏罗山式褶皱带;10.黔东南断裂褶皱带;11.南盘江造山型褶皱带;①铜仁-三都断裂;②紫云-垭都断裂;③安顺-黄平断裂;④黔西-石阡断裂;⑤桐梓-息烽断裂;⑥瓮安-镇远断裂;⑦陈家屋基-新华断裂

第七章 二叠系中的铅锌矿床

表 7-4-1 贵州省铅锌矿产地一览表

单位：t

序号	矿产地名称	地理坐标 经度	地理坐标 纬度	成因类型	矿床规模	查明资源储量 锌	查明资源储量 铅	保有资源储量 锌	保有资源储量 铅	勘查程度	开发利用现状	容矿层位	
62	贵州省福泉市大麻窝锌矿床	107°17′15″	26°46′30″	白云岩容矿	小型	308		308		普查	未开采	红花园组	$O_1 h$
64	贵州省贵定县过路山锌矿床	107°17′00″	26°27′59″	石灰岩容矿	小型	2351		2351		普查、详查	未开采	红花园组	$O_1 h$
65	贵州省贵定县新场铅锌矿床	107°16′58″	26°20′18″	石灰岩容矿	小型	1458	30566.04	1458	30566.04	普查、详查	未开采	红花园组	$O_1 h$
66	贵州省都匀市银厂坡铅锌矿床	107°22′01″	26°09′57″	石灰岩容矿	小型	64670		58851.1		普查	未开采	红花园组和大湾组	$O_1 h$、$O_{1-2} d$
70	贵州省都匀市奉合老猫石锌矿床	107°38′22″	26°03′00″	石灰岩容矿	小型	54390		54390		详查	未开采	红花园组和大湾组	$O_1 h$、$O_{1-2} d$
	合计					123177	30566.04	117358.1	30566.04				

第八章 铅锌矿床成矿规律

第一节 控矿因素分析

一、成矿作用受不同地壳结构类型的控制

自新元古代以来,贵州属华南板块内部的上扬子陆块成矿系统。华南板块"陆壳"由基底和盖层两部分构成,贵州省结晶基底未出露,仅出露盖层部分,盖层主要是新元古代至显生宙的岩石,包括浅变质沉积岩系、浅变质火山-沉积岩系和浅变质火山碎屑岩系,不同的岩系控制了不同类型铅锌矿床。如厚度大的沉积岩,特别是碳酸盐岩,控制了稳定地壳区中热卤水成矿作用及铅锌矿床的分布;浅变质岩系控制了与变质成矿作用有关的铅锌矿床的分布;贵州省盖层表现为西厚东薄,受地壳不同阶段地质作用的制约,东部出露较老的地层和较老的岩浆岩体,反映古老成矿信息暴露比西部多,如梵净山地区和从江地区,出露了长城系—青白口系以及稍后的岩浆侵入活动,形成了与岩浆活动有关的铅锌多金属矿;新生代以来,特别是发生在古近纪与新近纪之间的新构造活动,使地壳发生褶皱断裂等构造变形,之后,由于印度板块向欧亚板块俯冲以及其远程扩展效应,贵州面型隆升强烈,形成当今贵州高原特殊的地貌景观,在温湿气候条件下形成与风化作用有关的铅锌砂矿和铅锌矿的氧化矿。贵州省的铅锌矿产于地壳较稳定的克拉通,并且含矿层位多,成矿温度低,矿物组合简单,同位素年龄测试结果分散,与产于地壳不稳定地区的典型铅锌矿床对比,不具备像 SEDEX 和 VMS"典型矿床"的特征,事实上不同地壳类型、不同产出地质背景中产出的铅锌矿本身也应该存在差异。

二、成矿作用受不同地壳不同的演化阶段的控制

如第一章所述,中元古代至今的地壳演化分为 6 个阶段(表 1-1-1),控制了不同的铅锌成矿作用和铅锌矿床的类型。从第三章到第八章的分析不难得出,对贵州省主要铅锌成矿作用最有影响的阶段是泥盆纪—二叠纪海西拉伸走滑阶段和中元古代末期—奥陶纪 Rodinia 超大陆裂解演化阶段,这两个阶段形成的地壳拉张环境为铅锌矿床的成矿奠定了物质基础,后期受构造热液改造成矿,形成了产于二叠纪、石炭纪、泥盆纪、寒武纪和震旦纪碳酸盐岩中的"热水沉积+构造热液"叠生矿床,这是贵州省的主要铅锌矿床类型。

三、矿床类型分布受不同的大地构造位置控制

大地构造位置是根据地壳演化、地壳浅层构造样式和地质作用的特点划分的,如前所述,贵州省分为"一盆三带":即四川前陆盆地、鄂渝黔前陆褶皱-冲断带、江南造山带和右江造山带(图1-1-1)。四川前陆盆地控制了Fe-Cu-Au-石油-天然气-石膏-钙芒硝-盐-煤和煤层气等矿产,鄂渝黔前陆褶皱-冲断带控制了上扬子中东部Pb-Zn-Cu-Ag-Fe-Mn-Hg-Sb-磷-铝土矿-硫铁矿-煤-煤层气矿床,江南造山带控制了江南造山带西段Sn-W-Au-Sb-Fe-Mn-Cu-重晶石-滑石矿床,右江造山带控制了桂西-黔西南-滇东南北部(右江海槽)Au-Sb-Hg-Ag-Mn-水晶-石膏矿床。贵州省铅锌矿床主要类型分布于鄂、渝、黔前陆冲断褶皱带中。

四、深大断裂活动控制了铅锌成矿边界和时限

铜仁-三都深大断裂是扬子准地台与早古生代褶皱带的分界线,也是鄂渝黔前陆褶皱-冲断带、江南造山带的分界线,是寒武纪—中奥陶世时浅水沉积与深水沉积的分界,据地球物理资料,在新元古代初期,扬子东南缘盆地南西段湘桂盆地存在北东向、北北东向平行排列的堑-垒构造组合,影响华南纪锰矿的形成,推测控制堑-垒构造的断裂后期继续活动。铜仁-三都深大断裂在早震旦世就已存在,和与其斜交的镇远-瓮安断裂、黔西-息烽断裂、安顺-凯里断裂、黔西-石阡近东西向断裂一起,在震旦纪—寒武纪时期属于主动活动断裂,为受地壳隆升影响形成,为沿台地边缘分布的同沉积断裂,控制了地台及边缘热卤水活动,控制了沉积—喷流型铅锌矿的分布,使震旦系和寒武系中的铅锌矿沿这些古断裂呈北东向和东西向分布(图3-1-1,图4-1-1),铜仁-三都深大断裂控制了黔东铅锌矿带的分布,与其斜交的安顺-凯里断裂、纳雍-息烽断裂、赫章-松桃断裂控制成矿边界,是导热导矿断裂,次级都匀早楼断裂、五指山断裂(安顺-贵阳断裂?),控制了有利沉积盆地的分布,控制了有利的沉积微相,使深部上升的成矿流体在局限盆地中集中,是控制矿田级的断裂构造。加里东期该断裂随造山带活动变为压扭性断裂,加里东运动后到现代,此组断裂都存在不同程度的活动,但已不是活动的主体,是在其他构造活动带动下的被动运动,因此,在加里东后期,没有明显的成矿控制作用。

紫云-垭都断裂在泥盆纪之前就存在,最大活动时期是在海西拉伸走滑阶段,D—P_2陆内裂陷、走滑拉分,它是一条切穿基底乃至上地幔的经历长时期发展的古断裂,有研究资料认为,它是丹(南丹)-池(河池)断裂的北延部分,称为"威宁-河池断裂";此断裂为多期活动断裂,在广西运动后继续断陷,控制了水城裂陷槽的发生、发展和消亡,是鄂渝黔前陆褶皱-冲断带与右江造山带的边界断裂;它是控制黔西北地区铅锌成矿带的主要构造,次级断裂有水城断裂、布坑底断裂、独山-佳荣断裂,东西向断层有黄丝断裂(安顺-凯里断裂的东段)、都匀江洲断裂、黔西-石阡断裂等。它们控制了加里东运动之后D—P_2沉积盆地中喷流沉积型铅锌矿的分布。

从以上分析可以看出,安顺-黄平断裂、黔西-石阡东西向断裂、安顺-凯里断裂、赫章-松桃断裂在震旦纪—寒武纪时期和海西期长期活动,活动的时间长,有利于多期多阶段成矿。

安顺-黄平断裂是一条控制地球化学分区界线的断裂,北西侧主要为Pb、Zn、Cu异常,南东侧主要为Hg、Sb、As、Au异常。两侧早二叠世早期—中三叠世沉积相变化显著,东段延伸

部分称"安顺-凯里断裂",呈近东西向展布,南西段在云南省内出露,由于地表被新地层覆盖,其对较老地层的控相作用还不清楚,深部的成矿控制作用不明,推测成矿控制作用与黔西-石阡断裂相似。

五、沉积环境控制了铅锌矿床的分布

某一地区,铅锌矿总是分布在一些特定的层位,如在鄂渝黔前陆褶皱带的紫云-垭都断裂与铜仁-三都断裂之间仅在震旦系、寒武系、泥盆系有铅锌矿产出,在泥盆纪以后的地层,其岩性和构造部位都有利于成矿,但以后的地层中鲜有铅锌矿分布。同一矿床,其含矿岩系的上下岩石,与容矿地层处同一构造位置,具有与含矿岩系相同的岩性,但矿床往往只产于特定的含矿岩系中,如都匀牛角塘铅锌矿床含矿岩系为寒武纪第二世清虚洞组二段颗粒白云岩,而在其上的石冷水组、娄山关群大量分布有颗粒白云岩,也不乏对成矿有利的滩后潟湖环境,但没有铅锌矿体的产出,此现象相当普遍。

相对于容矿岩石,如果认为成矿是后期的,或传统认为是燕山成矿期形成的,虽然存在许多有争议的同位素年龄的支持,但还是无法解释上述两种现象。按照沉积改造的传统理论,同样也不能很好解释这一现象,如果勉强解释,其沉积改造矿床的成矿条件几乎近于苛刻,即成矿流体在特殊的封闭系统内运行,沿特殊的层位流动,在特殊的封闭环境内成矿。

产于碳酸盐地层中的铅锌矿体的确存在少量受断裂控制的铅锌矿床,但大部分局限于含矿断层通过的某一含矿层位地层附近。贵州的铅锌矿床分布在许多仅限于某一含矿层位地层的岩层中,断裂控制的铅锌矿床也只产于含矿断层通过的某一含矿层位上下附近,说明含矿岩系至少具有初始的成矿组分富集特征,成矿后的改造更多是对已形成矿体的就近改造。

古构造和不同时期成矿古地理环境与铅锌矿分布的关系图(图 3-1-1、图 4-1-1、图 5-1-1、图 6-1-1、图 7-1-1)说明。

(1)铅锌矿分布于古断裂的一侧或两侧,主要分布在深大断裂的次级断裂旁侧古断裂切过的某些地段(地层)。所以沿古断裂上升的成矿流体是铅锌矿成矿的必要条件。在紫云-垭都断裂旁侧,铅锌矿可以产于台缘斜坡-深水滞流相、台地相、台地边缘相、开阔台地相。不管在什么沉积环境,必须要有成矿的物质来源。铅锌矿可以产于任何环境形成的岩石中,活动地壳地区,岩浆活动强烈,受海底喷流成矿作用的影响,形成 VMS 型矿床,在地壳活动性过渡区,岩浆活动较次,由海底喷流成矿作用形成 SEDEX 铅锌矿床,在稳定地壳区,岩浆活动弱,海底喷流成矿作用形成了有别于 VMS 型和 SEDEX 型的铅锌矿床。在国外称为密西西比河谷型铅锌矿床(MVT),在国内,黄崇轲等称为扬子型铅锌矿床,林方成(2005)称为大渡河谷式(Dadu River Valley Style)铅锌矿床,简称"VRDS 式矿床"。笔者认为,这类矿床广泛分布于上扬子地区,在世界范围内也应该有类似矿床的分布,上述矿床式不足以概括这类矿床的特征,早期的成矿类型属于产于地壳稳定区的"热水沉积型铅锌矿床"。

(2)虽然沉积环境不是铅锌矿成矿作用的必要条件,但对于有成矿流体聚积的沉积盆地来说,需要有适宜沉淀地球物理化学条件,这种条件就是沉积盆地条件。成矿沉积盆地应具备:①相对封闭的环境,成矿组分不至于在开放的体系中稀释而分散。②要有充分的硫源补给,才有可能形成金属硫化物沉淀。③要有还原环境,才能使海水中硫酸盐中的 S^{6+} 还原成硫

化物所需的 S^{2-}。需要富含有机质的环境。④有利于生物发育并参与成矿的环境。

同时满足上述条件的沉积环境是滩后潟湖或礁后潟湖相，潟湖环境因为有礁或滩障壁作用与广海相隔，由于蒸发作用、泵吸作用浓缩海水，潮涨潮落可以使潟湖中的硫源得到周期性的补给，相对滞流的环境容易形成缺氧环境，靠近陆缘有机质繁盛。关于潟湖环境的成矿作用机理，研究文献较多，在此不再赘述。从震旦系灯影组、寒武纪清虚洞组、中上泥盆统、中上石炭统中产出的铅锌矿来看，大部分产于开阔台地相带靠陆一侧，产于封闭或半封闭的环境，从寒武纪龙王庙期膏盐分布情况和沉积厚度来看，即使在广阔的开阔台地相，因海底地形的自然起伏或由于构造对地形的抬升或下降，也应该有相对封闭的环境存在。

一些铅锌矿点分布于台缘斜坡或台缘斜坡-深水滞流相，按 Sato(1972)以 NaCl 溶液的温度-密度-盐度相互关系为基础描述了热水溶液(没有沸腾)进入海底环境后可能出现的卸载情况(图 8-1-1)。

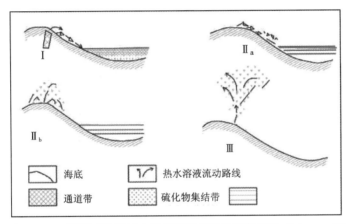

图 8-1-1　不同类型热液进入海底环境卸载的可能情况(据 Sato,1972)

不同类型热液进入海底环境卸载有 4 种情况(侯增谦,2003)。

类型Ⅰ:热水溶液的密度始终比海水的密度大，因而，溶液将沿着海底斜坡往下流动并且在地形的低凹处以成层的卤水池形势集中起来。在卤水池内，从上部开始发生沉淀作用使矿石堆积起来，矿床形态呈水平延伸的平伏状。

类型Ⅱa:热液最初比海水密度稍大，但与海水混合后密度变得更大。这样新的热液就要穿过这种混合液而上升，并在接触面与海水混合。矿物的沉淀作用即在火山喷口附近发生，也在重卤水沿海底斜坡流动时在移动过程中发生。

类型Ⅱb:热液密度最初比海水小，因而热液开始向上喷射，当它与海水混合后密度变大，又回落到卸载带。与Ⅱa 类型相比，有更多的金属沉淀在喷口附近。

类型Ⅲ:热液始终比海水密度小，因而在喷口处不断向上喷射。矿物在喷口附近沉淀，但散落范围较广。

相对封闭的环境是热水沉积成矿的重要条件。

六、地质界面对铅锌成矿有着积极的影响

产于碳酸盐地层中的铅锌矿床,与高位体系域关系密切。海侵体系域代表全球海平面快速上升时期的产物,高位体系域代表全球海平面上升晚期及全球海平面停滞和全球海平面下降早期的产物(王华,2007),按海平面上升与地壳下降的关系,这时期的沉积代表了地壳下降到最大阶段的沉积。黔西北赫章-水城地区产于石炭系中的54个铅锌矿床(点)统计,产于上石炭统马平组(C_2)中的矿床(点)9个、黄龙组(C_2)17个、大埔组(摆佐组C_2)5个,下石炭统大塘组(上司组+旧司组+祥摆组)20个,汤粑沟组1个,跨石炭系和二叠系的威宁组(C_1+C_2)2个,产于马平组、黄龙组、大埔组、大塘组、汤粑沟组和威宁组地层中的铅锌矿分别占17%、31%、9%、37%、2%和4%,主要层位为马平组、黄龙组、大埔组和大塘组,而大塘组又集中产于相当于原划分的上司组地层中,大塘组二段(上司组)/大塘组一段(旧司组)、梁山/马平组/黄龙组之间假整合。

1:5万兔街子幅区调反映黄龙组/摆佐组(大埔组,其间夹黄色黏土岩)之间也为非层序地层意义上的假整合。大塘组二段(上司组)中下部的泥灰岩及页岩、大塘组一段(旧司组)页岩及硅质岩、梁山组页岩、马平组中页岩、黄龙组中具水平层理的黏土岩和介壳灰岩等,反映经历了多次海侵过程;上司组中的角砾状灰岩和黄龙组顶部的角砾状灰岩(1:5万兔街子幅),摆佐组底部的角砾状白云岩和马平组顶部的瘤状灰岩(1:5万妈姑幅),反映每个层位都经历了从海侵到海退沉积,在碳酸盐台地上,如此频繁的海侵海退,也反映地壳升降频繁,其本质是反映石炭纪时期裂陷槽边界断层即紫云-垭都断裂的脉动活动,脉动构造活动所带来的含矿流体在相应时期的石炭纪地层形成矿化或矿体。

在高水位体系域沉积及向陆方向,早期的沉积由于暴露于海平面之上,大气降水的渗滤作用,在炎热的气候条件下,产生了广泛的岩溶作用。根据1:5万兔街子幅区调报告,下石炭统经历了4次海侵和暴露岩溶作用,岩溶作用形成了溶蚀裂隙碳酸盐岩、溶蚀角砾岩和残留钙结壳,并见渗滤豆,形成了以垂直溶蚀裂隙为主,并见"V"字形溶蚀裂隙的特征。

从二叠系底部的摆布戛砂岩,即栖霞组(P_1q)/梁山组(P_1l)/抱磨山组(P_1m)/摆布戛砂岩(bm)之间的过渡地层—上石炭统黄龙组地层,经历了8次海侵沉积和暴露,形成了垂直、斜交、网状、"V"形溶蚀裂隙。由黄龙组到二叠系底部沉积时期,约历时25Ma,大约3Ma一次海侵海退,是对应三级层序变化响应时间,应属地壳板内应力引起区域地壳变形导致的相对海平面变化,或是壳幔边界过程的影响(王华,2007)。

快速的地壳升降对成矿带来如下影响:一是频繁的地壳升降反映断裂活动变化强烈,含矿流体供给持续时间短,变化较大,总量供应不足,对形成大中型矿床不利;二是暴露形成的岩溶裂隙,在后期海侵作用形成的海盆中,含矿热流体充填提供了存储空间,但也造成了矿床很少形成规则层状矿床,而形成受一定层位控制的、形态复杂的、普遍穿层"V"字形矿体形态。充填"V"字形空间的矿体,可能是后期海侵深部流体充填成矿形成,也可能是早期形成的矿体,经暴露风化搬运充填形成,即所谓的"倒灌"矿床。以上分析说明了为什么黔西北地区产于石炭系中的铅锌矿含矿层位多,规模不大(脉动流体成矿)且形态复杂(古岩溶裂隙容矿)的原因。

七、浅层变形构造和断裂构造有利于成矿的改造和富集

从全省铅锌矿的分布来看,铅锌矿几乎产于背斜构造上,可能有几个原因:①铅锌矿容矿的地层较老,贵州省二叠纪、三叠纪地层广布,只有在背斜部位,老地层易于剥蚀出露;②沉积时初始富集成矿或形成高含量背景层的基础上,在后期改造过程中,重新形成的成矿流体易于就近向背斜核部迁移,在背斜轴部富集成矿,即使断裂构造穿过含铅锌的初始沉积层,也易在背斜部富集,这就是"背斜加一刀"的构造控矿现象。

汞矿床是贵州省的重要矿床,在全国具有重要地位,是贵州省研究程度最高的矿床,其成矿时期多认为属燕山期成矿,Hg属化学活动性强的元素,成矿易于在背斜轴部富集,其物质来源、运移路径、成矿时期等,可以作为铅锌改造期成矿示踪元素,故本书在成矿带的划分上,将铅锌、锑、汞的空间分布作为寻找隐伏矿找矿的一个参照指标。

八、各种控矿因素的耦合条件

地壳在拉张环境中发育张性同沉积断裂,由于深部构造的成矿作用,形成沿同期断裂上升的含矿流体,在位于大陆边缘局限、半局限台地环境中经过一系列的物理化学变化,在生物和有机质的参与下,初始成矿或形成有用组分高含量的背景层,后期成矿改造过程中形成的含矿流体,向背斜轴部运移富集成矿。这就是各种控矿因素对成矿的联合控制作用。

第二节 成矿演化的分析

在震旦纪南沱期,受新元古代早期末雪峰运动的影响,到了陡山沱期,由于海水自南东向北西侵入,沉积了一套内陆棚相黏土岩夹白云岩、含磷炭硅岩、含硅磷白云岩组合,灯影时期为局限台地相的藻白云岩组合。震旦纪在开阳—瓮安一带变成水下隆起,海水极浅,水动力较强,因而在这一区内出现浅滩—潮坪环境的砾、砂屑磷块岩夹黏土岩沉积(贵州省地质调查院,2004),受纳雍-息烽和安顺-凯里深断层的影响,在晚震旦世灯影期,产生了硅质岩及铅锌矿热卤水成矿作用,在灯影组白云岩中形成铅锌矿体或铅锌矿化层。

进入寒武系后,由牛蹄塘组—明心寺组—金顶山组—清虚洞组—高台组—石冷水组—娄山关组—湄潭组,沉积相由远滨相沉积-滨海相(远滨-近滨)-近滨相碎屑岩沉积组合—半局限至局限台地相沉积组合—局限台地相沉积,为一套含碳硅质黏土岩—砂岩组合、白云岩组合,奥陶系为潮坪相(混合坪)沉积。奥陶纪的中晚期后由于加里东运动,全区形成统一的古陆。

早寒武世早期:牛蹄塘组黑色岩系,为含有机碳(C 有机含量≥1%)硫化物和暗灰—黑色的硅质岩、碳酸盐岩、泥质岩的总称,黑色岩系中含 Ni—Mo—PGE 矿化普遍,是黑色页岩沉积时迅速叠加海底热水喷流沉积作用的结果,纳雍水东发现产于钼多金属层之下的切层钼多金属矿脉就是一个有力的佐证,属扬子地块南缘产于早寒武世海相黑色岩系中的重晶石、P、V、Ni、Mo、PGE、U、石煤矿床成矿系列(裴荣富,1999)。杜乐天认为沉积时为热水,有的认为是裂谷环境下缺氧局部滞流沉积(汤中立,2005)。

早寒武世龙王庙期为局限台地相环境,由于古构造的作用,形成了一套成分较杂的白云岩、泥质白云岩、粉砂质白云岩沉积。这种沉积环境具有海水不流畅,闭塞滞流,含盐度高,相对缺氧,含较多的硫酸盐,距古陆近,接受化学风化的物源补给充足等特点,与深部物源联系,成矿物质可以接受深源物质补给,在沉积物中形成组分来源复杂的 Pb、Zn 初始富集。在五指山铅锌矿床和牛角塘铅锌矿床容矿岩层中普遍含细粒黄铁矿,发现少量有机质的特点,有泥炭质沉积层存在的事实,说明与这种沉积环境有关。

震旦纪灯影晚期、早寒武世龙王庙晚期热卤水成矿作用的范围在黔西-石阡断裂和安顺-凯里断裂所夹持的断块及两侧,如纳雍水东、普定-织金、遵义松林、瓮安-福泉、岑巩、台江、黄平等地区。

早泥盆世,因大陆伸展作用,华南板块南缘发生裂陷,导致右江盆地裂谷系的产生(图8-2-1)。裂谷呈北东和北西两个方向发展,北西向的一支进入黔西北地区,即所谓六盘水裂陷槽。该裂陷槽的北缘和南缘受安顺-黄平断裂的影响,形成近东西向和北东向的断裂,复活了前加里东的东西向断裂如纳雍-息峰断裂、安顺-凯里断裂等,这些断裂为成矿初始富集的导矿和容矿断裂。如半边街、竹林沟铅锌矿床受黄丝同沉积古断裂控制的礁后潟湖盆地的控制,独山下冷当、荔波奴亚、赫章白矿山铅锌矿点、威宁石门坎铅锌矿受北西向断层的控制。

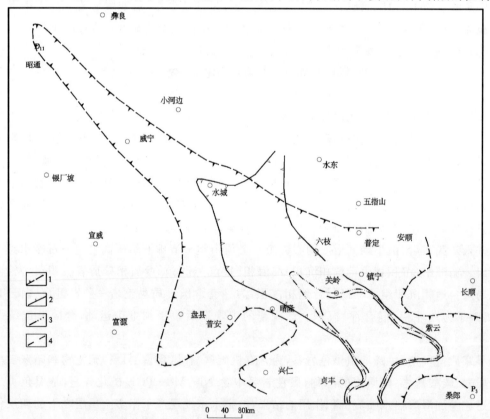

图 8-2-1 水城-紫云晚古生代裂陷槽盆不同时期深水沉积区分布图(据王尚彦,张慧,2005)
1.火烘组—五指山组;2.龙吟组;3.中二叠世地层;4.晚二叠世地层

第八章　铅锌矿床成矿规律

六盘水裂陷槽属夭折型裂谷,剧烈时期伴随着大规模的玄武岩浆喷发及同源辉绿岩浆侵入。因为水城裂陷槽的存在,形成了槽盆内部与两侧古陆边缘不同的沉积特征和古地理格局,同时也使铅锌矿的成矿作用产生了明显的差异。

以紫云-垭都断裂为界形成了北东和南西不同的古地理和沉积格局,从沉积特征、地层厚度、变化及沉积相的反映,北东区为台地边缘浅海相的沉积,南西区为台地斜坡-盆地相、陆棚-盆地相沉积,沉积盆地受紫云-垭都断裂的影响呈北西向展布,其沉积中心由早泥盆世—早石炭世的兴义—盘县—关岭—罗甸呈向北弧形突出的盆地形状,发展到早石炭世德坞期—晚二叠世长兴期六盘水—关岭—望谟北西向展布的槽状盆地(图8-2-1),且后期沉积中心一度向南东退缩至望谟(王尚彦等,2005)。

沿六盘水裂陷槽的两条边界断裂即紫云-垭都断裂和水城断裂,以及分支断裂,深部含矿流体喷流到石炭纪沉积盆地中,初步成矿或形成初始富集,为后期成矿改造提供了基础。

早、中二叠世和晚二叠世期间由于东吴运动,晚二叠世发育峨眉山玄武岩、合山组、大隆组、龙潭组地层,形成环境分别为海底溢流拉斑玄武岩→半局限台地沉积→台洼相沉积→浅水陆棚-潮坪沉积,由于西部康滇古陆的形成,形成了围绕康滇古陆呈近南北向展布的浅水沉积区,其中,晚二叠世龙潭期还形成了泛平原相的陆相沉积。

水城裂陷槽应该是右江裂谷的一个分支,亦可能是攀西裂谷的一个分支或影响带。泥盆纪时抵达云南省的昭通,石炭纪退缩至威宁地区,早中二叠世退至水城,中晚二叠世萎缩至关岭以南。峨眉山玄武岩的喷发是表征裂谷活动和存在的重要依据,有关研究(黄开年等,1998;Chung等,1995,1998)根据峨眉山玄武岩的分布、成分等特征认为,峨眉山大火成岩省指示了扬子板块与羌塘板块之间可能存在地幔羽并位于头部,二叠纪时期以金沙江、澜沧江洋为中心,扬子板块西部与羌塘板块东部才有大规模的玄武岩喷发,使扬子板块四周在大范围内呈现环状伸展、张裂状态(汤中立,2005),这些张裂环境在扬子准地台西南缘表现得特别强烈,这一区域是我国金属矿产的重要分布区之一,与全国重点成矿区带——金沙江东侧川滇黔晚古生代、中生代铅锌银磷成矿区(Ⅲ-66)的分布相当,峨眉山玄武岩喷发及相关的裂陷作用对该区的铅锌成矿作用肯定产生重大的影响。这种影响是,靠近紫云-垭都断裂、水城断裂、纳雍-贵阳断裂、弥勒-师踪断裂等及玄武岩喷发中心,成矿的改造作用强烈,形成强烈改造型铅锌矿床,如赫章天桥铅锌矿、水城杉树林铅锌矿床、水东铅锌矿床、普安罐子窑铅锌矿床等,远离这些断裂或玄武岩喷发中心,成矿的改造作用较微弱,形成弱改造型铅锌矿床,如五指山地区新麦铅锌矿床、盘县干沟铅锌矿床、黄兴寨铅锌矿床、毕节吉场矿床和普宜铅锌矿床等。

早三叠世及以后,贵州省没有发生铅锌成矿流体活动。在六盘水裂陷槽保持了晚二叠世的海侵序列沉积,形成了一套浅水陆棚-潮坪沉积、局限—半局限台地相沉积碎屑岩和碳酸盐沉积,中三叠世产生了海陆交互相和陆相沉积,以安源运动(T3h/T3b)为标志,右江地槽褶皱造山,结束了本区的海相沉积史及夭折性裂谷发展历史。侏罗纪末、白垩纪初的燕山运动,使工作区普遍发生侏罗山式褶皱,形成了现在的表层构造样式,此后参与了喜马拉雅期的隆升运动。此期构造运动,大多形成一些破坏矿床的构造和残坡积铅锌矿床。

地史各时期,因地壳裂陷作用及张性同沉积断裂存在,深部流体沿断裂上升,在海水与海底界面经过热液成矿作用和沉积成矿作用,形成铅锌矿层或 Pb、Zn 高含量背景层,在加里东和印支—燕山期构造运动中,因深部流体和构造流体共同改造,形成现在的铅锌矿床面貌。加里东构造运动相关的热液活动,改造前加里东期及之前形成的矿床或 Pb、Zn 高含量背景层;印支—燕山期构造运动相关的热液活动,改造燕山期及之前形成的矿床或 Pb、Zn 高含量背景层。这是理论推断,事实上,由于成矿构造不均匀发育及成矿的阶段性,这种改造在空间和时间上,并非贯穿性的。如在紫云-垭都断裂带的南西盘,铅锌矿床仅产于中二叠统茅口组以下的地层中,这与多数学者认为的川滇黔地区铅锌矿属燕山期及以后的成矿是矛盾的;在紫云-垭都断裂北东盘,铅锌矿床仅产于石炭系底部之下的地层中,这是从最宏观的尺度反映了成矿的阶段性,也是对所谓造山运动与"MVT"型铅锌矿成矿的挑战,也是支撑本书观点的有力证据。

第三节　矿床时空分布规律

一、空间上分布

(一)平面上受贵州主要构造边界的控制

铅锌矿床分布于贵州省 50 多个县(市、区),点多面广、星罗棋布。分布特点:①沿铜仁-三都断裂分布,这一断裂为江南褶皱带与鄂渝黔侏罗山式褶皱带的边界,边界西侧主要为寒武系和泥盆系白云岩容矿,矿体多呈层产出;边界东侧,由于上覆地层剥蚀殆尽,主要为新元古代下江群浅变质岩容矿,矿体多受断裂控制,呈脉状产出。②沿紫云-垭都断裂南西侧分布,这一断裂是六盘水裂陷槽的北东边界,容矿地层主要为泥盆系—二叠系白云岩、白云石化灰岩和灰岩。③分布于黔西-石阡、安顺-黄平、紫云-垭都断裂围陷的断夹块内,容矿岩石为震旦系和寒武系白云岩,这一区域北东有湖南花垣超大型铅锌矿床,南西有五指山大型铅锌矿床,其间有面型分布小型铅锌矿床。

(二)剖面上铅锌矿化强度由东向西增强

由东到西,容矿地层由少到多、由老到新变化。紫云-垭都断裂南西侧已知的含矿层位有震旦系灯影组、泥盆系独山组、石炭系摆佐组—黄龙组、二叠系栖霞组,以栖霞组最为重要,寒武纪在该区可能缺失,二叠系茅口组之上没有铅锌矿产出;紫云-垭都断裂与铜仁-三都断裂之间,含矿层位为震旦系陡山沱组、寒武系清虚洞组、泥盆系高坡场组(望城坡组)和独山组,石炭系及以上地层没有铅锌矿产出;铜仁-三都断裂以东,除有少量震旦系、石炭系、二叠系、三叠系和白垩系残留外,主要出露南华系及新元古代下江群,已知铅锌矿容矿地层为震旦系陡山沱组和青白口系隆里组—平略组。寒武系及以上层位没有铅锌矿产出。在梵净山和从江地区,围绕侵入岩体有小型铅锌多金属分布。

(三)构造、地层、岩石耦合制约铅锌矿的分布

第三章到第七章所展示的以容矿地层为主的铅锌矿分布,其实是分形学统计的内容,铅

锌成矿系统好比一棵大树,大树的什么位置分布什么果实,可从各容矿地层中铅锌矿床的分布反映出来(图3-1-1、图4-1-1、图5-1-1、图6-1-1、图7-1-1)。

产于震旦系灯影组、寒武系第二统清虚洞组地层中的铅锌矿床,主要沿铜仁-三都断裂、黔西-石阡断裂和赫章-松桃断裂两侧呈带状分布,容矿岩石为一套局限—半局限台地相白云岩、滩(丘)相白云岩或灰岩。控矿的主要因素为区域性的北东向断裂和背斜构造,矿床的总体分布与震旦系—寒武系沉积相带一致,重要铅锌矿床的分布大致沿台地边缘分布,并受北东向古断裂如铜仁-三都断裂、蔓洞断裂、五指山断裂等的控制。

产于中、上泥盆统中的铅锌矿床总体呈东西向分布,可能与加里东时期东西向的构造和大致东西向的海岸线一致,受古陆边缘的控制,受东西向古断裂的控制如黄丝断裂等。对控制泥盆系沉积的古断裂当前研究显得薄弱。

产于石炭系中的铅锌矿床,总体受紫云-垭都断裂边界的控制,矿体分布于此断裂的西南侧,矿床分布方向亦与石炭系滩相和局限台地相展布方向一致,总体展布方向与北西向的陆—海边界方向一致。

产于二叠系中的铅锌矿床,主要受紫云-垭都断裂控制和与之平行的逆冲推覆断层的控制。主要容矿层为栖霞组沉积时期的古地理,六盘水—凯里一线以北为半局限台地相,以南为开阔台地相,与铅锌矿分布的关系目前尚不清楚。

与岩浆成矿有关的铅锌多金属矿绕从江吉羊花岗岩体、梵净山花岗岩体周边呈环带状分布,产出于新元古代青白口纪下江群甲路组绢云母绿泥石石英片岩、绢云母绿泥石片岩、绿泥石岩夹片岩及次生石英岩中,以及梵净山地区中元古界长城系梵净山群淘金河组沉积变质岩和变质辉绿岩中。

与变质成矿作用有关的铅锌矿主要分布于黔东南断裂褶皱带与贵州侏罗山式褶皱带接触带靠近于黔东南断裂褶皱带一侧,沿接触带呈带状分布,矿床产出岩性为平略组和清水江组之绢云母板岩,沉凝灰岩和凝灰质板岩,主要与一套富含火山成分的浅变质岩有关。

与表生风化作用有关的淋积、残坡积、堆积型铅锌矿主要分布于黔西北地区,高原面貌保持较完整,海拔2000~2300m剥夷面上,为地表已知铅锌矿床或矿化岩石风化搬运至低洼地堆积而成,或经地下水淋滤作用迁移至岩溶漏斗状洞穴中堆积成矿。

二、时间上的分布

与岩浆成矿作用有关的铅锌矿床,成矿时间为岩体侵入的时间,从江花岗岩体的侵入时间相当于武陵运动末期时间,大约为1000Ma。

与变质成矿作用有关的铅锌矿床,主要成矿时间为加里东造山带结束时间,具体时段为应力回返阶段,挤压性断层变为张性断层的时间,大约为410Ma。

与表生风化作用有关的铅锌矿床的成矿时间是新生代更新世以来到现代的时间。

有争议的是产于碳酸盐地层中的铅锌矿床,特别是川滇黔地区的铅锌矿床,主要原因有:①这些矿床与岩浆活动缺乏明显的联系,矿物组合相对简单,缺乏同位素定年的矿物,因此西南地区低温矿床成矿年代一直是基础理论研究的薄弱环节(毛景文等,2006);②测试数据来源多而杂,体现于不同学者观点,不同项目、不同时间、不同方法所提供的测试数据缺乏可对比性;③不同学者因观点不同,对其测试数据选择往往带有倾向性,而恰恰是与研究者观点相左的数据,更能反映测试数据的客观性;④随着同位素测年科学的发展,一些测试的原理和方法受到挑战,已不适用于地质科学的测年。如 U-T-Pb 法中的铅丢失,"作为一种测年工具,方铅矿很大程度上是不可靠的"(陈岳龙等,2005)。

本次研究深知矿床成矿年龄对于研究成矿机理及建立成矿模式的重要性,在全省不同地点,不同层位采集铅锌矿床的同位素年龄测量样 54 件,用 Rb-Sr 法,测量矿床的成矿年龄,但由于样品的 Rb、Sr 含量低,大部分未能满足测试要求。

产于震旦系灯影组地层中的织金杜家铅锌矿床、铜仁半溪铅锌矿床、威宁县厂坡铅锌矿床的 φ 年龄分别为 595.4~584.1Ma、761.6Ma 和 338.5Ma,其年龄分别相当于灯影期、早震旦世和早石炭世;产于寒武系清虚洞组中铅锌 φ 年龄为 585.7~466.5Ma,相当于晚震旦世—中奥陶世,产于泥盆系中上泥盆统中的铅锌矿 φ 年龄为 405.7~392.3Ma,对应为早泥盆世;产于石炭纪地层中的铅锌矿 φ 年龄为 364.5~226Ma,相当于中晚泥盆世—三叠纪。

铅的同位素年龄值最多只是一个参考,黄智龙等(2004)利用方解石的 Sm-Nd 等时线获得会泽超大型铅锌矿床Ⅵ号矿体和Ⅰ号矿体的成矿时代分别为(227±18)Ma 和(225±41)Ma,与峨眉山玄武岩成岩时代 256~218Ma 和(225±41)Ma 基本一致,但笔者认为该成矿年龄数据还有待更多地质和年代学资料的支持,同样也只是一个参考。

不管是什么方式测年,也不针对单个矿床的测年数据,总体测年数据变化趋势反映,容矿岩石由老到新,其矿床成矿的年龄值也由大到小变化。

由于铅锌成矿的同位素年龄只能作为参考,根据贵州省的铅锌成矿地质背景和成矿作用分析,以及深部成矿理论和现代海底成矿理论,结合贵州省的铅锌矿产出特点,推论以碳酸盐地层容矿的铅锌矿床,经历两阶段成矿,其中最早的一次成矿对应于容矿岩石沉积时期,成矿后的构造热液改造时期,在紫云-垭都断裂南西盘为印支—燕山期,强烈改造;在紫云-垭都断裂北东盘为加里东时期,改造不强烈。

第四节 矿床成因探讨

主要针对产于碳酸盐岩中的铅锌矿床的成因进行探讨。

一、稀土元素地球化学

产于震旦系灯影组地层中的纳雍水东铅锌矿床稀土元素具有富轻稀土特点,δEu 和 δCe 均呈现不同程度的负异常。这一特征与正常海水碎屑沉积物稀土元素组成特征较为吻合。

产于寒武系清虚洞组中的那雍枝铅锌矿床以轻稀土富集以及高的 Eu 正异常为特征,代表这些地区硫化矿床形成于相对高温的热液流体中。

产于泥盆系中上泥盆统中的半边街铅锌矿床轻稀土元素 LREE 强烈富集,而重稀土元素明显亏损,矿体轻稀土分异较明显,而重稀土分异不明显。说明轻重稀土元素之间发生明显的分馏作用。石门坎铅锌矿床代表成矿流体温度相对较低,流体-岩石(围岩)相互作用较弱。半边街锌矿床矿石 Eu 为正异常,说明其形成过程中热液活动明显,矿化围岩为负异常或不显异常,说明热液影响较弱。

产于石炭纪地层中的杉树林铅锌矿床矿体轻稀土分异较明显,而重稀土分异不明显,轻重稀土元素之间分馏作用明显,轻稀土相对富集。杉树林以轻稀土富集及高的 Eu 正异常为特征,代表这些地区硫化矿床形成于相对高温的热液流体中。据张启厚等研究,水城—赫章一带铅锌矿床中矿石矿物、近矿蚀变围岩与远矿围岩和黑色页岩都具共同的特征,δEu、δCe 中度亏损,玄武岩 δEu 为正异常至微弱负异常,δCe 为无异常至微弱负异常。稀土模式证明成矿物质与玄武岩类关系不明显,而与沉积类岩石关系密切。

二、流体包裹体地球化学

流体包裹体是矿物形成过程中捕获的流体,是矿床研究最直接的天然样品。流体包裹体的研究可以揭示成矿作用的物理化学条件、成矿流体的性质以及成矿过程成矿物质的沉淀富集方式。

产于震旦系灯影组地层中的纳雍水东铅锌矿床两期成矿温度从低温(100~200℃)到中低温(200~250℃)的复杂成矿作用,流体盐度值主要变化于 3‰~9‰ 之间,峰值区间为 6‰~9‰,流体总体表现出低盐度的特征;流体密度 0.9~1.0g/cm³,属中等密度的流体特征;成矿压力介于 87.86×10^5~351.94×10^5 Pa 之间,对应的成矿深度介于 0.29~1.17km 之间。

产于寒武系清虚洞组中的铅锌矿床成矿温度小于 150℃,pH 值在 5.75~6.88 之间,成矿溶液为一种弱酸性至弱碱性的卤水,矿溶液水来源于大气降水。

产于泥盆系中上泥盆统中的铅锌矿床石门坎矿床成矿流体为高盐度、低温特征,说明地表(浅部)流体的影响明显,这也许与围岩的特征(如含蒸发岩类)有关;格老寨矿床形成于低盐度、低温流体中,代表浅部流体循环特征。

产于石炭纪地层中的铅锌矿床由多种流体混合而成:第一种为低温(80~200℃)、低压、低盐度的地层循环卤水;第二种为高温(>300℃)、高压、高盐度的玄武岩浆水;第三种为高温(300~400℃)的基底循环水,成矿流体也是多来源的。

三、硫同位素

一般来说,陨石 $\delta^{34}S$ 值为 0 ± 2‰,代表地球形成初期的硫同位素组成,不同时期海水硫酸盐 $\delta^{34}S$ 值变化为 10‰~30‰,蒸发硫酸盐 $\delta^{34}S$ 值 10‰~28‰,沉积物中硫化物的 $\delta^{34}S$ 值变化为 -50‰~+20‰。

产于震旦系灯影组地层中的杜家桥铅锌矿床,硫同位素 $\delta^{34}S$ 值为 19.2‰~23.40‰,纳雍水东铅锌矿床铅锌矿石中 $\delta^{34}S$ 为 +18.02‰~+18.26‰;产于寒武系清虚洞组中的三角塘和那雍枝铅锌矿床 $\delta^{34}S$ 值为 18.284‰~31.688‰;产于泥盆系中上泥盆统中的铅锌矿床,威宁石门坎铅锌矿床方铅矿以及黄铁矿硫化物 $\delta^{34}S$ 为 -4.53‰~-2.53‰,贵定半边街矿床方铅矿 $\delta^{34}S$ 值为 -4.3‰ 和 -3.6‰,荔波奴亚矿床黄铁矿硫化物 $\delta^{34}S$ 为 -1.4‰~0.5‰,与荔波奴亚相邻的同层位的广西北山铅锌矿床,$\delta^{34}S$ 为 -11.52‰~+9.8‰(广西壮族自治区地质矿产局,1986);产于石炭纪地层中的铅锌矿床,杉树林铅锌矿床 $\delta^{34}S$ 为 +3.08‰~22.92‰。1983 年资料(四川地质局、云南地质局、贵州地质局,1983),黔西北地区 $\delta^{34}S$ 为 -13.71‰~

+26.40‰,变化较大。

$\delta^{34}S$ 变化大,反映硫源的多来源性,可能来自海水硫酸盐和沉积物中的硫,也有部分可能来自生物硫或海水硫与生物硫并重。

四、铅同位素

放射性铅同位素有铀铅(^{206}Pb,^{207}Pb)和钍铅(^{208}Pb)两种,不同反射成因类型的铅同位素反映不同的地质环境和物质组成,因此,铅同位素常被用作物质来源的示踪剂。据贵州省地质局地质科学研究所,铅来自上地壳。

产于泥盆系中上泥盆统石门坎矿床中的铅锌矿床:$^{206}Pb/^{204}Pb$ 变化于 18.493 0~18.539 6 之间,$^{207}Pb/^{204}Pb$ 变化于 15.747 1~15.804 2 之间,$^{208}Pb/^{204}Pb$ 变化于 38.983 2~39.178 8 之间,$^{206}Pb/^{207}Pb$ 的比值均小于 1.2。产于石炭纪地层中的杉树林矿床铅锌矿床:$^{206}Pb/^{204}Pb$ 变化于 18.564 3~18.610 3 之间,$^{207}Pb/^{204}Pb$ 变化于 15.766 2~15.833 4 之间,$^{208}Pb/^{204}Pb$ 变化于 39.205 9~39.418 1 之间,$^{206}Pb/^{207}Pb$ 的比值小于 1.2。说明铅属于正常铅的范畴。比较均一的铅同位素组成指示铅来源于相似的物源区或同一来源。数据落在地幔铅和上部大陆地壳铅的范围内,而且排列成一条直线,铅同位素表明成矿物质可能来自地壳深部某一岩浆源区。产于震旦系和寒武系中的 $^{206}Pb/^{204}Pb$、$^{207}Pb/^{204}Pb$ 和 $^{208}Pb/^{204}Pb$ 亦有此变化特点。

五、碳、氧同位素

一般来说,海相碳酸盐的 $\delta^{13}C_{PDB}$ 值在 0 左右,地幔 $\delta^{13}C$ 值为 -8‰~-2‰,沉积有机碳为平均值在 -25‰ 左右,而大气中的 CO_2 平均值在 -7‰ 左右。原始岩浆水的 $\delta^{18}O_{SMOW}$ 值为 5‰~9‰。大气降水的 $\delta^{18}O$ 值为 (-50 ± 5)‰,大气降水经深循环加热的水,其 $\delta^{18}O$ 值变化较大,水温越高,$\delta^{18}O$ 正偏越大。现代碳酸盐的 $\delta^{18}O$ 值为 28‰~30‰,在地质历史海相碳酸盐的 $\delta^{18}O$ 值有随形成时代变老而逐渐降低的趋势。热液矿石中碳酸盐样品的碳氧同位素组成,反映在发生沉淀当时的温度和氧化还原条件下成矿流体中 CO_2 的碳同位素组成和 H_2O 的氧同位素组成。

产于震旦系灯影组地层中铅锌的碳、氧同位素:缺。

产于寒武系清虚洞组中的铅锌矿床碳、氧同位素:都匀牛角塘铅锌矿床大梁子矿段铅锌矿床和那雍枝铅锌矿床白云石脉碳氧同位素组成与围岩相似,且其值均落在沉积碳酸盐范围内。

产于泥盆系中上泥盆统中的铅锌矿床:荔波奴亚铅锌矿床白云石脉 $\delta^{13}C$ 值范围为 -2.92‰~-1.29‰,$\delta^{18}O$ 值范围为 16.89‰~20.065‰,$\delta^{13}C$、$\delta^{18}O$ 值均落在沉积碳酸盐附近。

产于石炭纪地层中的铅锌矿床:赫章天桥铅锌矿近矿围岩与远矿围岩的 $\delta^{18}O_{SMOW}$ 为 18.56~23.08,$\delta^{18}O_{PDB}$ 为 -11.94~-7.08,$\delta^{14}C$ 为 -3.03~-0.8,反映赫章天桥铅锌矿远矿围岩的成因类型为准同生白云岩,近矿围岩的白云石化是原岩孔隙中的超咸水与较低盐度的成矿溶液混合形成,既有正常的沉积来源,亦有深源富 $\delta^{12}C$ 的 CO_2、CH_4 流体混入。

关于矿床的成因,郑传仑(1992)认为成矿经历了硫化物沉积阶段、浊流沉积阶段和叠加改造阶段,在硫化物沉积阶段台盆的深水低能环境沉积了黄铁矿和部分铅。黄铁矿有残余的纹层构造,被泥晶方解石胶结的压碎结构均可证明其是沉积时形成的。

综上所述,稀土元素地球化学、流体包地球化学、硫同位素、铅同位素、碳氧同位素变化较大,同位素测年数据变化趋势与容矿地层新老对应关系,均不能说明成矿物质是单一来源和单一的成因,但总与容矿地层有一定关联。矿床成因属于与海底热卤水(喷流)成矿作用和后期构造作用、热液成矿作用改造的"叠加(复合/改造)矿床。

第五节 区域成矿模式

区域成矿模式见表 8-5-1 和图 8-5-1、图 8-5-2。

表 8-5-1 贵州省铅锌矿床的区域成矿模式

构造阶段	名称	地质时代	地球动力系统及地质效应	与铅锌成矿关系	成矿作用的场所及成矿作用方式	改造成矿作用程度	代表性矿床
Ⅵ	喜山造山—隆升阶段	N—Q	隆升特提斯碰撞造山及造陆	风化成矿作用	风化、搬动、沉积成矿作用。已知矿体露头附近平缓地形或低凹地形分布区	改造已形成的矿床,受矿床剥蚀程度的控制	榨子厂铅锌矿床、白腊厂铅锌矿床、小石厂铅锌矿床
Ⅴ	印支—燕山造山阶段	T_2—K	西太平洋B型造山特提斯碰撞造山及造陆	构造热液成矿作用	改造原顺层矿体或富集层,在逆断层由陡变缓部位和正断层由缓变陡部位,有充填-交代矿床产出	在构造热液作用下,使原来形成的石结晶程度加粗,或由于构造和交代作用,破坏原石组成和结构,形成新的矿床——叠生矿床	威宁银厂坡铅锌矿床、赫章猪拱塘铅锌矿床、水城杉树林铅锌矿床
Ⅳ	峨眉地幔柱活动阶段	P_3—T_1	地幔柱作用,玄武岩高原隆起	提供 Pb、Zn 矿源	热液交代成矿作用,位于玄武岩浆活动分布区	在地幔柱作用区,主要即紫云-垭都断裂南西盘,对已形成的矿床进行热力和热液改造,改造成矿作用强	威宁银厂坡铅锌矿床、赫章猪拱塘铅锌矿床、水城杉树林铅锌矿床

续表 8-5-1

构造阶段	名称	地质时代	地球动力系统及地质效应	与铅锌成矿关系	成矿作用的场所及成矿作用方式	改造成矿作用程度	代表性矿床
Ⅲ	海西拉伸走滑阶段	D—P_2	陆内裂陷、走滑拉分	盆内 Pb、Zn 初始富集	热卤水交代、沉淀成矿作用、风化成矿作用，位于深部热液上升通道及两侧，深部热流体喷出口附近海水与海底沉积物接触界面附近。其间振荡性上升，已形成的矿床产生风化淋滤、充填成矿作用	改造成矿作用弱	贵定半边街铅锌矿床、盘县格老寨铅锌矿床、威宁石门坎铅锌矿床
Ⅱ	加里东碰撞造山阶段	S	陆内碰撞造山	变质热液成矿作用	区域变质成矿作用，造山作用后期应力返弹时期，变质岩中张扭性断裂破碎带中	改造成矿作用弱	台江县南省铅锌矿床、下高跃铅锌矿床、脚皋铅锌矿床
Ⅰ	Rodinia 超大陆演化阶段	Pt_3—O	裂解—裂崩隆起拉伸沉陷	提供 Pb、Zn 矿源或形成矿源层	Pt_3 岩浆成矿作用，位于岩体内外接触带	改造成矿作用弱	从江地虎铜铅锌多金属矿床
					Z—O：热卤水交代、沉淀成矿作用，位于深部热液上升通道及两侧，深部热流体喷出口附近海水与海底沉积物接触界面附近		纳雍水东铅锌镍钼多金属矿床、五指山铅锌矿床、牛角塘铅锌矿床、贵定山帽山铅锌矿床
		Pt_2 末	会聚—陆陆碰撞 A 型俯冲				

第八章 铅锌矿床成矿规律

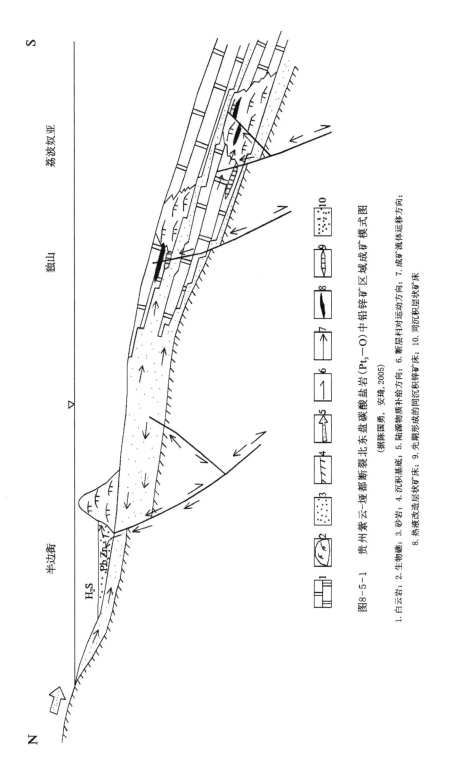

图8-5-1 贵州紫云—垭都断裂北东盘碳酸盐岩(Pt_3-O)中铅锌矿区域成矿模式图
(据陈国勇,安琦,2005)

1.白云岩;2.生物礁;3.砂岩;4.沉积基底;5.陆源物质补给方向;6.断层相对运动方向;7.成矿流体运移方向;
8.热液改造层状矿床;9.先期形成的同沉积锌矿床;10.同沉积层状矿床

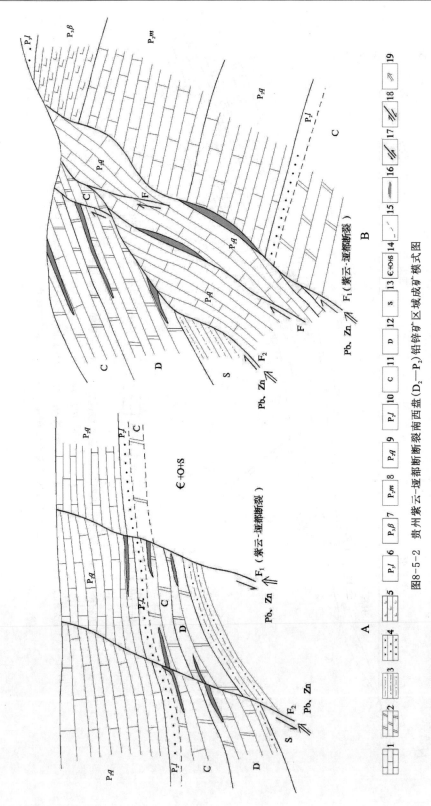

图8-5-2 贵州紫云-垭都断裂南西盘(D_2-P_2)铅锌矿区域成矿模式图

A.早期成矿模式;B.晚期成矿模式;1.灰岩;2.白云岩;3.粉砂质泥岩;4.砂岩;5.玄武岩;6.上二叠统龙潭组;7.中二叠统峨眉山玄武岩组;8.中二叠统茅口组;9.中二叠统栖霞组;10.中二叠统梁山组;11.石炭系;12.泥盆系;13.志留系;14.寒武系+奥陶系+志留系;15.假整合;16.矿体;17.正断层;18.逆断层;19.热液及成矿物质运移方向

第九章　找矿方向

第一节　铅锌成矿区（带）的划分

一、成矿区（带）划分原则

1. 大地构造单元与地质背景相结合的原则

不同的大地构造单元，地壳的结构、地壳物质组分纵向和横向上的不均匀性、成矿的动力条件、边界条件、地质作用与成矿作用的方式是有区别的，这些区别形成了研究区独特的成矿地质背景。成矿区（带）的划分既要将两者相结合，又要区别对待，原则上贵州省土地面积内的Ⅲ级成矿区（带）不跨越贵州省的一级构造单元；大地构造单元与成矿地质背景相结合和分别对待的原则，大地构造单元和特定的成矿地质背景限定了成矿区（带）的空间位置，大地构造单元与成矿地质背景叠加在同一空间位置，可单独划归一个成矿带。一个成矿旋回主要成矿地质背景跨越两个构造单元，区域成矿作用的主体特征出现共用两个构造单元，该区圈出的成矿区（带）跨越了两个构造单元。

2. 与上一级成矿区（带）相衔接的原则

贵州省的成矿区（带），从更大的尺度上讲，是全国成矿区（带）的一个组成部分，与之相衔接，可以从更广阔的视野看待贵州的成矿区（带）划分和成矿作用，从而指导贵州省的找矿，避免认识局限。Ⅰ、Ⅱ、Ⅲ级成矿带按徐志刚2008年主编的《中国成矿区带划分方案》中的划分方案，Ⅳ、Ⅴ级成矿区（带）则依据贵州省铅锌矿的地质特点划分。

3. 逐级圈定的原则

根据贵州省的成矿地质背景和成矿的边界条件，按控矿因素的作用大小，在Ⅲ级成矿带划分的基础上，逐一划分成矿亚带（Ⅳ）和矿田级（Ⅴ级）成矿单元。本次研究不作矿床级成矿单元的划分。

4. 综合成矿控制因素划分Ⅳ和Ⅴ级成矿单元的原则

Ⅳ和Ⅴ级成矿单元的划分应充分考虑控矿因素的主次，将浅层变形构造与深部构造相结合，浅埋藏与深埋藏相结合，将成矿演化与现存的贵州省铅锌矿分布特征相结合。

5. 充分运用成矿信息的原则

成矿区(带)除考虑地质、矿产信息外,对于已知的化探信息,特别是弱异常信息应充分应用。

二、贵州Ⅰ、Ⅱ、Ⅲ级成矿区(带)划分

《中国成矿区带划分方案》(徐志刚等,2008),将贵州省划属滨太平洋成矿域(Ⅰ-4)、扬子成矿省(Ⅱ-15)和华南成矿省(Ⅱ-16),其中扬子成矿省包括四川盆地铁-铜-金-石油-天然气-石膏-钙芒硝-盐-煤和煤层气成矿带(Ⅲ-74)、上扬子中东部铅-锌-铜-银-铁-锰-汞-锑-磷-铝土矿-硫铁矿-煤-煤层气成矿带(Ⅲ-77)、江南隆起西段锡-钨-金-锑-铁-锰-铜-重晶石-滑石成矿带(Ⅲ-78)、桂西-黔西南-滇东南北部(右江海槽)金-锑-汞-银-锰-水晶-石膏成矿区(Ⅲ-88)。贵州省的铅锌(银)矿主要分布在(Ⅲ-77)和(Ⅲ-78)中(表9-1-1,图9-1-1)。在此基础上,将贵州省划分为13个Ⅳ级成矿带,68个Ⅴ级成矿带(矿田级)。

表9-1-1 贵州省Ⅰ、Ⅱ、Ⅲ级成矿区(带)划分表

Ⅰ级成矿带 (成矿域)	Ⅱ级成矿带 (成矿省)	Ⅲ级成矿带(成矿区带)
滨太平洋成矿域(Ⅰ-4)	扬子成矿省(Ⅱ-15)	四川盆地铁-铜-金-石油-天然气-石膏-钙芒硝-盐-煤和煤层气成矿带(Ⅲ-74)
		上扬子中东部铅-锌-铜-银-铁-锰-汞-锑-磷-铝土矿-硫铁矿-煤-煤层气成矿带(Ⅲ-77)
		江南隆起西段锡-钨-金-锑-铁-锰-铜-重晶石-滑石成矿带(Ⅲ-78)
	华南成矿省(Ⅱ-16)	桂西-黔西南-滇东南北部(右江海槽)金-锑-汞-银-锰-水晶-石膏成矿区(Ⅲ-88)

注:据徐志刚等,2008,《中国成矿区带划分方案》。

三、贵州省铅锌单矿种Ⅳ、Ⅴ级成矿区(带)划分

贵州省铅锌单矿种Ⅳ、Ⅴ级成矿区(带)划分及找矿远景区级别见表9-1-2。

第九章 找矿方向

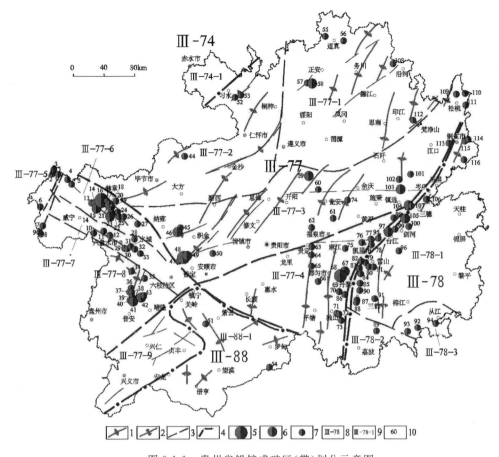

图 9-1-1 贵州省铅锌成矿区(带)划分示意图

1.三级成矿区(带)界线；2.断层；3.背斜；4.向斜；5.大型矿床；6.中型矿床；
7.小型矿床；8.三级成矿带代号；9.四级成矿区代号；10.矿床编号

第二节 找矿远景区的划分

一、找矿远景区划分

以 1∶50 万比例尺为底图进行找矿远景区的划分；根据前述的铅锌矿的成矿背景、控矿因素、典型矿床特征及成矿模式、区域成矿模型及区域物化探特征等进行找矿远景区的划分。

二、找矿远景区圈定遵循的准则

(1)最小面积最大含矿率准则。

(2)优化评价准则：对地质、物探、化探、遥感中包含随机性和模糊性成矿信息的压制，对有利成矿信息的强化和浓缩，提高圈定的找矿远景区的可靠性和预测资源量的可信度。将找矿远景区分为 A、B、C 3 类(表 9-1-2)。

表 9-1-2 贵州省Ⅳ、Ⅴ级铅锌成矿区（带）划分表

Ⅱ级成矿带（成矿省）	Ⅲ级成矿带（成矿区带）	Ⅳ级成矿带（成矿亚带）	Ⅴ级成矿带（矿田级）	铅锌矿床（点）分布	代表矿床（点）及规模	找矿远景区级别
扬子成矿省（Ⅱ-15）	Ⅲ-74 四川盆地铅锌、铁、铜、金、石油、天然气、石膏、钙芒硝、盐、煤-煤层气成矿带	Ⅲ-74-1 赤水铅锌、铁、铜、金、石油、天然气、石膏、钙芒硝、盐、煤-煤层气成矿亚带	(1)赤水铅锌矿田	无	无	C
	Ⅲ-77 上扬子中东部铅锌、铁、铜、银、石油、天然气、石膏、钙芒硝、盐、煤-煤层气成矿带	Ⅲ-77-1 印江-务川北东向铅锌、金、钨、锡、硫铁矿、土矿、石煤-煤层气成矿亚带	(2)毕架山铅锌矿田	2个矿点	孟溪矿点	B
			(3)青龙洞铅锌矿田（锑矿带）	无	无	B
			(4)西木铅锌矿田（汞矿带）	无	无	C
			(5)印江铅锌矿田（汞矿带）	无	无	C
			(6)夹石铅锌矿田（汞矿带）	3个矿点：白果树、大田坝、甘溪	白果树矿点	B
			(7)德江铅锌矿田（汞矿带）	小型矿床：三角塘 矿点：板场	三角塘小型矿床	B
			(8)务川铅锌矿化田（汞矿带）	无	无	B
			(9)蒋家南铅锌矿田（汞矿带）	无	无	C
			(10)燕子塘铅锌矿田	7个铅锌矿点	市坪矿点	B
			(11)月亮岩铅锌矿田	1个小型矿床，3个矿点	月亮岩小型矿床	B
			(69)梵净山铅锌多金属矿带	3个小型矿床，6个矿点	标水岩小黑湾小型矿床	B
		Ⅲ-77-2 毕节-习水北东向铅锌、硫铁矿、煤-煤层气成矿亚带	(12)厂湾铅锌矿田	3个矿点	岩孔矿点	C
			(13)五里碑铅锌矿田	2个矿点	五里碑矿点	C
			(14)银厂铅锌矿田	5个矿点	小银厂矿点	B
			(15)小拉木铅锌矿田	3个矿点	小木拉矿点	C
			(16)沙垮铅锌矿田	2个矿点	沙垮矿点	C

续表 9-1-2

Ⅱ级成矿带（成矿省）	Ⅲ级成矿带（成矿区带）	Ⅳ级成矿亚带（成矿亚带）	Ⅴ级成矿带（矿田）级	铅锌矿床（点）分布	代表矿床（点）及规模	找矿远景区级别
扬子成矿省（Ⅱ-15）	Ⅲ-77 上扬子中东部铅锌、铁、铜、银、石油、天然气、石膏、钙芒硝、盐、煤-煤层气成矿带	Ⅲ-77-3 织金-松桃北东向铅锌、汞、锰、重晶石成矿亚带	(17)卜口场铅锌矿田	6个矿点	卜口场矿点	C
			(18)松桃-镇远铅锌矿田	2个小型矿点,15个矿床	坝黄小型矿床	A
			(19)松江铅锌矿田（汞矿带）	9个矿点,1个小型矿床	都坪小型矿床	B
			(20)纸房铅锌矿田（汞矿带）	2个矿点	纸房矿点	C
			(21)大坪-道坪铅锌矿田	3个矿点	高王矿点	C
			(22)黄莲坝-小河铅锌矿田（汞矿带）	无	无	C
			(23)白马洞铅锌矿田（汞矿带）	3个矿点	白马洞矿点	C
			(24)六广铅锌矿田（汞矿带）	1个矿点	双流矿点	C
			(25)大龙井铅锌矿田（汞矿带）	无	无	C
			(26)织金铅锌矿田（汞矿带）	1个小型矿床,2个矿点	果底矿床	C
			(27)纳雍铅锌矿田（铅矿带）	1个特大型矿床,4个小型矿床	纳雍枝特大型矿床	A
			(28)水东铅锌矿带	3个小型矿床,22个矿点	水东小型矿床	A
		Ⅲ-77-4 都匀-凯里北东向铅锌、铝土矿、重晶石、煤、煤层气成矿亚带	(57)摆巷铅锌矿田	无	无	C
			(58)平塘铅锌矿田	无	无	C
			(59)叶巴洞铅锌矿带	5个矿点,1中型矿床	凯里龙井街矿床	A
			(60)答夜铅锌矿带（铅土矿带）	无	无	C
			(61)半坡铅锌矿带（煤、铅）	2个小型矿床,1个小型矿床	凉亭矿床	B
			(62)独牛-东冲铅锌矿带	1个大型矿床,5个小型矿床,矿点若干	牛角塘大型矿床	A
			(63)半边街-江洲铅锌矿带	1个中型矿床,3个小型矿床	半边街矿床	A

续表 9-1-2

Ⅱ级成矿带（成矿省）	Ⅲ级成矿带（成矿区带）	Ⅳ级成矿带（成矿亚带）	Ⅴ级成矿带（矿田级）	铅锌矿床（点）分布	代表矿床（点）及规模	找矿远景区级别
扬子成矿省（Ⅱ-15）	Ⅲ-77 上扬子中东部铅锌、铁、铜、银、石油、天然气、石膏、钙芒硝、盐、煤－煤层气成矿带	Ⅲ-77-5 银厂坡－石门坎北北东向铅锌、煤－煤层气成矿亚带	(29) 银厂坡铅锌矿带	4个矿点,1个中型矿床	银厂坡中型矿床	A
			(30) 云贵桥铅锌矿带	3个矿点,1个小型矿床	石门坎小型矿床	A
			(31) 草子坪－猪拱塘铅锌矿带	1个大型矿床,3个小型矿床,3个矿点	草子坪小型矿床	A
			(32) 青杠林－垭都铅锌矿带	1个小型矿床,9个矿点	垭都小型矿床	B
		Ⅲ-77-6 垭都－蔸乐菱铁矿、赤铁矿、煤－煤层气成矿亚带	(33) 窝萌－蟒洞铅锌矿带	1个中型矿床,1个小型矿床,1个矿点	筲基湾中型矿床	B
			(34) 许家岩－白腊石铅锌矿带	2个小型矿床,2个矿点	珠市河小型矿床	B
			(35) 五里坪－天桥－米砂厂铅锌矿带	3个中型矿床,1个小型矿床,6个矿点	天桥中型矿床	A
			(36) 宽乐铅锌矿带	5个矿点	宽乐小型矿床	C
		Ⅲ-77-7 水城－威宁北北西向铅锌、铁、煤－煤层气成矿亚带	(37) 杉树林铅锌矿带（菱铁矿带）	1个中型矿床,4个矿点	杉树林中型矿床	A
			(38) 上石桥铅锌矿带	1个小型矿床,2个矿点	上石桥小型矿床	B
			(39) 山块田铅锌矿带	2个矿点	山块田矿点	C
			(40) 白马硐铅锌矿带	2个矿点	白马硐矿点	C
			(41) 青山铅锌矿带	1个小型矿床,1个矿点	青山小型矿床	A
		Ⅲ-77-8 罐子窑－布坑底北西向铅锌、锑、汞、金煤、煤层气成矿亚带	(42) 双龙井－山王庙铅锌矿田	3个矿点	双龙井矿点	C
			(43) 布坑底铅锌矿田	4个矿点	布坑底矿点	C
			(44) 猴子场铅锌矿田	2个矿点	猴子场矿点	B
			(45) 绿卯坪铅锌矿带（菱铁矿带）	2个中型矿床,1个小型矿床,10个矿点	绿卯坪中型矿床	B
			(46) 盘县砂厂铅锌矿田（汞田）	无	无	C

续表 9-1-2

Ⅱ级成矿带（成矿省）	Ⅲ级成矿带（成矿区带）	Ⅳ级成矿带（成矿亚带）	Ⅴ级成矿带（矿田级）	铅锌矿床（点）分布	代表矿床（点）及规模	找矿远景区级别
	Ⅲ-77 上扬子中东部铅锌、铁、铜、银、汞、金、煤、石油、天然气、石膏、钙芒硝、盐、煤-煤层气成矿带	Ⅲ-77-8 罐子窑-布坑底北西向铅锌、锑、汞、金、煤层气成矿亚带	（47）大厂铅锌矿田（锑金矿带）	无	无	C
			（48）新寨铅锌矿田（汞金矿带）	无	无	C
			（49）花江铅锌矿田（汞矿带）	无	无	C
			（50）滥木厂铅锌矿田（汞金矿带）	无	无	C
			（51）戈塘铅锌矿田（金汞矿带）	无	无	C
		Ⅲ-77-9 兴义-贞丰北东向成矿亚带	（52）兴仁-贞丰矿田	无	无	C
扬子成矿省（Ⅱ-15）	Ⅲ-78 江南隆起西段铅锌、钨、锡、铜、锰、铁、重晶石、滑石成矿带	Ⅲ-78-1 玉屏-三都北东向金、铅锌、汞成矿亚带	（64）漾头-合烈铅锌矿带	7个矿点	漾头矿点	C
			（65）合烈-兴仁铅锌矿带	24个矿点，2个小型矿床	脚辜小型矿床	B
			（66）兴仁-九阡铅锌矿带	5个矿点，1个小型矿床	牛场小型矿床	C
		Ⅲ-78-2 奴亚-九阡北西向铅锌、汞、金、铁、煤成矿亚带	（67）奴亚-九阡铅锌矿带	1个小型矿床，3个矿点	奴亚小型矿床	B
		Ⅲ-78-3 吉羊花岗岩体周边铅锌、铜、金、钨、锡成矿亚带	（68）吉羊花岗岩体周边铅锌、铜、金、钨、锡成矿亚带	8个矿点，3个小型矿床	地虎小型矿床	B
华南成矿省（Ⅱ-16）	Ⅲ-88 桂西-滇东南部（右江海槽）金、锑、汞、银、锰、水晶、石膏成矿区	Ⅲ-88-1 册亨-罗甸北东向铅锌、汞、金、锑、水晶、玉石成矿亚带	（53）坡坪铅锌矿带（汞金矿田）	无	无	C
			（54）顶红铅锌矿带（汞锑矿田）	3个矿点，1个小型矿床	顶红小型矿床	C
			（55）赖子山铅锌矿田（汞、金、锑矿带）	无	无	C
			（56）罗甸铅锌矿田（罗甸汞矿带）	无	无	C

(3)综合评价准则:对共生元素、伴生元素、可能出现的新矿种、新类型作出评价,对将来可能发现的矿床作出找矿远景区圈定。

(4)水平对等准则:远景区划分图比例尺与地质、物探、化探的比例尺一致。

三、找矿远景区的级别确定

按区内预测资源潜力的大小和成矿信息的相对丰富程度将找矿远景区分为 A、B、C 三类。

A类:成矿地质背景优越,一般可以与已知矿田(或矿区)类比,矿产资源潜力大或较大,找矿标志明显,地质、物探、化探、遥感等的找矿信息叠加程度好,可以优先安排预查的找矿远景区。为已知中型或中型矿床已知区,有很好的岩性、岩相和构造条件,位于 Pb、Zn 化探异常高含量带中,成矿的耦合条件很好。

B类:成矿地质背景较好,找矿远景区划分依据虽然充分,但与国内外的已知矿田(或矿区)类比难度大,地质、物探、化探、遥感等的找矿信息叠加程度较差,属将来可以考虑进行预查的找矿远景区。为已知小型矿床已知区,有较好的岩性、岩相和构造条件,位于 Pb、Zn 化探异常中高含量带中,成矿的耦合条件较好。

C类:具有成矿的基本条件,多元地学成矿信息的门类不全,难以与已知矿床(矿田)类比,只具备地质或物探、化探单一的找矿标志,推断的矿产资源潜力可靠性较差,属将来进一步探索的地区。为已知矿点或矿化已知区,有较好的岩性、岩相和构造条件,位于 Pb、Zn 化探异常高含量带中,成矿的耦合条件一般。

将贵州省划分为 14 个 Ⅳ 级成矿带,69 个矿田级 Ⅴ 级成矿带划分为 12 个 A 级找矿远景区,20 个 B 级找矿远景区,37 个 C 级找矿远景区(表 9-1-2)。

第三节 Ⅳ级成矿区(带)的特征及重要Ⅴ级成矿区(带)

一、Ⅲ-74

Ⅲ-74 即四川盆地 Fe-Cu-Au-石油-天然气-石膏-钙芒硝-盐-煤和煤层气成矿带。

Ⅲ-77-1(1)赤水铅锌矿田:位于四川盆地宽缓褶皱区的南部边缘,涉及贵州省赤水市、习水县和桐梓县北隅。发育日耳曼型褶皱,被年轻地层侏罗纪、白垩纪的红层复盖,无 Pb、Zn 及相关因子地球化学异常,构造不发育,与贵州侏罗山式褶皱带接触,考虑邻区有下古生代地层出露,分布有矿田级成矿区(带)——习水银厂铅锌矿带,有 5 个铅锌矿点分布,在红层之下可能有类似的铅锌成矿条件,类比推断为 C 级找矿远景区。

二、Ⅲ-77

Ⅲ-77 即上扬子中东部 Pb-Zn-Cu-Ag-Fe-Mn-Hg-Sb-磷-铝土矿-硫铁矿-煤-煤层气成矿带。

为贵州侏罗山式褶皱带分布区,一般认为沉积盖层在刚性基底上,沿软弱层滑脱变形的结果,卷入地层从中新元古界至中生界,受多期活动深大断裂或隐伏断裂边界的控制,其浅层构造变形特征和成矿作用具有不同的特点,产于碳酸盐地层中的铅锌矿,以紫云-水城断层为界,其北西盘铅锌矿多产于泥盆系以下地层,南西盘则产于震旦纪—石炭纪地层中。可分为8个成矿亚带。

(一)Ⅲ-77-1 印江-务川北北东向铅锌、金、钨、锡、锑、铝土矿、硫铁矿、玉石、煤-煤层气成矿亚带

总体受呈北东向的纳雍-息烽-松桃深大断裂和南北向的桐梓-息烽断裂的控制,发育与次级北北东向从动断裂,总体发育北北东向褶皱,在纳雍-息烽-松桃深大断裂旁侧出现北东向褶皱。在震旦纪灯影期及早寒武世龙王庙期,为开阔台地相—局限台地相沉积,1:5万区调显示,发育古同沉积断裂,控制了对铅锌矿成矿有利的局限台地相带(潟湖相)的分布,在晚古生代,长时间遭受剥蚀,形成了广泛分布的铝土矿床,龙潭和长兴期则形成含煤岩系沉积。

有三种铅锌矿类型产出。一是岩浆成矿作用形成的铅锌矿床。二是变质成矿作用形成的铅锌矿床。分布于梵净山背斜轴部,该背斜出露贵州省最老地层——中元古界长城系淘金河组,发育沉积变质岩和变质辉绿岩,处于区域性纳雍-息烽-松桃深大断裂旁侧,有3个小型铅锌多金属矿床,6个铅锌多金属矿点分布,发育孤岛状的Pb、Zn及Pb×Zn中等强度地球化学异常,具有较好的铅锌、钨、锡、金、锑多金属矿找矿潜力,与(2)毕架山铅锌矿田和(3)青龙洞铅锌矿田(锑矿田)一起,推断为B级找矿远景区。代表性矿床为标水岩和小黑湾小型铅锌多金属矿床。其他的(4)酉木铅锌矿田(汞矿带)、(5)印江铅锌矿田(汞矿田)、(9)蒋家南铅锌矿田(汞矿田)没有铅锌矿床(点)分布,但考虑铅锌含矿层位未出露,后期改造一些活动性成矿元素易于在背斜核部聚集成矿,并有大型汞矿如务川汞矿分布的事实,推断为C级成矿远景区。三是产于古生代中下寒武统和奥陶系碳酸盐地层中的铅锌矿床,受小雅和三角塘断层所夹持,断夹块呈北东向,矿床(点)沿背斜轴呈北北东向分布,矿化点密集,区域主要含矿层位清虚洞组未完全剥蚀出露,Pb、Zn、Pb×Zn及相关因子元素地球化学异常在背斜轴部呈孤岛状分布,由(6)夹石铅锌矿田(汞矿田)、(7)德江铅锌矿带(汞矿带)、(8)务川铅锌矿化矿田(汞矿带)、(10)燕子塘铅锌矿田和(11)月亮岩铅锌矿田组成,有2个小型铅锌矿床,14个铅锌矿点分布,推断为B类找矿远景区,代表性矿床为沿河三角塘小型铅锌矿床和正安月亮岩小型铅锌矿床。

(二)Ⅲ-77-2 毕节-习水北东向铅锌、硫铁矿、煤-煤层气成矿亚带

总体受呈北北东向的纳雍-息烽-松桃深大断裂和南北向的桐梓-息烽断裂的控制,发育次级北北东向从动断裂,总体发育北东向褶皱。在震旦纪灯影期及早寒武世龙王庙期,为开阔台地相—局限台地相沉积,1:5万区调显示,发育古同沉积断裂,控制了对铅锌矿成矿有利的局限台地相带(潟湖相)的分布,在晚古生代,长时间遭受剥蚀,广泛分布含铝、含铁、含煤岩系地层,多被三叠纪及以后地层覆盖,寒武纪—石炭纪老地层出露零星。南西段二叠系地层中有少量铅锌矿点分布,中、北段的金沙岩孔,习水桑木场铅锌矿床产于震旦系和寒武系中。此区发育孤岛状的Pb、Zn、Pb×Zn及相关元素强度地球化学弱异常,沿背斜轴分布。有15

个铅锌矿点分布,共划分出 4 个铅锌矿田,推断为 C 类找矿远景区,1 个铅锌矿带,即银厂铅锌矿带,推断为 B 类成矿远景区。

(三) Ⅲ-77-3 织金-松桃北东东向铅锌、汞、钒、磷、锰、重晶石成矿亚带

1. 成矿亚带特征

该区受纳雍-息烽-松桃深大断裂、铜仁-三都深大断裂、凯里-贵阳断裂和紫云-垭都断裂所围限的长条形断块中,这一区域是贵州铅锌、钒、磷、锰、重晶石重要分布区,由于成矿区(带)划分角度和成矿观点不同,在本次研究以前,往住被地质学家(者)所忽视,这个区块构造比较复杂,在地史时期长期地壳上隆,亦是黔中隆起主体地区,反映地壳长期处于拉张隆升状态;此区广泛分布热卤水成矿作用,现在研究认为,在织金-纳雍地区分布的镍钼矿,在岑巩和施秉一带分布的沉积钒矿,产于留茶坡组地层中的重晶石矿、震旦系陡山沱组、灯影组、泥盆系高坡场组、寒武系娄山关组地层中分布的硅质条带白云岩,是热水沉积的产物;织金地区产于寒武—震旦跨系地层中的磷块岩,富含稀土元素,特别富集重稀土钇,下寒武统牛蹄塘组黑层中的多金属层,产于下震旦统地层中的碳酸锰矿等,反映成矿的物质不仅只来自地壳;沿安顺-黄平断裂和瓮安-镇远断裂分布的超基性钾镁煌斑岩体等,反映这一区域周边深大断裂可能切穿上地壳达下地壳甚至上地幔,说明壳幔之间产生了物质和能量交换。

这个区(带)内发育了雁列状的北东向褶皱,震旦纪灯影期—早古生代龙王庙期,大部分处于开阔台地相—局限台地相环境,东段处于台地边缘相—深水滞流陆棚相环境;Pb、Zn、Pb×Zn及相关因子元素地球化学异常呈现近东西向的分布,在与紫云-水城和铜仁-三都断层的交会处出现了较强的地球化学异常。含矿层位为下寒武统和震旦系灯影组地层,计有 50 余个铅锌矿点、9 个小型铅锌矿床和 1 个特大型铅锌矿床(五指山铅锌矿床)。此区具备各种控矿因素的耦合条件,是成矿的有利地段。

共划分了 12 个 V 级铅锌矿田,其中 A 级铅锌矿田 3 个,即五指山铅锌矿带、水东铅锌矿田和松桃-镇远铅锌矿田,B 级铅锌矿田 1 个,即松江铅锌矿田(汞矿田),C 级铅锌矿田 8 个。其中五指山 A 级铅锌矿田,已分布有特大型铅锌矿床 1 个。

2. 重要 V 级成矿区(带)(矿田)

(1)、(27)五指山铅锌矿带:五指山地区由北东至南西分别为杜家桥铅锌矿床、新麦铅锌矿床、那雍枝铅锌矿床、喻家坝铅锌矿床及那润铅锌矿床。

(1)产于震旦系灯影组地层中的铅锌矿床,区内仅北东角杜家桥出露震旦系灯影组,在灯影组上部有层控型铅锌矿体产出。推测未出露的区域有铅锌矿产出的可能。

杜家桥铅锌矿床以北东东向 F_{33},西以近南北向的 F_{40},南以北东向的 F_{1-1} 为界。

区内出露地层主要为震旦系的灯影组,寒武系的牛蹄塘组、明心寺组、金顶山组,石炭系的摆佐组。含矿地层为震旦系灯影组。

矿床位于五指山背斜北东倾伏端,区内断裂构造发育,可分为北东向组和北西向组。北东向组断层规模大,具多期活动性,北西向组断层旁侧常见闪锌矿(化)体。

矿床有 9 个矿化部位(带),从上至下依次编号为 C1、C2、C3、C4、C5、C6、C7、C8、C9。矿带呈似层状、透镜状产出。在 9 个矿带中,C1 矿带分布最为稳定,位于灯影组顶部,分布有 1 个矿体,矿体产状与岩石产状基本一致,呈似层状产出,倾向 290°～340°,倾角 15°～35°,走向控制长 1800m,倾向控制 600m。矿体厚一般 0.41～2.47m,最厚达 10.78m,平均厚 3.26m;Pb 品位一般 0.50%～2.12%,平均为 1.27%。61 个工程控制,估算铅金属资源量 30 684t。

另其他 5 个矿体估算铅资源量 50 154t,总计杜家桥探明铅资源量 80 838t。

(2)产于寒武系第二统清虚洞组地层中的铅锌矿床,包括新麦铅锌矿床、那雍枝铅锌矿床和那润铅锌矿床。

那雍枝铅锌矿床:见第五章典型矿床部分。

新麦铅锌矿床:位于矿床中部,那雍枝矿床以北,该矿床东以近南北向的 F_{40},北以北东东向的 F_{101},西以北西向的 F_{41}、北东向的 F_3、近东西向的 F_{43}、北西向的 F_{19},南以北东向的 F_1 及 F_6 为界。

地层、岩石、构造、矿床产出层位、矿石特征与那雍枝相似,但工程控制少,工作研究程度不够。

有 Ⅰ、Ⅱ、Ⅲ 个矿体产出,代表性的矿体为屯背后矿段 Ⅱ 矿体。玉合矿山在屯背后已不间断地开采了 10 余年。

Ⅱ 矿体:产于寒武系第二统清虚洞组一段($\in_2q^1$)上部,呈似层状产出,产状与围岩基本一致,总体倾向南,倾角 33°～85°,一般 65°～85°,平均 70°。该矿体长 1000m,宽 210～310m,有 ZK26101、ZK26301 钻孔和 PD20、PD21 坑道控制,单工程(断面)矿体厚 1.81～9.16m,矿体平均真厚度 5.33m;Zn 品位 3.50%～15.22%,矿体平均品位 9.59%,估算铅锌资源量(333+334_1)18.53×10^4t,其中(333)资源量 1.26×10^4t。

2001—2005 年主要开展物探扫面,1:1 万地质测理,老硐编录和稀疏钻孔控制,包括屯背后,面上计有 40 个工程控制,21 个工程见矿,6 个见矿化,13 个示见矿。工程主要是老硐和钻孔(19 个,6 个见矿,5 个矿化),少量露头。

喻家坝矿床:该矿床东以北西向的 F_{41}、近东西向的 F_{43}、北西向的 F_{19},北以北北东向的 F_3,西以近南北向的 F_{35},南以北东向的 F_1—仰天窝—张家坝—F_{45}—F_{10} 为界。

地层、岩石、构造、矿床产出层位、矿石特征与那雍枝相似,但工程控制少,工作研究程度不够。

面上系统做过物探测量,计有 15 个工程控制分布,13 个工程见矿,2 个见矿化。工程主要是老硐,其次为钻孔(4 个,2 个见矿,2 个矿化)。有 3 层矿体产出,代表性矿体为 Ⅱ 矿体。

Ⅱ 矿体位于矿区中部白桥一带,呈层状、似层状赋存于寒武系第二统清虚洞组二段中,产状与顶、底板岩层产状基本一致,倾向 230°～250°,倾角 11°～20°。矿体顶、底板均为瘤状白云岩。共有 3 个工程控制,工程间距 200m,控制矿体长 450m,宽 360m,铅垂厚度 1.10～2.30m,平均铅垂厚度 1.80m,矿石中含 Zn 2.65%～7.53%,平均 5.70%。估算 Zn 金属量(333+334)3.52×10^4t。

那润矿床:北以 F_{10},西以 F_{45}—张家坝—仰天窝,南以 F_1 为界。地层、岩石、构造、矿床产出层位、矿石特征与那雍枝相似,但工程控制少,工作研究程度不够。

面上分布4个老硐,均见矿。

Ⅲ矿体位于矿区南部,呈层状、似层状赋存于寒武系第二统清虚洞组二段中,产状与顶、底板岩层产状基本一致,倾向202°～240°,倾角19°～29°。矿体顶、底板均为瘤状白云岩。3个工程控制矿体长580m,宽206m,铅垂厚度1.30～1.90m,平均厚度1.67m,矿石中含Zn 2.77%～9.01%,平均6.55%。估算Zn金属量(333+334)$3.32×10^4$t。

3. 铅锌矿找矿潜力分析与预测

1) 找矿潜力分析

该区处于川滇黔铅锌矿成矿区,有资料表明,产于震旦系灯影组和寒武系清虚洞组中的铅锌矿是该区的重要铅锌矿,四川、云南的许多铅锌矿产于这两个层位中。在黔西北地区,由于含矿层位深埋,五指山地区铅锌矿作为黔西北地区寻找铅锌矿的一个重要窗口,近年来许多探矿成果和研究成果表明,该区是贵州省成矿条件最好的地区(图9-3-1)。

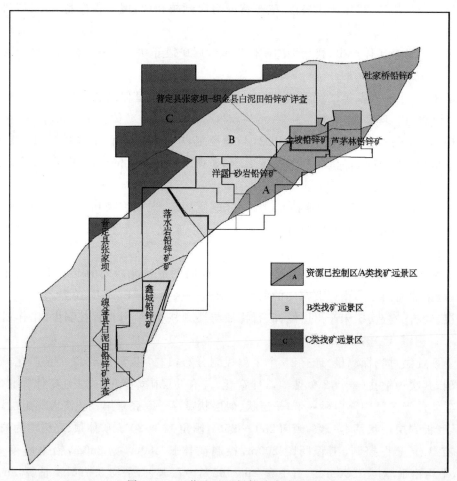

图9-3-1 五指山地区铅锌矿成矿预测图

该区处紫云-垭都深断裂、纳雍-息烽深断裂和安顺-贵阳深断裂所围限的地带;根据石油部门的研究,在五指山背斜南东侧,存在一条前加里东期就发育的古断裂,五指山地区处于紫云-垭都断裂和此断裂的交会处附近,控制了早古生代的沉积和成矿作用,反映五指山地区铅锌矿床具有成矿物质来源的构造条件。

区内岩浆岩主要为大陆溢流拉斑玄武岩及分异的岩床(墙)状辉绿岩组合。在玄武岩浆活动时,具有铅锌成矿或成矿改造的动力条件。

区内发育 Pb-Zn-Hg-Sb 等元素组合异常带,有异常具有强度高、规模大、浓集中心明显、浓度分带清晰、空间相互套合,反映有好的找矿线索。

区内铅锌矿产于震旦系灯影组上部和寒武系第二统清虚洞组一、二段,为潟湖相沉积,矿体产于不纯碳酸盐岩(含泥质、粉砂质、碳质)层下部,矿体顺层产出,含矿层位稳定,特别是含矿层位与北西向同沉积断层交会附近,成矿条件最好。该区是寻找产于碳酸盐岩石中顺层产出、品位相对低,但吨位较大的有利地区。

在五指山背斜,已有杜家桥铅锌矿床和那雍枝铅锌矿床,特别是那雍枝铅锌矿床,到2009年资料反映,矿床达特大型,在贵州省地矿局一〇四地质大队工作的基础上,贵州省有色及核工业地质勘查一总队对那雍枝的金坡和芦茅林矿段进行了勘探评价,勘探结果为:①芦茅林采矿权面积 1.456 65km², 共圈为 8 个矿体(层), 主矿体(层)Zn-2 号矿层走向长 1000m, 延深宽 250~600m,主要有用组分为锌,平均品位 5.46%,平均厚度 4.70m。区内累计探获铅+锌金属资源量(111b+112b+333)473 183t。②金坡采矿权面积 0.868 7km²。有 9 个矿体,呈似层状产出,主矿体(Zn)走向长 1100m,延深 300~700m,主要有用组分为锌,平均品位5.38%,平均厚 8.29m,区内累计探获铅+锌金属资源量(111b+112b+333)497 087.52t。

2)矿床远景预测

产于震旦系灯影组地层中的铅锌矿床也有较大的找矿前景。根据贵州省铅锌资源潜力评价项目,对震旦系灯影组分布区 13.70km² 范围内的铅锌资源量进行预测:铅 88.41×10⁴t,锌 12.38×10^4t,计铅+锌 100.79×10^4t,扣除杜家桥已探明的 8×10^4t,尚有 90 余万吨的找矿潜力。

产于寒武系地层中的铅锌矿床:除杜家桥外,那雍枝铅锌矿床外围共施工或编录了 59 个工程,38 个见矿,8 个工程见矿化,13 个工程未见矿,从统计学的角度来看,那雍枝外围应该有找矿前景。根据贵州省铅锌资源潜力评价结果,五指山地区含矿岩层分布的 21.96km² 范围内,预测铅锌资源量:铅 24.45×10^4t,锌 208.65×10^4t。

(2)、(28)水东铅锌矿带:该区由水东、以则孔、大院、箱子 4 个矿床组成,矿点多,计 22 个矿点,根据矿点检查和区域成矿背景及成矿规律,以及与水东铅锌矿床的类比,有较大的找矿潜力,根据《贵州省铅锌资源潜力评价》预测资源量 83.45×10^4t。

(四)Ⅲ-77-4 都匀-凯里北东向铅锌、铝土矿、重晶石、煤-煤层气成矿亚带

1. 成矿亚带特征

该成矿亚带位于黔南台陷分布区,东以铜仁-三都深大断裂、北以凯里-贵阳断裂、西以紫云-垭都断裂为边界,发育南北向侏罗山式褶皱,古生代长期处于下陷环境,从早泥盆世后受右江裂谷影响大,发育近东西(贵阳-凯里断裂)或北西向的古断裂(独山断裂),形成了与早古生代不同的岩相古地理,铅锌矿主要沿古陆边缘的陆源碎屑滩相—台地边缘相带分布,除了叶巴洞-摆泥铅锌矿带和独牛-东冲铅锌矿带表现为 Pb、Zn、Pb×Zn 及相关因子元素地球化学强异常外,其他地区表现为弱异常,含矿层位主要为寒武系第二统清虚洞组和中上泥盆统;共计有 1 个大型铅锌矿床(牛角塘铅锌矿床)、1 个中型铅锌矿床、10 余个矿点分布。

共划分了 7 个 V 级铅锌矿田,其中 A 级铅锌矿带 3 个,即独牛-东冲铅锌矿田、叶巴洞-摆泥铅锌矿带和半边街-江洲铅锌矿田,B 级铅锌矿田 1 个,C 级铅锌矿田 3 个。

2. 重要 V 级成矿区(带)

(61)独牛-东冲铅锌矿带:大地构造位于贵州侏罗山式褶皱带与黔东南断裂褶皱带西侧,控矿构造为近南北向王司背斜、区域控矿断层为蔓洞断层的分支断层——北东向早楼断层,矿体主要呈层状、似层状、透镜状分布在寒武系清虚洞组中,容矿岩性主要为鲕状细晶白云岩,区内有 Pb、Zn、Hg 三级地球化学浓度异常,异常与铅锌矿(床)点套合较好。根据《贵州省铅锌资源潜力评价》结果,此矿内包括 5 个最小预测区,即两鼓最小预测区、独牛最小预测区、牛角塘最小预测区、坝固最小预测区、同子园最小预测区,查明铅锌资源量 47.10×10^4 t,预测铅锌资源量 224.77×10^4 t。资源潜力大,找矿前景好。

(58)叶巴洞-摆泥铅锌矿田:大地构造位于贵州侏罗山式褶皱带与黔东南断裂褶皱带西侧,控矿构造为北东向柏松背斜,区域蔓洞断层、施硐口断层。有台江县龙井街、凯里市柏松、硐下 3 个铅锌矿床,矿体主要呈似层状、透镜状分布在寒武系清虚洞组及石冷水组中,容矿岩性主要为角砾状细晶白云岩、鲕状白云岩、细晶白云岩,区内有铅、锌、镉三级地球化学浓度异常,异常与铅锌矿(床)点套合较好。根据《贵州省铅锌资源潜力评价》结果,此区内包括 1 个最小预测区,即柏松最小预测区,查明铅锌资源量 3.70×10^4 t,预测铅锌资源量 20.25×10^4 t。综上所述,该成矿区带成矿地质条件极为有利,具有较好的物探、化探、遥感、重砂异常,资源潜力大,找矿前景好。

(五)Ⅲ-77-5 银厂坡-石门坎北北东向铅锌、煤-煤层气成矿亚带

1. 成矿亚带特征

该带位于陈家屋基断层两侧,在远离陈家屋基断层的云南省昭通地区和贵州省毕节地区,褶皱和断裂多表现为北东向和北西向,而在陈家屋基断层两侧,褶皱和断层为北北东向,可能是受区域隐伏昭通-曲靖深大断裂影响的结果。该区从震旦纪—石炭纪,均处于局限台地相位置,对应的几个重要层位除清虚洞组剥蚀缺失处,其他层位如灯影组、独山组和望城坡组、大埔组和黄龙组均为以白云岩为主的沉积,中晚石炭世该区处于仙水—牛街滩后潟湖相位置,位于昭通-曲靖深大断裂旁侧,成矿条件较好。Pb、Zn、Pb×Zn 及相关因子元素地球化学在银厂坡和石门坎两端呈强异常分布,已知有 7 个矿点,中型矿床和小型矿床各 1 个,划分为(29)银厂坡铅锌矿田和(30)云贵桥铅锌矿田 2 个 V 级成矿单元,均为 A 级找矿远景区。

2. 重要 V 级成矿区(带)(矿田)

(29)银厂坡铅锌矿田:矿床总体地层走向和构造线方向北东 10°～30°,分布有震旦系灯

影组、上泥盆统高坡场组、石炭系大埔组和黄龙组,控矿的地层、岩性、构造等与牛栏江西侧的会泽县麒麟厂特大型银铅锌矿床具有很大的相似性,在矿床范围内已取得了一系列的找矿信息,表现在以下几个方面:其一,控制矿体或矿化蚀变带的为石炭系黄龙组中的 F_4 层间破碎带,直接的找矿标志是含铅锌的铁锰质白云岩蚀变带,该带长 8km,且向两端还有延伸,目前仅控制中段的白羊洞、黄龙洞和宏发洞 3 个矿段,长仅 3km,尚有 5km 没有进行控制;其二,1:20 万水系沉积物地球化学测量异常显示,银厂坡银(铅锌)矿床为 Ag、Pb I 级异常区,其银异常强度为全省最高。银铅异常范围大,套合性好,具明显的内、中、外三级浓度分带,形态为北东向展布的长方形,与铅、银矿化及地表铁锰质蚀变体分布高度吻合;其三,原生晕地球化学测量显示,表浅部矿体存在前缘晕,地表以下不同的中段,成矿元素地球化学异常均有较好的对应关系,并显示向深部延伸的趋势,显示深部仍有较大的找矿前景;其四,鉴于石炭系摆佐组是邻区麒麟厂特大型银铅锌矿床的主要含矿层位,震旦系灯影组、泥盆系高坡场组也是区域铅锌矿的重要含矿层位,且在矿床内 3 个层位已发现了矿化线索,其找矿意义亦不容忽视。根据《贵州省铅锌资源潜力评价报告》预测铅+锌资源量 117.18×10^4 t。

(六)Ⅲ-77-6 垭都 觉乐北西向铅锌、菱铁矿、赤铁矿、煤-煤层气成矿亚带

1. 成矿亚带特征

该区为六盘水断陷威宁北西向构造变形区的一部分。从新元古代晚期的震旦纪到早古生代末表现为升降运动,为被动大陆边缘沉积。晚古生代至晚三叠世中期为地台内部裂陷沉积,海西期的峨眉地幔柱活动,使地幔物质大规模上涌,紫云-垭都和水城断裂活动强烈,产生陆内裂陷。峨眉山玄武岩浆喷溢活动,至少为该区铅锌矿的形成提供了改造的成矿作用。浅层构造强烈挤压变形,褶皱紧密,局部倒转,叠瓦状逆冲断层发育,局部有北东向构造穿插其间。位于垭都-蟒洞断裂南西侧,铅锌矿床(点)多断裂呈北西向展布。含矿地层为石炭系和二叠系,主要以石炭系为主,处于包谷山和火烧寨生物滩后环境。Pb、Zn、Pb×Zn 及相关因子元素地球化学强异常沿垭都-蟒洞断裂分布,已知有 4 个中型矿床,9 个小型矿床,26 个矿点(图 9-3-2),划分为 A 类成矿远景区 1 个,即(35)五里坪-天桥-朱砂厂铅锌矿田,B 类成矿远景区 4 个:(31)草子坪-猪拱塘铅锌矿田、(32)青杠林-垭都铅锌矿田、(33)窝崩-蟒洞铅锌矿田、(34)许家岩-白腊石铅锌矿田,C 类远景区 1 个,即(36)觉乐铅锌矿田。

2. 重要 Ⅴ 级成矿区(带)(矿田)

(31)草子坪-猪拱塘铅锌矿田:位于垭都-蟒洞断裂与近南北向水槽保断裂的交会部位,主要断裂为一系列倾向南西的叠瓦状逆冲断层,有 3 种矿床类型,即产于碳酸盐岩中的陡脉状铅锌矿床、顺层产出的似层状铅锌矿床、第四系坡积物或残积层中的铅锌矿床。以产于碳酸盐岩中的陡脉状铅锌矿床为主;容矿层位主要为上泥盆统望城坡组、尧梭组,下石炭统摆佐组、黄龙组,中二叠统栖霞组,主要容矿岩石为灰岩和白云岩。贵州省地矿局一一三地质队从 20 世纪 50 年代到 21 世纪初,进行了多次勘查,最终发现了猪拱塘大型铅锌矿床,具有超大型铅锌矿床的找矿前景。

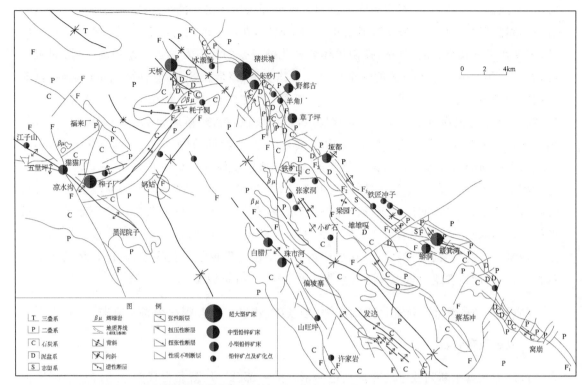

图 9-3-2 垭都-蟒洞构造带及铅锌矿床(点)分布图(引自《贵州省铅锌资源潜力评价》,2011)

在五里坪-天桥-朱砂厂铅锌矿带(35)的五里坪钼多金属矿床,发现了钼、锑、铅锌等矿产共生现象,成矿条件与草子坪-猪拱塘铅锌矿田相似,具有较大的找矿潜力。

(七)Ⅲ-77-7 水城-威宁北西向铅锌、铁、煤-煤层气成矿亚带

1. 成矿亚带特征

该成矿亚带特征与Ⅲ-77-6 垭都-觉乐北西向铅锌、菱铁矿、赤铁矿、煤-煤层气成矿亚带特征相似,处于六盘水裂陷槽西南边界断层——水城断裂的北东侧,浅层构造变形强烈,多为线状尖棱褶皱,局部倒转,纵向断裂极为发育,矿床(点)沿威水背斜分布,含矿地层为石炭系和二叠系,主要以石炭系为主,矿床(点)主要分布于水城生物滩两侧(图 9-3-3),含矿岩性为局限台地相白云岩。Pb、Zn、Pb×Zn 及相关因子元素地球化学强异常沿水城断裂分布,已知有 1 个中型矿床,2 个小型矿床,14 个矿点,划分为 A 类成矿远景区 2 个:(37)杉树林铅锌矿田(菱铁矿田)和(41)青山铅锌矿田,B 类成矿远景区 1 个:(38)上石桥铅锌矿田,C 类远景区 3 个:(39)山块田铅锌矿田、(40)白马硐铅锌矿田、(42)双龙井-山王庙铅锌矿田。

2. 重要Ⅴ级成矿区(带)(矿田)

(37)杉树林铅锌矿田:矿体产于平行于背斜的高角度逆冲断层中,赋矿层位为石炭系摆

第九章　找矿方向

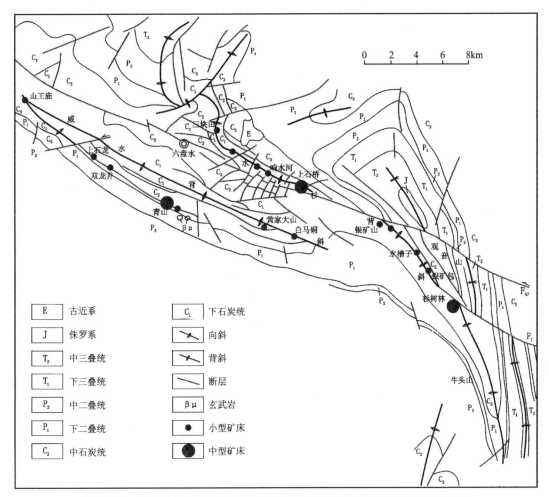

图9-3-3　威宁-水城构造成矿带地质略图(引自《贵州省铅锌资源潜力评价》,2011)
1.古近系;2.侏罗系;3.中三叠统;4.下三叠统;5.中二叠统;6.下二叠统;7.中石炭统;8.下石炭统;9.向斜;10.背斜;11.断层;12.地层界线;13.玄武岩;14.小型矿床;15.中型矿床

佐组和黄龙组。区内矿床的地表围岩蚀变不强,具有深部找矿的潜力,包含杉树林、银矿包、水槽子等铅锌矿床点。区内上表资源量共计 19.92×10^4 t,根据《贵州省铅锌资源潜力评价》结果,预测潜在铅锌资源量 36.12×10^4 t,为A类预测区。

(八)Ⅲ-77-8 罐子窑-布坑底北西向铅锌、锑、汞、金、煤-煤层气成矿亚带

1.成矿亚带特征

区内构造的形成、发生、发展受康滇古陆东缘的小江深大断裂、江南古陆西缘的垭都-紫云深大断裂控制。浅层构造为六盘水断陷威宁北西向构造变形区的一部分,普安旋扭构造体系由一系列弧形褶皱及断层共同构成。褶曲主要有厨子寨向斜、格所背斜、猴子地向斜、绿卯坪弧形背斜、老鹰岩向斜组成,卷入旋扭构造的地层为石炭系、二叠系及下、中三叠统,含矿层位较多:石炭纪大塘组(C_1d)、摆佐组(C_1b)和上石炭统马平组(C_2m),泥盆系有五指山组

(D_3wz)、D_3d 及 D_3x，含矿岩有方解石化灰岩、泥质灰岩、蚀变白云岩、硅质岩，铅锌矿分布沿层间破碎带和呈脉状斜穿地层产出。赋矿地层的沉积相位多，泥盆系地层中的铅锌矿从开阔台地相到台缘斜坡—深水滞流陆棚相均有分布，石炭纪地层中的铅锌矿主要分布于开阔台地相—台地边缘相带中，主要分布在大坪地-猴子场生物滩后局限台地相带中。矿床产于水城断裂与安顺-黄平断层夹持的三角形断块之间。Pb、Zn、Pb×Zn 及相关因子元素地球化学强异常沿水城断裂和安顺-黄平断层呈带状分布，已知有 2 个中型矿床，1 个小型矿床，16 个矿点，划分 B 类成矿远景区 2 个：(44)猴子场铅锌矿田和(45)绿卯坪铅锌矿田(菱铁矿田)，C 类远景区 7 个：(43)布坑底铅锌矿田、(46)盘县砂厂铅锌矿田(汞矿田)、(47)大厂铅锌矿田(锑金矿田)、(48)新寨铅锌矿田(汞金矿田)、(49)花江铅锌矿田(汞矿田)、(50)滥木厂铅锌矿田(汞金矿田)、(51)戈塘铅锌矿田(金汞矿田)。

2. 重要 V 级成矿区(带)(矿田)

绿卯坪铅锌矿田：位于绿卯坪弧形背斜带内，断层及背斜轴附近的次级褶曲、小断裂以及节理裂隙即为矿体赋存场所，横向小构造叠加部位使矿更加富集。带内分布兴中、绿卯坪等铅锌矿床，具有很好的找矿前景。根据《贵州省铅锌资源潜力评价》结果，绿卯坪最小预测区面积 $11.55km^2$，区内查明资源量 $13.14×10^4t$，预测铅+锌资源量 $11.75×10^4t$，为 B 类预测区。

(八)Ⅲ-77-9 兴义-贞丰北东向金、锑、汞成矿带

该成矿带特征与Ⅲ-77-8 相似，是金矿的重要分布区，目前尚无铅锌矿床分布，为 C 级找矿远景区。

三、Ⅲ-78

Ⅲ-78 即江南隆起西段 Sn-W-Au-Sb-Fe-Mn-Cu-重晶石-滑石成矿带。

为黔东南断裂褶皱带分布区，属江南造山带西南段，主要分布在区域浅变质岩中，发育北北东向褶皱，北北东向和北东向断层发育，划分为 3 个成矿亚带，即Ⅲ-78-1 玉屏-三都北东向铅锌、汞、金成矿亚带，Ⅲ-78-2 奴亚-九阡北西向铅锌、汞、金、铁、煤成矿亚带，Ⅲ-78-2 吉羊花岗岩体周边铅锌、铜、金、钨、锡成矿亚带，分别代表了变质成矿作用、岩浆成矿作用和产于碳酸盐地层中热卤水成矿作用的铅锌矿床类型。

(一)Ⅲ-78-1 玉屏-三都北东向铅锌、汞、金成矿亚带

铅锌矿床(点)沿贵州侏罗山式褶皱带与黔东南断裂褶皱带接触带方向展布，分布于靠黔东南断裂褶皱带一侧，区内发育密集的剪切劈理带，含矿层位为青白口系清水江组(Qbq)、平略组(Qbp)，受断裂构造控制明显，主要呈脉状产出。矿体产出与含凝灰质一套火山沉积变质岩有关。Pb、Zn、Pb×Zn 及相关因子元素地球化学呈面型弱异常分布，已知有 3 个小型矿床，36 个矿点分布，划分 B 类成矿远景区 1 个：(64)台烈-兴仁铅锌矿带；C 类远景区 2 个：(63)漾头-台烈铅锌矿田和(65)兴仁-九阡铅锌矿带。

(二)Ⅲ-78-2 奴亚-九阡北西向铅锌、汞、金、铁、煤成矿亚带

铅锌矿床(点)沿贵州侏罗山式褶皱带与黔东南断裂褶皱带接触带方向展布,分布于靠黔东南断裂褶皱带一侧,铜仁-三都深大断裂的南东侧,发育北西向的奴亚-九阡断裂和北北东向的隔槽式褶皱,含矿层位为中泥盆统独山组白云岩和白云化灰岩,含矿岩系的沉积相为陆源碎屑滩相。发育北西向的 Pb、Zn、Pb×Zn 及相关因子元素地球化学强异常,已知有 1 个小型矿床,3 个矿点分布,仅划分 1 个 B 类成矿远景区,1 个(66)奴亚-九阡铅锌矿田。

(三)Ⅲ-78-2 吉羊花岗岩体周边铅锌、铜、金、钨、锡成矿亚带

铅锌矿床(点)沿吉羊花岗岩体的外接触带分布,发育复杂的北东向韧性剪切带和滑脱构造变形系统,岩浆活动频繁,有铅、锌、铜、钨、锡金等金属矿产分布。矿床产于新元古代青白口纪下江群甲路组绢云母绿泥石石英片岩、绢云母绿泥石片岩、绿泥石岩荚片岩及次生石英岩中。蚀变种类多,有硅化、次生石英岩化、绢云母化、绿泥石化、黄铁矿化及褪色现象等,以硅化和次生石英岩为主,与成矿关系密切。发育围绕岩体分布的 Pb、Zn、Pb×Zn 及相关因子元素地球化学弱异常,8 个矿点,3 个小型,仅划分 B 类成矿远景区 1 个(67)吉羊花岗岩体周边铅锌、铜、金、钨、锡成矿亚带。

四、Ⅲ-88

Ⅲ-88 即桂西-黔西南-滇东南北部(右江海槽)Au-Sb-Hg-Ag-Mn-水晶-石膏成矿区。

Ⅲ-88-1 册亨-罗甸北东东向铅锌、汞、金、锑、水晶、玉石成矿亚带属右江造山带,位于其北缘,位于三级构造分区南盘江-右江前陆盆地的北部,是夹持在安顺-黄平断裂和紫云-垭都断裂之间滇黔桂毗邻的"金三角"地带。卷入这个带的地层为上古生界至中生界,发育中上三叠统的陆源碎屑复理石沉积。主构造线呈北西—北北西向,紧闭的褶皱与逆冲断层带发育,是印支—燕山期滨太平洋和特提斯两大地质背景下形成的褶皱断裂带,发育孤岛状的 Pb、Zn、Pb×Zn 及相关因子元素地球化学弱异常,仅在镇宁顶红有石炭纪铅锌含矿层位出露,有 1 个小型矿床和 3 个铅锌矿点分布,其他的 V 级成矿带主要铅锌含矿层位没有出露,依据汞、锑矿化信息进行推测,划分 4 个 V 级成矿单元:(52)坡坪铅锌矿田(汞矿田)、(53)顶红铅锌带(汞锑矿田)、(54)赖子山铅锌矿田(汞金矿带)、(55)罗甸铅锌矿田(罗甸汞矿田),全推断为 C 类远景预测区。

第四节 找矿方向

(1)针对产于震旦系灯影组和寒武系清虚洞组碳酸盐岩中的铅锌矿床,应该在织金-松桃北东东向铅锌、汞、锰、重晶石成矿亚带(Ⅲ-77-3),都匀-凯里北东向铅锌、铝土矿、重晶石、煤-煤层气成矿亚带(Ⅲ-77-4),印江-务川北北东向铅锌、金、钨、锡、锑、铝土矿、硫铁矿、玉石、煤-煤层气成矿亚带(Ⅲ-77-1),毕节-习水北东向铅锌、硫铁矿、煤-煤层气成矿带成矿亚带(Ⅲ-77-2),在其中有利控矿地质条件耦合地段寻找。

(2)针对产于中上泥盆统碳酸盐地层中的铅锌矿床,应该在都匀-凯里北东向铅锌、铝土矿、重晶石、煤-煤层气成矿亚带(Ⅲ-77-4),罐子窑-布坑底北西向铅锌、锑、汞、金煤-煤层气成矿亚带(Ⅲ-77-8),银厂坡-石门坎北北东向铅锌、煤-煤层气成矿亚带(Ⅲ-77-5),垭都-觉乐北西向铅锌、菱铁矿、赤铁矿、煤-煤层气成矿亚带(Ⅲ-77-6),在其中有利的控矿地质条件耦合地段寻找。

(3)针对产于石炭系碳酸盐岩中的铅锌矿床,应该在银厂坡-石门坎北北东向铅锌、煤-煤层气成矿亚带(Ⅲ-77-5),垭都-觉乐北西向铅锌、菱铁矿、赤铁矿、煤-煤层气成矿亚带(Ⅲ-77-6),水城-威宁北西向铅锌、铁、煤-煤层气成矿亚带(Ⅲ-77-7),罐子窑-布坑底北西向铅锌、锑、汞、金煤-煤层气成矿亚带中(Ⅲ-77-8),在其中有利的控矿地质条件耦合地段寻找。

(4)针对产于黔东南地区浅变质岩中断裂型铅锌矿床,应该在铜仁-玉屏-三都北东向铅锌、汞、金成矿亚带(Ⅲ-78-1),在其中有利控矿地质条件耦合地段寻找。

(5)针对与岩浆成矿作用有关的铅锌矿床,应该在印江-务川北北东向铅锌(Ⅲ-77-1)、金、钨、锡、锑、铝土矿、硫铁矿、玉石、煤-煤层气成矿亚带,梵净山火成岩分布区,吉羊花岗岩体周边,在其中有利的控矿地质条件耦合地段寻找。

(6)特别要重视12个A级找矿远景区的勘查和研究工作,这12个远景区是:松桃-镇远、五指山、水东、叶巴洞-摆泥、独牛-东冲、半边街-江洲、银厂坡、云贵桥、草子坪-猪拱塘、五里坪-天桥-朱砂厂、杉树林、青山,它们是可望取得铅锌找矿突破的最有利区域。

第五节 结 语

(1)书中提出了贵州省铅锌矿早期成矿经历了新元古代—早奥陶世末期Rodinia超大陆裂解阶段的裂前隆起—拉张时期铅锌成矿作用和海西期陆内裂谷—走滑时期铅锌成矿作用。后期受到加里东期和印支—燕山期成矿改造,并指出:在紫云-垭都断层南西盘,受到强烈构造热液成矿改造,二叠纪茅口期(260Ma)后没有明显的铅锌成矿作用,在紫云-垭都断层北东盘,构造热液改造微弱,泥盆纪(359Ma)后,没有明显的铅锌成矿作用。

(2)通过对与铅锌成矿作用相关元素的化探数据处理和分析,发现了地球化学分期、叠加现象。地球化学图及地球化学异常图与区域性的大断裂展布方向一致,与造山带的方向一致,往往一侧弱、一侧强,反映深大断裂所控制的沉积盆地中成矿作用的侧向分带秩序。以水城-紫云断裂为界,地球化学呈明显不同的方向性,北东盘呈北东向,南西盘呈北西向,与区域构造、地壳演化构造变动趋势一致。弱异常的处理结果,更加突出一些区域的地球化学异常,反映弱异常有较大的找矿空间。

(3)对贵州省铅锌矿床进行了系统的分类,指出在早期成矿作用时为稳定地壳区热水沉积矿床,经后期构造作用和热液成矿作用改造后,形成"叠加(复合/改造)矿床"。并且指出此类矿床是贵州省铅锌矿床的主要类型,总结了这类矿床的地质特征。

(4)通过典型矿床研究和成矿规律分析,加里东前的成矿作用贯穿贵州全省,推测在黔西北、黔西南深部的震旦系、寒武系中也应有铅锌矿产出,且特征与川、滇、黔特征相似,也与五指山地区铅锌矿和牛角塘铅锌矿相似,为贵州省铅锌矿的攻深找盲提供了理论依据。

(5)通过控矿规律分析认为:①地壳结构类型不同控制不同的成矿作用,稳定地壳区产出热水沉积型铅锌矿床与活动地壳区产出的 VMS、SEDEX 型铅锌矿床有较大的区别,提出稳定地壳区热水沉积型铅锌矿床类型;②地壳不同的演化阶段控制不同的成矿作用,贵州省主要铅锌成矿作用最有影响的是中元古代末期—奥陶纪 Rodinia 超大陆演化阶段和泥盆纪—二叠纪海西拉伸走滑阶段,这两个阶段形成的地壳拉张环境,是铅锌早期的地质背景;③不同的大地构造位置控制不同的矿床类型分布,贵州省铅锌矿床主要类型分布于鄂、渝、黔前陆冲断褶皱带中;深大断裂活动控制了沉积盆地,控制铅锌成矿的Ⅴ级成矿单元,控制了当时的成矿流体,从而控制了铅锌成矿边界和时限;沉积环境控制了铅锌矿床的分布、地质界面对铅锌成矿有着积极的影响、浅层变形构造和断裂构造、成矿后的岩浆活动,有利于成矿的改造和富集;各种控矿因素的耦合地段是成矿的有利位置。

(6)分析了矿床的控矿条件,总结了铅锌矿床的时空分布规律,建立了稳定地壳区碳酸盐地层中铅锌矿床热水沉积成矿模式。产于震旦系、寒武系和泥盆系碳酸盐岩中的铅锌矿床,早期成矿与容矿地层沉积时的海底热水有关,成矿后的改造微弱;产于石炭系碳酸盐岩中的铅锌矿床,也与石炭系碳酸盐岩形成时的海底热水有关,但是,由于当时地壳断块升降运动频繁,成矿热流体供应持续时间短,当海平面下降时,初始富集的含矿层上升遭受剥蚀,喷流沉积的含矿层难以保存,仅大部分保存热水沉积底盘脉状矿体或风化搬运充填"倒灌"矿体,这就是黔西北地区铅锌矿产出状态复杂和找矿难度大的根本原因。该区铅锌成矿还受到成矿后期大规模的玄武岩浆喷发所带来的热流体及印支—燕山运动构造和热液的改造,使铅锌矿床有别于其他地区,矿床产出状态更加复杂,难以识别其成因类型。

(7)将贵州省划分为 14 个Ⅳ级成矿带,69 个Ⅴ级成矿带(矿田级),其中 12 个 A 级找矿远景区,20 个 B 级找矿远景区,37 个 C 级找矿远景区。指出普定县与织金县交界五指山矿田、都匀独牛-东冲(牛角塘外围)铅锌矿田、松桃铅锌矿田、草子坪-猪拱塘有找到大型—超大型铅锌矿床的可能,青杠林-垭都、五里坪-天桥-朱砂厂、银厂坡铅锌矿带具有大型铅锌矿床找矿前景。

主要参考文献

陈国勇,安琦,王敏,2006.贵州南部"半边街式"铅锌矿床地质特征及其成因探讨[J].地球学报(6):570-576.

陈国勇,王亮,范玉梅,等,2015.贵州五指山铅锌矿田深部找矿远景分析[J].地质与勘探(5):859-869.

陈国勇,王砚耕,邹建波,等,2011.论贵州铅锌矿床分类[J].贵州地质(2):92-103.

陈国勇,钟奕天,黄根深,等,1992.都匀牛角塘锌矿床地质特征及成矿控制条件初探[J].贵州地质(3):203-211.

陈国勇,邹建波,谭华,等,2008.黔西北地区铅锌矿成矿规律探讨[J]贵州地质(2):86-94.

陈毓川,2007.中国成矿体系与区域成矿评价[M].北京:地质出版社.

戴自希,盛继福,白冶,等,2005.世界铅锌矿资源与潜力[M].北京:地震出版社.

冯济舟,1998.化探异常"动态"筛选法[J].物探与化探(2):153-157.

顾尚义,张启厚,毛健全,等,1997.青山铅锌矿床两种热液混合成矿的锶同位素证据[J].贵州工业大学学报,26(2):50-54.

顾尚义,2007.黔西北地区铅锌矿硫同位素特征研究[J].贵州工业大学学报(自然科学版),36(1):8-10.

广西壮族自治区地质矿产局,1987.广西泥盆纪沉积相古地理及矿产[M].南宁:广西人民出版社.

贵州省地矿局,2008.贵州省地球化学图集[M].北京:地质出版社.

贵州省地矿局区域地质调查研究院,1996.贵州地层典[M].贵阳:贵州科技出版社.

贵州省地矿产局,1987.贵州省区域地质志[M].北京:地质出版社.

贵州省地矿局区域地质调查大队,1992.贵州岩相古地理图集[M].贵阳:贵州科技出版社.

郭丰,2016.太平洋板块俯冲作用在东北亚大陆边缘的地质记录述评[J].矿物岩石地球化学通报,35(6):1082-1087.

郭洪中,1994.铅锌矿床类型划分及特征[J].地质地球化学(6):4-8.

郭文魁,张玉华,1959.1:3 000 000中国铅锌矿成矿规律略图简要说明[J].地质论评,20(1):17-31.

何邵麟,1998.贵州表生沉积物地球化学背景特征[J].贵州地质,15:149-156.

侯增谦,韩发,夏林圻,等,2003.现代与古代海底热水成矿作用[M].北京:地质出版社.

黄智龙,陈进,韩润生,等,2007.云南会泽超大型铅锌矿床地球化学成因:兼论峨眉山玄武岩与铅锌成矿关系[M].北京:地质出版社.

黄智龙,李文博,张振亮,等,2004.云南会泽超大型铅锌矿床成因研究中的几个问题[J].矿物学报,24(2):105-109.

考克斯 D P,辛格 D A,1990.矿床模式[M].北京:地质出版社.

克列特尔 B M,1958.矿床工业类型[J].地质学报,38(1):34-37.

李家盛,李采一,崔银亮,等,2005.云南会泽铅锌矿喷流沉积成因研究[J].云南地质,24(3):254-262.

李廷栋,2006.中国岩石圈构造单元[J].中国地质,34(4):700-708.

李文博,黄智龙,张冠,2006.云南会泽铅锌矿田成矿物质来源:Pb、S、C、H、O、Sr 同位素制约[J].岩石学报(10):2567-2578.

廖震文,2003.银厂坡银铅锌矿床原生晕测量与找矿分析[J].贵州地质(4):199-204.

刘家铎,张成江,2004.扬子准地台西南缘成矿规律及找矿方向[M].北京:地质出版社.

毛德明,2000.贵州省赫章天桥铅锌矿床围岩的氢氧同位素研究[J].贵州工业大学学报(自然科学版),29(2):8-11.

毛景文,胡瑞忠,2006.大规模成矿作用与大型矿集区[M].北京:地质出版社.

裴荣富,翟裕生,张本仁,1999.深部构造作用与成矿[M].北京:地质出版社.

彭淑贞,郭正堂,2000.西峰地区晚第三纪红土稀土元素的初步研究[J].海洋地质与第四纪地质,20(2):39-43.

史基安,郭雪莲,王琪,等,2003.青海湖 QH1 孔晚全新世沉积物稀土元素地球化学与气候环境关系探讨[J].湖泊科学,15(1):28-34.

宋叔和,1989.中国矿床[M].北京:地质出版社.

汤中立,钱壮志,任秉深,等,2005.中国古生代成矿作用[M].北京:地质出版社.

王华,2007.地层学基本原理、方法与应用[M].武汉:中国地质大学出版社.

王华云,1993.贵州铅锌矿的地球化学特征[J].贵州地质,10(4):272-289.

王奖臻,李朝阳,李泽琴,等,2001.川滇黔密西西比河谷型铅锌矿床成矿背景及成因研究[J].地质地球化学,29(2):41-44.

王奖臻,李朝阳,李泽琴,等,2002.川、滇、黔交界地区密西西比河谷型铅锌矿床与美国同类矿床的对比[J].矿物岩石地球化学通报,21(2):127-132.

王尚彦,张慧,彭成龙,2005.贵州西部古—中生代地层及裂陷槽盆地演化[M].北京:地质出版社.

王砚耕,1991.贵州构造基本格架及其特征[C]//.贵州省地质学会.贵州区域构造矿田构造学术讨论会论文集.贵阳:贵州科技出版社.

王砚耕,1996.贵州主要地质条件与区域地质特征[J].贵州地质,13(2):99-104.

王中刚,于学元,赵振华,1989.稀土元素地球化学[M].北京:科学出版社.

乌尔夫 K H.1978.层控矿床和层状矿床[M].北京:地质出版社.

吴波,陈国勇,2010.贵州纳雍水东铅锌矿床石英包裹体特征及成矿温度研究[J].贵州地质,27(2):100-105.

吴波,陈国勇,陶平,等 2011.贵州纳雍水东铅锌矿床地球化学特征[J].贵州地质,28(2):108-113.

徐义刚,钟孙霖,2001.峨眉山大火成岩省:地幔柱活动的证据及其熔融条件[J].地球化学,30:1-9.

徐志刚,陈毓川,王登红,等,2008.中国成矿区带划分方案[M].北京:地质出版社.

杨胜元,张建江,赵国宣,等 2008.贵州环境地质[M].贵阳:贵州科技出版社.

袁学诚,李廷栋,2009.中国三维岩石圈结构雏型[J].中国地质,36(1):30-52.

张铖,张振亮,黄智龙,等,2008.会泽铅锌矿床 Pb、Zn 成矿物质来源探讨[J].甘肃地质,17(4):26-31.

张启厚,毛建全,顾尚义.1998.水城赫章铅锌矿成矿的金属物源研究[J].贵州工业大学学报,27(6)26-34.

张振亮,黄智龙,饶冰,等,2005.会泽铅锌矿床成矿流体浓缩机制[J].地球科学——中国地质大学学报(4):443-450.

张振亮,黄智龙,饶冰,等,2005.会泽铅锌矿床的成矿流体来源:来自水岩反应的证据[J].吉林大学学报(地球科学版)(5)587-592.

赵振华,1985.某些常用稀土元素地球化学参数的计算方法及其地球化学意义[J].地质地球化学(S1):126.

郑传仑,1992.贵州杉树林铅锌矿床碳酸盐岩浊流沉积与成矿的关系[J].桂林冶金地质学院学报,12(4):331.

郑传仑,1992.黔西北铅锌矿区的控矿构造研究[J].矿产与地质,6(29):193-200.

中国矿床编委会编,1989.中国矿床[M].北京:地质出版社.

《中国矿床发现史·贵州卷》编委会,1996.中国矿床发现史:贵州卷[M].北京:地质出版社.

周家喜,2009.贵州天桥铅锌矿床分散元素赋存状态及规律[J].矿物学报,29(4):471-479.

邹建波,陈国勇,刘爱民,等,2009.贵州五指山地区铅锌赋矿地层清虚洞组微相特征及其指相意义[J].中国西部科技(179):10-11.

Bradley D C, Leach D L, 2003. Tectonic controls of Mississippi Valley-type lead-zinc mineralization in orogenic forelands[J]. Mineralium Deposita,38:652-667.

Brobst D A, Pratt W P,1973. 美国矿物资源[M].北京:地质出版社.

Dunbam K C. 1959. 世界铅锌矿地质[M].李评生,康介民,译,北京:地质出版社.

Elderfield H, Greaves M J, 1982. The rare earth elements in seawater[J]. Nature,296(5854):214-219.

Elderfield H, Pagett M, 1986. Rare earth elements in ichthyoliths: Variations with redox conditions and depositional environment[J]. Sci Total Environ,49:175-197.

Nakai S, Halliday A N, 1993. Rb-Sr dating of sphalerites from Mississippi Valley-Type Ore deposits[J]. Geochimica et Cosmochimica Acta,57:417-427.

Shields G, Stille P, 2001. Diagenetic constrains on the use of ceriumanomalies as paleoseawater redox proxies: An isotopic and REE study of Cambrian phosphorites [J]. Chem Geol, 175 (1/2): 29-48.

Wignall P B, 1991. Model for transgressive black shales [J]. Geology, 19: 167-170.

Yang J D, Sun W G, Wang Z Z, et al, 1999. Variations in Sr and C isotopes and Ce anomalies insuccessions from China: Evidence for the oxygenation of Neoproterozoic seawater [J]. Precamb Res, 93 (2/3): 215-233.

主要内部资料

陈士杰,毕坤,1989.贵州省铅锌(银)矿资源总量预测报告[R].

陈岳龙,杨忠芳,赵志丹,等,2005.同位素地质年代学[R].

地质矿产部成都地质矿产研究所,华东石油地质局地质研究大队,1990.中国南方寒武纪岩相古地理及沉积、层控矿远景预测[R].

贵州省地矿局一〇一地质大队.会同幅、黎平幅、三江幅、威信幅1∶20万地球化学图说明书(水系沉积物测量)1988—1992.[R].

贵州省地矿局一〇二地质队,1996.1∶5万沿河幅区域地质图说明书[R].

贵州省地矿局一〇三地质大队 1985—1988.江口幅、吉首幅、芷江幅1∶20万地球化学图说明书(水系沉积物测量)[R].

贵州省地矿局地球物理地球化学勘查院,1996.贵州省1∶500 000地球化学图说明书[R].

贵州省地矿局地球物理地球化学勘查院,2019.黔东南丹寨一带铅锌矿床成矿规律及找矿预测研究:以丹寨老东寨铅锌矿床为例[R].

贵州省地矿局地质科学研究所,1985.贵州西部早石炭世晚期—中石炭世沉积相古地理及与铅锌矿的关系[R].

贵州省地矿局地质科学研究所,1989.贵州省铅锌(银)矿产资源总量预测报告[R].

贵州省地矿局区域地质调查大队,1985—1989.镇远幅、剑河幅、息烽幅1∶20万地球化学图说明书(水系沉积物测量)[R].

贵州省地矿局区域地质调查大队,1988.贵州震旦纪岩相古地理及其与主要沉积层控矿产关系研究[R].

贵州省地矿局区域地质调查研究院第二调查队,1997.1∶5万高坎子幅区域地质调查报告[R].

贵州省地矿局区域地质调查研究院第二调查队,1997.中华人民共和国区域地质图说明书(1∶50000兔街子幅G48E005009)[R].

贵州省地矿局物化探大队,1985—1995.威宁幅、毕节幅、水城幅、安顺幅等25个图幅1∶20万地球化学图说明书(水系沉积物测量)[R].

贵州省地矿局物化探大队,1989.贵州省西南部1∶20万重力测量报告[R].

贵州省地矿局一〇四地质大队,1993.1∶5万都匀幅地质图说明书[R].

贵州省地矿局一〇四地质大队,1994.都匀市牛角塘锌矿区王家山矿段详查地质报告[R].

贵州省地矿局一〇四地质大队,1994.贵州省都匀市牛角塘锌矿床马坡矿段详查地质报告[R].

贵州省地矿局一〇四地质大队,2004.贵州省纳雍县水东—木城铅锌镍钼矿普查地质报告[R].

贵州省地矿局一〇四地质大队,2008.贵州省盘县格老寨铅锌矿详查地质报告[R].

贵州省地矿局一〇四地质大队,2011.贵州张维—五指山地区铅锌矿评价成果报告[R].

贵州省地矿局一〇四地质大队,贵州省地质调查院,2003.贵州黄丝—江洲地区铅锌资源评价报告[R].

贵州省地矿局一〇四地质大队,贵州省地质调查院,2006.贵州黔西北地区铜铅锌矿评价报告[R].

贵州省地矿局一〇四地质大队,贵州省地质调查院,2011.贵州张维—五指山地区铅锌矿评价报告[R].

贵州省地矿局一一三地质大队,2018.贵州省赫章县猪拱塘铅锌矿详查报告[R].

贵州省地质调查院,2004.黔中陆隆起研究(1:25万毕节、遵义市2幅地质调查专题)[R].

贵州省地质调查院,2010.贵州省铅锌(银)矿资源潜力评价报告[R].

贵州省地质调查院,贵州省地矿局104地质大队,2003.贵州黄丝—江洲地区铅锌资源评价报告[R].

贵州省地质调查院2005—2008.黔西北地区(糖房、小赛、艾家坪、以那架)1:5万矿产调查报告[R].

贵州省地矿局,1965.1:20万榕江幅矿产图说明书[R].

贵州省地矿局地质科学研究所,1996.贵州铅锌成矿规律找矿靶区研究[R].

贵州省国土资源厅,2016.贵州省储量平衡表[R].

贵州省有色地勘公司二总队,1989.贵州威宁银厂坡铅锌矿区详查地质评价报告[R].

贵州省有色地质二队,1984.贵州水城杉树林—法都地质找矿报告[R].

贵州省有色地质勘查局五总队,1992.贵州省纳雍县老包铅锌矿区普查地质报告[R].

贵州石油勘探指挥部,1983.贵州中泥盆世沉积相及含油性研究报告[R].

贵州冶金地质二总队,1984.贵州省威宁银厂坡铅锌矿区中石炭碳酸盐岩沉积相与铅锌矿赋存关系[R].

中华人民共和国地质矿产部,1986.贵州省区域矿产志[R].